U0161504

SKYLINE
天 际 线

望远　知新

TWEET OF THE DAY

# 鸟鸣时节

## 英国鸟类年记

[英国] 布雷特·韦斯特伍德　斯蒂芬·莫斯　著

朱磊　王琦　王惠　译

译林出版社

图书在版编目（CIP）数据

鸟鸣时节：英国鸟类年记 /（英）布雷特·韦斯特伍德，（英）斯蒂
芬·莫斯著；朱磊，王琦，王惠译. —南京：译林出版社，2021.5（2024.4重印）
（"天际线"丛书）
书名原文：Tweet of the Day
ISBN 978-7-5447-8555-6

I.①鸟… II.①布… ②斯… ③朱… ④王… ⑤王…
III.①鸟类-普及读物 IV.①Q959.7-49

中国版本图书馆 CIP 数据核字（2021）第010075号

著作权合同登记号　图字：10-2017-066 号

**鸟鸣时节：英国鸟类年记　[英国] 布雷特·韦斯特伍德　斯蒂芬·莫斯／著**
　　　　朱　磊　王　琦　王　惠／译

责任编辑　　杨雅婷
装帧设计　　韦　枫
校　　对　　孙玉兰
责任印制　　董　虎

原文出版　　John Murry, 2016
出版发行　　译林出版社
地　　址　　南京市湖南路 1 号 A 楼
邮　　箱　　yilin@yilin.com
网　　址　　www.yilin.com
市场热线　　025-86633278
排　　版　　南京展望文化发展有限公司
印　　刷　　江苏凤凰通达印刷有限公司
开　　本　　640 毫米×880 毫米　1/16
印　　张　　31.25
插　　页　　10
版　　次　　2021 年 5 月第 1 版
印　　次　　2024 年 4 月第 2 次印刷
书　　号　　ISBN 978-7-5447-8555-6
定　　价　　78.00 元

# 序　言

　　《鸟鸣时节》是一本妙趣横生的书，它逐月介绍了与四季紧密关联的鸟类的鸣声、外形及行为。书中还包括相关的历史荟萃和鸟类英文名的由来。观鸟活动正在全球兴起，并且日趋科学、严谨，而了解该活动是如何演进至今的，想必会给参与者增添更多乐趣。

　　观察鸟类已被证实对我们紧张而忙碌的生活具有安抚和疗愈的作用。我们为鸟类美丽的羽色及羽饰图案而惊叹。时尚设计师们试图去模仿，却始终难以捕捉到这些自然奇迹的神韵。我们还如此羡慕鸟类的飞行能力，工程师们细致地研究了鸟类的空气动力学，进而制造出了第一架螺旋桨飞机，然后是喷气式飞机、直升机、火箭，乃至高速铁路。也许只有那些乘坐热气球或无动力三角翼的人，才最能体验如同鸟儿般翱翔在上升气流之中的自由。但对于绝大多数是在地面用两足行走的我们而言，是鸟类的鸣唱和鸣叫带来了最令人愉悦的感受。鸟类美妙的歌喉，有着几乎无穷无尽的变化、精妙之处、和谐与节奏。

　　作为一种休闲消遣，观鸟活动在中国还是一个相当新鲜的现象。确实，传统绘画的画家乐于在作品中以程式化的手法呈现一些形态秀美的鸟类，在东方文学里面也能找到一些跟鸟类有关的诗词和民间传说。为欣赏鸟鸣而笼养野鸟则有着更多的拥趸。然而可悲的是，正是所谓的"爱"戕害了我们所爱之物，为了满足人们驯养鸟类的爱好，数以百万计的野鸟死于捕捉和贩卖鸣禽的过程。如今数字化的鸟类鸣声录音易于获取，我们在享受这些天籁之音时，不用再像过去那样付诸残忍的行为。双筒望远镜、鸟类图鉴的涌现，大量的公园和自然保护区，以及更多的闲暇时光，共同促进了中国人日益增强的观鸟、拍鸟热情，还有对中国令人惊艳的乡野和野生动物更为广泛的兴趣。

对于鸟类的痴迷会随着经验和知识的累积而增长。这就像迷药一样，让人永远不知餍足。对本地鸟类的兴趣会使每一次散步都变得更有意义，而前往新地方的每一次旅行也都是一幅巨大拼图的一部分。一本优秀的图鉴或许足以帮助你辨识大多数的本地鸟类，但总是存在着更大的阅读空间。我已经有200多本跟鸟类相关的书籍，倘若我不是一个手头不济又精打细算的苏格兰人，书的数量还会更多。

那么，为什么一位中国观鸟者要选购一本关于英国鸟类的书呢？嗯，理由如下：尽管中国境内的繁殖鸟类种数是英国的3倍左右，但本书所描述的247种鸟类几乎也都分布在中国，或是与中国的鸟类有着密切的亲缘关系。现代观鸟活动很大程度上发端于19世纪英国博物学家们的观察和著作。当年的这些观察者在对鸟类迁徙一无所知的情况下，认为在冬季大杜鹃会变成雀鹰，燕子会潜入湖中变成鱼。今天在本书中读到这些记述，实在是让人感到有趣。

马敬能

献给我的父母 ——

安·韦斯特伍德和巴里·韦斯特伍德,

你们给我买了第一副双筒望远镜……以及一辆自行车。

\*\*\*

献给苏珊娜、戴维、詹姆斯、查理、

乔治和黛西·莫斯,

谢谢你们对我的爱和支持。

# 目　录

**本书背后的故事** ／ 001

**如何使用本书** ／ 007

**鸟的鸣声** ／ 009

**观鸟简史** ／ 021

**开始吧** ／ 031

## 5月 ／ 043

到了本月末，北长尾山雀幼鸟就已离开它们那由羽毛和地衣筑成的球状巢，像会飞的蝌蚪般在我们的庭院里穿行，一边移动，一边轻柔地叽叽喳喳，互相呼唤。

## 6月 ／ 075

如果不在黄昏时分探寻一片石南林，那么6月一定是不完整的。因为在这里，你能发现欧夜鹰像外星登陆艇一样发出奇怪的嚓嚓声。

## 7月 / 109

盛夏的夜里，许多崖海鸦母亲在鼓励自己的独子跳下栖身的悬崖，来到海面，父亲正等候在那里，以便护送幼鸟去外海度过一年中剩下的时光。

## 8月 / 147

在旷野和公地上，刚刚羽翼丰满的幼年黑喉石䳭还在接受双亲的饲喂，周遭的景观由于石南大量开花而呈现紫红色，一切都在等待着秋日的来临。

## 9月 / 183

风向开始改变，各种有关罕见或出人意料的候鸟的传言也随之而来。观鸟者徘徊于巨大的网阵周边，或是在附近看起来不错的灌木丛里转悠，希望能碰上一只不走运的过客。

## 10月 / 213

10月里总有一日或一夜标志着夏季和秋季的转换。在那个时刻，你能听到头顶传来尖锐的呼啸声，抬头便见到一群飞翔的鹅。

## 11月 / 251

烟花将夜空照亮，寒风从树上卷走了最后的残叶，对于许多鸟类来说，11月是蛰伏的季节。

## 12月 / 281

一年快要走到尽头的时候，最好的景致是一个浅色的、形如蛾子的身影从远处的草地上空飞过。亲眼看见一只仓鸮在祖祖辈辈的猎场上狩猎，能让人忘却阴冷潮湿带来的所有不快。

## 1月 / 317

在变长的白昼中已经潜伏了一丝春天的气息：你只需聆听日渐增多的鸟鸣，并在绿篱中和路边寻找野海芋开始舒展的叶子。

## 2月 / 357

成群结队的太平鸟可以在最没指望的地方找出浆果，然后乌泱泱地挤在树上，杀得留鸟槲鸫措手不及，后者根本不知道该怎么保卫自己的存粮。

## 3月 / 391

当最后一点余晖开始褪去的时候，一只欧乌鸫用甜美流畅的音符召唤春天的到来。如果天气足够温和，它的配偶可能已经在孵第一窝卵了。

## 4月 / 429

一道钴蓝色的闪电划过农家庭院，与之相伴的是一阵热情的呢喃。这只能说明一件事：家燕从南非回来了。

## 尾声：大海雀 / 465

## 致谢 / 469

## 扩展阅读及音频材料 / 473

## 索引 / 475

# 本书背后的故事

　　这本书是在赞颂我们自然的伟大奇迹之一——在一年当中，英国鸟类以及它们鸣声的多种多样和美丽动人。这本书以广播四台大获成功的系列节目《鸟鸣时节》为蓝本，该节目自2013年5月开播以来，在广播平台和网络平台上让大量听众收获了欢乐与知识。

　　该系列由位于布里斯托尔的BBC（英国广播公司）自然史节目组（NHU）制作，目的是展示大约250种英国鸟类的风采。这些鸟类并不全是因为它们的鸣声被选中的，正如自然史广播的执行制作人朱利安·赫克托解释的那样：

　　　　通过鸟儿的鸣叫和歌声，《鸟鸣时节》邀请听众了解鸟儿的故事。当然，也有一部分内容会关注鸟儿的外貌和行为。但是正如这个系列所呈现的那样，节目还会通过民间传说、艺术、音乐和文学作品，展现鸟类在人类社会与文化中扮演的重要角色。最后，每一集都表现了鸟类对我们和我们日常生活的巨大影响：对很多人来说，它们是激发我们去将自然作为一个整体来了解和热爱的途径。

这个系列受到两方面的启发：一个是传统的，另一个则很现代。

前者是我们国家对鸟类鸣声长久以来的热爱和与它之间的羁绊；后者是异军突起的线上交流媒介，被称作"发推"*，它正在成为越来越多人的一种生活方式。我们也知道，仅仅140个字符根本没办法把握住一只鸟的精髓，所以我们转而把时间限定在九十秒以内，这刚好够我们用语言和鸟类鸣声录音传达出简明扼要的物种信息。

挑选哪种鸟来做节目是个大难题。一年到头差不多要做265期，那么我们就需要大约240种鸟，有的鸟的鸣叫和歌声已经为人熟知，所以还能再播出一期：这些鸟类包括欧歌鸫、大杜鹃和新疆歌鸲。

下一步就是将这些鸟类排到合适的月份，那时候人们最有可能看到和听到它们。不过也不总是这么直截了当，因为大多数英国鸟类是在春季鸣唱，在4月和5月达到顶峰，但在那两个月只能安排40种左右，所以我们必须把大部分鸟类分散到一年里的其他时间中去。

一旦结束漫长而艰苦的讨论，最终绘制出日程表，制作人莎拉·布伦特就会用好几天的时间，编排自然史节目组的音频文档中合适的素材：

> 一开始，我的任务之一就是扛着一袋又一袋录音带，从自然史节目组的音频馆爬上一个又一个台阶，抵达我那位于顶楼的办公室，我在那里听了数以千计的录音带，挑选我们可以用的素材。这当中有来自20世纪50年代的精彩陈年录音，由野生动物录音先驱之一——路德维格·科克所录制。但是这里也有空缺——超多的空缺！于是我们招募了一个超强的野生动物录

---

音师团队——加里·摩尔、杰夫·桑普尔和克里斯·沃森——给他们布置了为这个系列提供录音的艰巨任务，录音要么来自他们自己的音频文档，要么录自野外。

有些我们再熟悉不过的鸟儿，弄起来却出人意料地有难度。鸽子生活在嘈杂的市区里，杰夫·桑普尔发现，想要记录单纯的叫声，而不混入人和交通的背景声，简直无比困难。红腹锦鸡则代表了另外一种挑战，它不常鸣叫，往往在冬末和春季的夜里，在茂密的针叶林深处才叫唤。4月的一个寒冷夜晚，加里·摩尔在扎人的松针间捕捉到它少有记录的求偶叫声。克里斯·沃森周游世界，寻找域外的野生生物，他睡在林肯郡的芦苇荡里时，意外获得一些关于西方秧鸡和文须雀的录音记录：

> 作为一名野生动物录音师，我的工作中最美好的时刻就是戴上耳机，进入那些我们从未接近过的动物的秘密世界。聚精会神地聆听时，芦苇枝干之间窸窸窣窣的响动和咔嗒声变得格外尖锐。我听到远处西方秧鸡的尖叫和水面上骨顶鸡尖厉的警告。这些声音我都听得到，但是从我的角度什么都看不到。最后，没有任何声音预警，它们就过来了。文须雀会靠近，在话筒附近短暂地跳来跳去，用频繁的鸣叫保持联络，然后消失在芦苇丛里。

我们只要搜集到鸟的歌声和鸣叫声，就开始选择会出现在节目中的人声。大卫·爱登堡爵士可以作为5月6日的开场主播，那一天正好是国际黎明合唱日次日。此后还会有很多耳熟能详的名字出现：米兰达·克列斯托夫尼科夫、米夏埃拉·斯特罗恩、史蒂夫·巴克谢尔、布雷特·韦斯特伍德、克里斯·沃森、马丁·休斯－盖姆斯、凯特·亨布尔、约翰·艾奇逊、比尔·奥迪、克里斯·帕克汉姆。[*] 脚本都是由布雷特·韦斯特伍德编写，但是很多主播也分享了自己的想法和经验。对马丁·休斯－盖姆斯来说，寒鸦勾起了久远的童年记忆：

> 在小时候我们有过一只温驯的寒鸦，它受伤了，被我父亲（他是当地的医生）带回来。他给寒鸦包扎好，然后这家伙变得相当多姿多彩，某种程度上也成了诉求颇高的家庭成员，还拥有供它自己玩耍的人造珠宝。它就住在楼下的洗手间里。
>
> 某一年，冬天到了，在我家的旧房子里，我们打算点燃烧木柴的火炉，结果让整栋房子都灌满了烟雾。烟囱清理工来了之后，我们从烟囱里面清理出一大堆（差不多有五大口袋）干树枝。原来寒鸦曾尝试在这里筑巢——真是一项不可思议的大工程！在现在的家中，我给烟囱口装了铁丝罩子，好阻挡寒鸦进入——它们在早春时节总会成双结对而来，试图给整个烟囱填满树枝。

一旦录下脚本，节目就会在BBC布里斯托尔工作室进行混录。莎拉·布伦特制作了前三个月的节目，之后莎拉·皮特接过剩下九个月的工作，189次应对将节目编辑到九十秒之内的挑战：

3

* 以上均为英国知名自然史节目主持人。——编注

我们和鸟类的关系很特别，这也是《鸟鸣时节》节目做起来让人愉快的原因。不管你身处英国的城市还是乡村，你总是会听到鸟的鸣唱和鸣叫。《鸟鸣时节》的神奇之处在于，我们在野外捕捉到这些声音，邀请听众想象自己站在一个河口，聆听白腰杓鹬哀伤的鸣叫，或者假装自己在林地深处，聆听灰林鸮的二重唱。对我来说，这里面最棒的就是《鸟鸣时节》延续了六十年前 BBC 在布里斯托尔开创的录制和制作自然史声音的优良传统。搜寻旧的录音或寻找新的声音时，鸟类鸣唱的多样性让人难以置信，因此，能够跟如此多的听众分享这些声音，也是一种荣幸。

然而，《鸟鸣时节》不仅仅关乎英国的鸟类和它们的声音，正如朱利安·赫克托所总结的：

在国内很多有影响力的新闻节目播出之前，这是清早第一个广播节目。如今，这个系列为大家忙碌的生活提供了大自然的准点报时。越来越多的人觉得，如果不想失去我们生活中最重要的那些事物，我们就需要改变和自然的关系，我们的生存维系于这个自然。通过让大家暂停九十秒，并提醒自己，我们的生活与周围的野生动物密不可分，《鸟鸣时节》为人们创造了一个重要的避难所，在这个混乱的世界里，我们依然能够从中体验到快乐和喜悦。

4

# 如何使用本书

　　那么，为什么会有这本书呢？节目的长度意味着，在广播里只能浅尝辄止地介绍每一种鸟，实际上还有很多内容可说。确实，这本书是节目时长的4倍，但是我们希望把广播节目里浓缩了的内容分享到书里。

　　在本书中，你会发现每种鸟按它们在广播系列里的顺序出现。这并不是野外观鸟指南，所以在这里你不会看到对某种鸟类羽饰或分布的详细描述，也不会看到各种统计学表单。相反，我们试着传递每种鸟至关重要的信息：它的特点，它生活在哪里，尤其是它在野外看起来和听起来是什么样。

　　在适当的地方，通过民间传说、历史、艺术、音乐、文学和文化，我们还增加了鸟类的生活如何与人类的生活相互交织的故事。卡里·阿克罗伊德美丽动人的插图给我们带来了极大的帮助。

　　这本书没法成为一本完整的英国鸟类指南。按照英国鸟类学会对野外自然存在的鸟类的定义，"英国鸟类名录"上大约有600种鸟。而本书和广播节目一样，只囊括了其中不到一半的种类。

　　眼神锐利的读者可能会注意到，某些为人所熟知的鸟类并没有被放在里面，其中包括很多种野鸭，比如凤头潜鸭、针尾鸭、红胸秋沙鸭，以及少数的猛禽，比如白头鹞和乌灰鹞。之所以会有这些

5　疏略，是因为我们的选择受到声音的影响，尽管这些物种很有趣，从其他许多角度来看也确实非常美丽，但鸣声实在不是它们的最强项。

在本系列节目广播的时候，"什么样的鸟才能被称作英国鸟类"这个话题，成了《广播时报》的读者来信专栏以及后来一些全国性报纸的讨论焦点。有些听众很疑惑，搞不懂为什么节目中会包括他们并不熟悉的"外国"鸟：旅鸟只在春秋两季以少量的个体飞越英国；迷鸟则只在千载难逢的时候于迁徙途中转错弯，才会出现在英国。这种看法忽视了一个令人尴尬的事实——雄性大杜鹃是我们最有名且最具代表性的鸟类之一，它在4月抵达英国，仲夏时节就向南返回非洲，待在英国的时间不到两个月。甚至就连家燕也有半年时间不在这里。

所以，在本书当中，你既会读到刺歌雀，也会看到欧乌鸫、哀鸽和黑水鸡，它们都是我们能够在英国看到和听到的众多鸟类中的成员。但在跟这些鸟类会面之前，我们先简短地介绍鸟类会鸣唱的原因，回顾观鸟的极简历史，并依据个人经历来解释我们如何及为什么会成为观鸟者，以及你该怎样变成观鸟者——假设你"入坑"还不深的话。

附随的第四电台网站上有所涉及的全部鸟类的图片，还提供了重听并下载每期节目的机会。这个网址很受欢迎，也是这本书最好的阅读伴侣。

http://www.bbc.co.uk/programmes/b01s6xyk

# 鸟的鸣声

> 鸟类的语言非常古老，而且，就像其他古老的说话方式一样，也非常隐晦。言辞不多，却意味深长。
>
> ——吉尔伯特·怀特，1789 年

## 鸟为何鸣唱？

纵观人类历史，我们一直对鸟鸣着迷。再没有别的自然现象有如此强大的力量来俘获我们。这种力量显示于宗教和迷信活动，体现在诗词与歌赋、音乐与传说、历史与文化之中，甚至反映在我们给鸟类所取的名字里。在与自然界的无数次遭遇当中，没有什么能像鸟鸣那样无处不在，也没有什么能像鸟鸣那样激发出人类的情感，包括爱、渴望和失落等等。

然而，对于鸟类本身来说，鸟鸣只是达到目的的一种手段，并非目的本身。有些鸣声在我们听来可能比其他的鸣声更为悦耳。例如，新疆歌鸲或云雀源源不断、变化多端的歌声，比林岩鹨单调乏味的聒噪之声要动听得多。但从鸟类的角度而言，声音悦耳跟这鸣唱是否会产生效果并无关联。唯一重要的是，同一鸟种的其他成员能够听到它，并以预期的方式做出反应。

鸟鸣的非凡之处，在于它具有两种截然不同但又同等重要的功能。一方面，鸟类鸣唱是为了击退参与竞争的雄鸟，阻止它们入侵自己的领域；而另一方面，它们这样做是为了吸引雌性来结对，并最终与发出鸣唱的雄鸟交配，为其传宗接代。

对于鸣唱的鸟儿而言，以下情形最为糟糕：如果不能吸引到配偶，或是让竞争对手捷足先登，那他可能就会在没有繁殖的情况下死去。对于鸣禽来说尤其如此，因为它们大多只能活一到两年。所以这很可能是他传递自身基因的唯一机会，也难怪他会唱得那么卖力，那么坚持不懈。

你会注意到我们用了"他"这个代词，这是因为除了极少数例外，所有鸣唱的鸟儿都是雄性。尽管雄鸟看起来付出了艰辛，但在很多方面雌性才是决定因素。雌鸟会评判自己听到的鸣唱的质量，并以此决定自己是否要倾心于某个特定的雄性，或是另一个。就像在《英国偶像》节目中一样，真正拥有权力的是评委。

唯一的例外是，有些雌鸟也会保卫领域，至少在英国确实如此。拿秋天和冬天的欧亚鸲来说，雌鸟在这时也会发出哀怨而不合季节的鸣唱。但绝大多数情况下是雄鸟在鸣唱，并且只有雄鸟会鸣唱。

鸟类之所以能够发出如此复杂的声音，是因为它们的发声机制与我们完全不同，这也是我们很难准确地模仿鸟类鸣唱的缘由。我们使用声带和喉部，鸟类则有被称为"鸣管"的发声器官，能通过分别控制气管的两侧而同时发出两种声音。

很难解释为什么有的鸟能用这套复杂的机制发出一系列繁复而不寻常的声音，而有的鸟却只能唱出一些简单得多的曲调。为什么雌性叽喳柳莺会对雄鸟相当单调的鸣唱感到高兴，而雌性新疆歌鸲却要求它的潜在伴侣用几十个不同的短句组成一个完整曲调，至今仍是一个谜。

如果你觉得新疆歌鸲的歌声已经够复杂了，那就试着聆听一下褐弯嘴嘲鸫，这种来自北美的鸟类体型和歌鸲差不多大。人们已经发现褐弯嘴嘲鸫有超过2 000种，甚至可能多达3 000种不同的鸣唱声，这是甲壳虫乐队曾经写过的歌曲的10倍。尽管单独的一只雄性褐弯嘴嘲鸫无法唱出如此丰富的歌，但它们每只鸟仍能发出相当多样的声音。

更为奇怪的是，有些完全有能力自主鸣唱的鸟类，却会选择去模仿其他鸟类的声音。紫翅椋鸟是英国最著名的模仿者，它能够模仿许多常见鸟类的叫声，以及汽车警报器和电话铃声。但无可争议的冠军模仿者是湿地苇莺，每只雄鸟可以模仿多达80种不同的鸣唱声，模仿的对象既有英国的鸟儿，也有生活在非洲东南部越冬地的种类。据我们所知，总体而言，湿地苇莺会模仿200多种不同的鸟类。

这种非凡复杂性背后的理论也适用于像新疆歌鸲这样的鸟类，它会唱出自己歌曲的各种不同的变体。如此高标准的演唱能力是演化中"军备竞赛"的一个意外结果，雌鸟喜欢雄鸟更为多样的鸣唱，所以能发出此类复杂声音的能力也就代代相传了。

## 什么鸟会鸣唱？

并非所有鸟类都会鸣唱。事实上，世界上1万种左右的鸟类中的多数都不会鸣唱。虽然信天翁、海雀、鹰、鹭、海鸥和雁都能发出独特的声音，但它们并不像我们通常所说的那样"鸣唱"。

那么剩下的呢？世界上另一半的鸟会鸣唱吗？它们中的绝大多数都属于雀形目的鸣禽亚目，我们通常把这些鸟类称为"鸣禽"。从山雀到旋木雀，从莺到鹪鹩，从雀到鹀，这些鸣禽的形状、大小和羽饰各不相同。它们都会发出一系列的音符，时而简单，时而复杂。

但是，如果我们将"鸟鸣"定义为一种习得的声学工具，其用途是保卫领域和吸引配偶，那么，鸣禽之外的其他鸟类也确实会"鸣唱"。鸻鹬类在它们的领域上空炫耀飞行，发出至少同样复杂的声音。潜鸟环绕不绝的鸣叫，鸮类的低沉叫声，鸳的长鸣，更不用说像啄木鸟敲击木头发出的鼓点音这样的非自发性声音，它们的作用都和传统意义上的鸟类鸣唱一样。

其他各种由鸟类发出的声音，通常都被称为"鸣叫"。这是一个比较棘手的领域，究竟什么程度的鸣叫就变成鸣唱了呢？反之亦然。有的叫声的功能很特殊：当附近有捕食者时，欧乌鸫会发出响亮的警报声；夜间归巢时，鹭发出尖叫，试图在喧闹的巢区甄别自己的雏鸟；冬日里，一群山雀发出的联络叫声，使彼此间能够保持联系，也可以提醒同伴哪里有食物。

但有的鸣叫起到的功能在本质上和鸣唱一样。观察银鸥仰起头发出那著名的叫声，让人回想起童年时代在海边度假的情景，观察者也毫不怀疑这只鸥正在划定它的巢区，并警告竞争对手别靠得太近。

在《鸟鸣时节》节目中，我们并不着意区分听到的声音究竟是鸣唱还是鸣叫。有些时候，这种区分是相当武断的划定，当涉及从文化角度欣赏鸟类发出的声音时尤其明显。但在我们涉及相关内容之前，可能也有必要增加点科学的认知。

## 鸟何时鸣唱？

简单来说，鸟类在春季鸣唱。对大多数鸟类而言，"繁殖季节"是在春季和夏季，所以在每年的这个时候，唱歌的需要——建立和保卫领域，赢得和留住配偶——确实占据了主导地位。

但在不列颠群岛，天气变幻莫测，季节反复无常，春天是一个更有弹性的概念。因此，槲鸫、欧歌鸫之类的最早的歌者，可能早在1月就开始用鸣唱来保卫领域了，非常暖和的冬天里，它们甚至会在圣诞节之前就开唱。其他本地留鸟将在2月或3月开始歌唱。早归的候鸟，比如叽喳柳莺和黑顶林莺，会在3月到达；但是其他候鸟，比如斑鹟和湿地苇莺，可能要到5月才会到达这里。

情况因为许多鸟类会有两窝或更多窝的后代而变得更为复杂，它们会在6月、7月甚至8月继续鸣唱，以保护自己的领域。正如我们已经看到的，欧亚鸲在秋冬两季也占据领域，所以会从9月一直唱到新年。它们并非孤例，鹪鹩经常在温暖的冬日里放声歌唱，隐居的宽尾树莺也一样，而迁徙的叽喳柳莺则在9月阳光明媚的日子里声如其名般叽叽喳喳地鸣唱。

这或许是有益的一课，它告诉我们，大自然并不总是循规蹈矩。然而我们能确定的是，鸟类鸣唱的高峰期是4月和5月，3月和6月也有些规模稍小的高潮。所以，如果想听到真正壮观的黎明合唱，你需要在5月的前几周起得很早，因为那时几乎所有的候鸟都回来了，而且也正值留鸟鸣唱的高峰期。

在如此长的一段时间里——某些情况下是几周甚至几个月——鸟儿们需要付出惊人的努力。要记住，当一只鸟鸣唱时，它会立刻把自己置于不利的位置：它不能进食，也不能饲喂正在巢中孵卵的配偶，或是后来它那些饥饿的雏鸟。它也可能会面临捕食者的威胁，如果它像云雀那样选择在开阔地鸣唱的话，尤其如此。

另外，鸣唱本身也需要绝对的能量。据计算，如果一只欧歌鸫每天唱几小时简短而重复的乐句，到繁殖季节结束时，一只鸟将会唱出100多万个不同的乐句。这真的很耗体力。鸟儿们是如此专一，这对我们来说是一件幸事，因为它们的鸣唱在我们身上也产生了巨11 大的共鸣。

## 鸣唱对我们有何意义？

中国有句谚语："不鸣则已，一鸣惊人。"无论我们如何研究鸟类鸣唱背后的科学，一个不可避免的事实仍然存在：尽管所有的证据都与之相悖，人在潜意识里依然相信，鸟儿在某种程度上是为了取悦我们而歌唱。

春日清晨，全国各地的大批发烧友会在日出前早早起床，走进树林，聆听据说是世界上最好的免费娱乐节目——"黎明合唱"。甚至有一个国际黎明合唱日会在5月的第一个星期日举行，以纪念这种英国人特有的痴迷。黎明的合唱常被描绘成"管弦乐队的调音"，但这忽略了一个令人不快的事实，那就是每只鸟只会专注于自己物种的鸣唱，而忽略掉其他鸟种。

有关鸟类的最早文字记载之一出现在《旧约·雅歌》当中，它描写了欧斑鸠令人昏昏欲睡的咕咕声。希腊人和罗马人同样对鸟类鸣声着迷。亚里士多德在公元前4世纪就提出幼鸟从父母那里学会了如何鸣唱，但他错误地声称，"有人曾观察到一只新疆歌鸲妈妈给幼鸟上鸣唱课"。老普林尼在公元1世纪写道，他注意到了鸣唱者之间的竞争关系，但像亚里士多德（以及后来的其他许多人）一样，他也认同被误导的一种观念，即唱歌的是雌鸟，而不是雄鸟。

但是古往今来，再没有什么比诗歌更能将鸟鸣与艺术紧密地联系在一起了。这要追溯到亚里士多德之前的古希腊诗人荷马，他的《伊利亚特》和《奥德赛》（可能写于公元前9世纪）中有很多关于鸟类歌唱的描写，其中就包括新疆歌鸲，他称它"在早春唱得甜美"。罗马诗人卡图卢斯专门为莱斯比亚的宠物麻雀写了一首动人的挽歌。  12

而在英语诗歌中，最早提到鸟类鸣声的是盎格鲁-撒克逊诗歌《航海者》，这首诗的佚名作者（诗歌由鸟类学家、作家和广播节目主持人詹姆斯·费希尔翻译为现代英语）唤起了人们在春天造访喧闹的海鸟栖息地的回忆：

> 在那里我只听到翻腾的大海，
> 冰冷的波浪，还有天鹅的歌声。
> 有一只鲣鸟的聒噪让我着迷
> 杓鹬的颤音是对人类的讥讽，
> 三趾鸥的歌唱替代了蜂蜜酒。
> 那里的暴风雨把岩柱打得粉碎，
> 羽毛冰冷的燕鸥应和着它们；
> 白尾海雕时常悲鸣，

羽毛上沾着水雾……

《航海者》在公元1000年才被记载下来，大约是在它被创作出来的三个世纪之后。盎格鲁—撒克逊诗歌的口述传统中包含了这么多有关鸟叫的内容，而不仅仅是鸟的外观，或许并不令人惊讶。

光学设备如此先进的今天让我们很难想起，其实直到最近，人与鸟类的接触主要还是依靠听觉而非视觉。18世纪中期，吉尔伯特·怀特非常乐于通过三种外形相似的"柳莺"的独特鸣叫声，而不是通过羽毛上更细微的差别来识别它们。莎士比亚也喜欢鸟类的鸣声，尽管他错误地认为灰林鸮的"tu-whit, to-whoo"是由同一只鸟发出的，而实际上它是雌雄之间的二重唱。

直到18世纪末和19世纪初，鸟类鸣声才真正成为诗人们关注的焦点。浪漫主义诗人的作品里充满了鸟鸣，例如华兹华斯的《致杜鹃》（"当我躺在草地上时，我听到你不安分的呼喊"）、雪莱的《致云雀》（"向你致敬，快乐的灵魂，你从未是一只鸟"）和济慈的《夜莺颂》：

13
> 别了！别了！你哀怨的歌声
> 流过草坪，越过幽静的溪水，
> 溜上山坡；而此时，
> 它正深深埋在附近的溪谷中……*

———————————

\* 夜莺即新疆歌鸲。——编注

浪漫主义者可能会写一些关于自然的动人故事，但他们所描述的鸟往往是象征性的，而非真实参照。济慈甚至对夜莺都不是特别感兴趣，他的诗实际上是对死亡的复杂思考。而考虑到这首诗是他在伦敦北部的汉普斯特德所作，不止一位观鸟者已经指出，激发他这首诗灵感的主角可能根本不是一只夜莺，而是一只欧乌鸫或欧歌鸫。

约翰·克莱尔是最了解鸟类的诗人，他对鸟类的描写比其他任何人都更连贯、更富有感染力。克莱尔生于1793年，和济慈是同时代的人，但是他有点瞧不起自己的同辈。他说："济慈经常以想象中的样子，而非以他亲眼所见的景象来描述自然。"

与浪漫主义者狂热的想象相反，对克莱尔来说，真正地实地观察鸟本身才是关键。这一点在他对鸟类鸣声的描述中体现得最为明显，比如《惊鸟》这首诗：

> 当巢就在附近时，红尾鸲会告诉这些小男孩，
> 并对着每一个过路人鸣唱和飞舞。
> 黄鹂从来都一声不吭，
> 但是会静静地飞离吵闹的小男孩……
>
> 夜莺持续不断地在周围高歌，
> 但是当巢被发现后，它就悄然离去。
> 凤头麦鸡边飞边发出"喊喂"的叫声，
> 在牧羊人躺下的地方蹦来跳去；
> 但是只要巢被发现了，它就会停止鸣唱，
> 竖起它的凤头，然后跑开。

> 鹡鸰竖起自己的尾巴，大声地啾啾鸣叫和玩耍，
> 欧亚鸲会发出"嗒"的一声，然后飞走。

有时，他的诗歌节奏似乎模仿了他所写的鸟的声音，比如在
14 《云雀》中：

> 它们急匆匆地飞上天，快看，云雀在飞，
> 在它半成形的巢上，用快乐的翅膀
> 扬着空气，直到它在云里歌唱，
> 像是在晴朗的天空中挂着的一粒尘埃，
> 然后急速俯冲，俯冲，直到自己的巢旁边……

云雀的歌声激励了诗人，也激励了音乐家：拉尔夫·沃恩·威廉斯的《云雀高飞》写于20世纪20年代，其灵感来自乔治·梅瑞狄斯的同名诗歌，至今仍很受欢迎。

沃恩·威廉斯并非唯一一位向鸟鸣声寻求灵感的作曲家。在《贝多芬是一位观鸟者吗?》一书中，戴维·特纳思索着贝多芬《第二交响曲》最后乐章的开篇音符是否受到了宽尾树莺爆炸性鸣唱的启发。这并不像听起来那么牵强，因为两者确实有相同的节奏。我们也知道同一作曲家的《第六交响曲（田园）》模仿了各种鸟类的歌声，其中包括大杜鹃、鹌鹑和新疆歌鸲。20世纪的法国作曲家奥利维耶·梅西昂更进了一步，他经常是几乎逐字逐句地将鸟鸣抄录到他的音乐作品中。

鸟鸣不仅仅是古典作曲家的灵感来源。从利昂·雷内的《摇滚罗

宾》（后来由迈克尔·杰克逊演唱），到保罗·麦卡特尼 1968 年的歌曲《黑鸟》（其中收录了欧乌鸫的真实鸣唱片段），鸟鸣在我们的音乐意识中留下了长久的痕迹。当数字广播电台 Oneword 在 2008 年关闭时，广播频率是通过播放鸟鸣的录音来保持的，具有讽刺意味的是，鸟鸣比它所取代的节目吸引了更多的观众。

15

## 我们如何熟悉鸟鸣？

许多人认为自己是观鸟者，或只是简单地喜欢在后花园里喂鸟，抑或喜欢在乡间散步时看到它们；可一想到自己要仅凭声音来识别鸟类，他们往往就退缩了。然而，学习鸟类的鸣叫和鸣唱并非那么困难。

就像掌握一门外语一样，这也需要时间和精力。正如初学者很快发现他们可以学会一些基本的法语短语，你也很快就能认出比自己想象中更多的鸟。

你可能会惊讶于自己已经知道了这么多。大多数人都能分辨出家麻雀的啁啾声和欧亚鸽的哀怨之歌，或分辨欧乌鸫深沉而有节奏的音调与更为自信且多重复的欧歌鸫之歌。

还有那些你想都不用想就知道的鸣唱和鸣叫声：大杜鹃准确无误的双音节鸣叫，叽喳柳莺欢快的鸣唱，或是三趾鸥回声般的叫声。这三种鸟的英文名就源自它们的叫声。

即使不是很明显，其他许多鸟也有类似的趋势。红嘴山鸦（chough）的叫声是"chow"，如果我们把"chow"和"plough"合并，就会发出"chough"的声音，可能这个名字原本就是这样来的。寒鸦

（jackdaw）的叫声是"jack"，而秃鼻乌鸦（rook）、乌鸦（crow）和渡鸦（raven）都发出与它们英文名相近的叫声。你也可以借助这一点来记住鸟的声音：当你知道"雀"（finch）这个词来自苍头燕雀的叫声"pink"时，你就能把这个声音和具体的鸟联系起来了。

其他的记忆方法就不是以鸟名为基础，而是简单地以它的声音为基础了。所以，对于一代代学童来说，大山雀就是"老师鸟"（teacher bird），因为它鸣唱的是切分音"tea-cher, tea-cher"，重音放在了第二个音节上。白鹡鸰在伦敦则被称为"奇西克立交桥"（Chiswick flyover），因为它们飞过头顶时常发出"chis-ick"的叫声。

一旦开始使用记忆法来帮助你学习和记住鸟类的声音，你顿时就会觉得前途无量。你不需要遵循惯例：并不是每个人都认为黄鹀的叫声是"一点面包，不加奶酪"，但如果这能帮助你记住它们的叫声，那就很好了。当你发现芦鹀让你想起无聊的声学工程师，苍头燕雀有板球运动员奔向木球时的节奏，鸫鹟像歌剧演员一样演出，一个全新的观鸟世界就将为你打开。

记住鸟的鸣叫或鸣唱并没有正确或错误的方法，只有适合你的方法。下次再听到这种鸟的声音时，你会惊奇地发现自己是如何毫不犹豫地认出它来的。所以，如果听到了你认为可能是白喉林莺的声音，试着唱一下辣妹组合的热门歌曲《想要》第一节的最后一行吧。这对斯蒂芬来说每次都会奏效，尽管他的观鸟同伴们会投来一些戏谑的目光。

# 观鸟简史

　　各种各样的人似乎都在观鸟。那些人当中，就我所知有首相、总统、三个国务卿、打杂的女佣、两名警察、两位国王、两位王室公爵、一位王子、一位公主、一名共产党员、七位工党成员、一位自由党成员和六位保守党议员，一些每周赚90先令的农场工人、一个每小时就能赚到两至三倍钱的富人，至少还有四十六位老师、一名司机、一名邮递员和一名家具商。

——詹姆斯·费希尔《观鸟》（1940年）

　　王室公爵、三位歌星、女邮递员、园艺师、几名大学讲师、至少三位前保守党内阁大臣、工会领袖、四名喜剧演员（三位健在，一位过世）、一名问答节目主持人、ITV（英国独立电视台）和BBC天气预报员、一个时尚摄影师、一名护士、一位祖母、两个十岁的男孩、《每日星报》的新闻编辑、一个澳大利亚的音乐家、达格南福特公司的一位退休工人。

——斯蒂芬·莫斯<br>《丛中鸟：观鸟的社会史》（2004年）更新的名单

　　今天，英国和世界各地成千上万的人都喜欢观鸟。你很难相信，只是在过去的几十年时间里，人们才逐渐有了空闲的时间、资金和　　19

意向去参与这项爱好、消遣，或者说有些让人沉迷的活动。

人类在存在的大部分时间里，当然会去观察鸟类，但我们的祖先这么做时，往往是出于一些更为实际的原因。它们好吃吗？如果好吃，容易抓到吗？它们的行为能否至少在短期内帮助预测天气？它们中的某些鸟儿是否按日历上的常规日期返回？如果它们回来了，这是否有助于决定何时种植或收获作物？可以崇拜它们，或者把它们用于其他宗教或迷信仪式吗？

后来，随着文明在古代世界的兴衰更替，我们的祖先对鸟类的兴趣变得更加复杂起来。古希腊和古罗马的哲学家们研究鸟类的行为，并试图将其纳入他们的世界观。然而，假如我们把"观鸟"定义成主要是为了开心而观察鸟类的话，亚里士多德和普林尼虽然仔细观察鸟类，而且常常很敏锐，但依然不是在"观鸟"。

判定谁是"第一位现代观鸟者"，总是存有争议，但是我们的票要投给吉尔伯特·怀特，他是汉普郡郊区塞尔伯恩教区的牧师。怀特的一生跨越了18世纪的大部分时间，在此期间，我们的社会和文化经历了巨大且前所未有的改变，首先是启蒙运动，然后是工业革命。

前者鼓励新的想法，为观察鸟类和其他野生动物奠定了基础，并一直持续至今。而怀特正是这种观察的先驱。后者则为英国社会

20

的全面变革铺平了道路，其中包括大量人口从农村向城市转移，以及新兴"中产阶级"的兴起。这个阶级有时间、金钱和意愿去从事包括观鸟在内的一系列休闲活动。

怀特与其前辈的不同之处在于，尽管科学探索一直是一个重要的动力，但他在乡村教区的小路上漫步时，他的主要目的是发现、观察和欣赏鸟类。当他观察一只鸟的时候，他的激情是非常现代化的，正如他的畅销书《塞尔伯恩自然史》中的选段所示：

> 在这些地方，我所见过最不寻常的鸟是一对在几年前的夏天飞来的戴胜，它们经常在我花园附近的一块地上逗留几个星期。它们常常庄严地走来走去，且边走边吃。

在1793年怀特去世后，其他人开始以同样的方式观察鸟类。其中包括托马斯·比尤伊克，他的两卷本《英国鸟类史》（出版于1797年和1804年）有着工整的版画插图和清晰简洁的文字，可以称得上是第一本"野外指南"。还有约翰·克莱尔，他对北安普敦郡家乡周围鸟类的敏锐观察力，足以与任何现代鸟类学家相媲美。

18世纪末和19世纪初，这些人及其他先驱设法建立起英国所发现鸟类的信息库。它们住在什么地方，它们正式的名称应该是什么？这为19世纪晚期和20世纪早期人们对鸟类和观鸟兴趣的大增奠定了基础。

与此同时，19世纪中期后膛猎枪的发明，对于我们积累鸟类的知识产生了深远的影响。"标本采集"成为口号，维多利亚时代的绅士们成群结队地在黎明出发，把他们能找到的每一只鸟都从天空中打下来。这些不幸的受害者随后被填充、支立起来，作为标本进行展示。

21

　　标本采集行为对于了解少见的鸟类——那些从地球上遥远的角落来到我们海岸的迷鸟——有着特别大的影响。除非目标被射中，否则有关它的鉴定和辨识不会被接受，这一习俗催生了一句名言："击中了的就成历史，错过了的永是谜题。"从现代的角度来看，我们很容易去谴责猎杀稀有和罕见鸟类的行为，但在双筒和单筒望远镜等光学设备出现之前，这往往是确定鸟类身份的唯一途径。

　　然而，射杀鸟类并非普遍受到欢迎，尤其是为了获得皮张与羽毛来装饰上流社会妇女的帽子和衣服，为了利润和时尚大开杀戒之时。维多利亚时代，人们对于自然的态度发生了巨大的转变，到19世纪末，对这种肆意屠杀的反击开始了。

　　鸟类保护协会（即后来的皇家鸟类保护协会）成立于1889年，在接下来的几十年里，"采集"鸟类的做法逐渐让位于单纯地观察它们。即便如此，直到20世纪的第一年，"观鸟"（bird watching）这个英文短语才首次出现，并成为一位名叫埃德蒙·塞卢斯的年轻博物学家所著的一本书的标题。因此，今天我们用以指代这项消遣的词仅有一个世纪的历史。

22　　新一代的"观鸟者"得益于我们如今习以为常的棱镜式双筒望远镜的出现，它是由意大利人伊格纳西奥·波罗在19世纪50年代发明的。德国人卡尔·蔡司则在1894年推出了第一副量产型双筒望远镜，它采用了许多人至今仍在使用的"波罗棱镜"设计。第一次世界大战和第二次世界大战期间，由于士兵们需要看清敌人，双筒望远镜技术得到了极大的发展。确实，如今许多活跃的年长观鸟爱好者都是用淘汰的军用双筒望远镜开始学习鸟类观察技巧的。

20世纪期间，观鸟从英国少数受过良好教育的、富裕的上层阶级男子的专享活动，变成了无论性别、阶级或家庭背景，任何人都可以享受的消遣。导致这种非凡繁荣的变化始于20世纪初的那几十年，当时一些关键机构建立起来，将那些观鸟先驱召集在一起，并让他们能够进一步发展自己的爱好。这些变化包括创办于1907年的月刊《英国鸟类》（它至今仍很畅销），1909年在英国开始的鸟类环志，还有1912年朱利安·赫胥黎率先对鸟类的野外行为进行的科学研究。

在20世纪，人们的视野更为开阔，先是私家车自驾，后来是航空旅行和组团旅游的发展，使得人们能够探索国内外的新地点。大多数英国人的空闲时间也大幅增加。1939年，乔治·奥威尔就写过关于休闲活动的新兴繁荣景象：

> 英国人的另一个特点在于对业余爱好和安排空闲时间的沉迷，它已经成为我们生活的一部分，以至于我们几乎没有注意到它……我们是一个热爱花朵的国家，但也是一个热爱集邮、养鸽、做业余木工、捡便宜折扣、玩飞镖和填字游戏的国家。

第二次世界大战结束后的几十年里，观鸟活动开始进入这个清

单的前列。长达六年的战争使英国人更加热衷于充分利用和平时光，许多从战争中幸存下来的人在服役期间得到了前所未有的出国旅行机会，这让他们看到了全球范围内的鸟类。当他们回来后，他们继续在自己比较平淡的家庭环境中观鸟。光学设备的发展和第一批适用的野外指南鼓舞了这些新的观鸟者，这两样装备使得不用杀鸟就可以认鸟变为可能。

还有另一个意想不到的战时遗产：雷达的发明使鸟类学家能够追踪候鸟的大规模迁徙。20世纪50年代和60年代，观察迁徙候鸟的热情成为观鸟的一个主要内容，在我们海岸周围不断扩大的鸟类观察网络足以作为证明。成群结队的人涌向迁徙的热点区域——从北边的费尔岛到南边的锡利群岛——去观察那些罕见及常见的鸟种。

这又引发了被称作"推鸟"（twitching）的活动。媒体故意曲解了"推鸟"这个词，经常把它视作观鸟的同义词。事实上，推鸟是指对罕见鸟类一心一意的追求，其目的在于把它们加到自己的"英国鸟类目击名录"上面。

推鸟的全盛时期是20世纪80年代和90年代，当时电话线路和便携式寻呼机等新技术取得了突破，使推鸟的人对某种罕见鸟类的出现或离开时间能精确掌握到每一分钟。这一点的重要性怎么强调都不过分。三十年前，关于一种罕见鸟类的消息几乎无从泄露，即使有，也常常是经由明信片来传达。

但随着这些新式快速通信手段的出现，上千人可以在非常短的时间内聚集起来，观看一只迷鸟，比如来自北美的金翅虫森莺——它至今仍是英国唯一的一次记录。1989年2月，它在一个不太可能的地方——肯特郡的一家乐购超市停车场里现身。每年还有数以千

计的人前往锡利群岛"朝圣"，来自北美、欧洲和西伯利亚的罕见鸟      24
类在每个秋天都会汇聚于此。

推鸟可能不再像过去那么受欢迎了，这也许是因为飞往设得兰群岛的包机机票价格，可以让你在北美待上整整两周，在它们真正生活的地方看到它们。但仍然有成千上万的推鸟死忠粉。在某些方面，他们就像维多利亚时代的标本收藏家，用数码相机和望远镜来为他们的"收藏"增添一个新种，而非用猎枪。

20世纪下半叶的其他发展还包括以下方面：观鸟比赛，这是一种竞赛性质的观鸟活动，参赛队伍要在二十四小时内看到或听到尽可能多的种类；在当地定点的长期观察，这是一种比推鸟更为环保的热爱，观鸟者在其居住地附近的特定区域持续地观察鸟类；与之相反的则是环球观鸟，即一小群非常富有的人试图看到世界上1万多种鸟类里尽可能多的成员。

对于某些人来说，这可能会变成一种狂热。为他们的世界鸟类目击名录增添一个新种的机会，随着每一次旅行而减少；看到新鸟那一瞬间的兴奋和放松，会立刻被哪里才有机会见到下一个新种的焦虑所替代。

观鸟如今更多以美国英语里的"birding"一词为人所知。幸运的是，这是一个广义上的"教会"，志同道合的人们因对鸟类的热爱

25    而组成了一个全球网络。这一点在虚拟和现实世界中都有体现，网络论坛满足了人们对观鸟方方面面的交流需求，地方性社团和鸟类俱乐部又让大家面对面地聚在一起。

        如今，三分之二的英国人在自家的花园里喂鸟，尽管并非每个人都称自己为"观鸟者"，但他们始终是更为广泛的群体的一部分。皇家鸟类保护协会有超过100万的会员，超过50万的人会参加该协会一年一度的"庭园鸟类观察"活动，这也是世界上规模最大的公民科学项目。一项调查显示，英国有近300万活跃的观鸟者。这有着重要的经济影响：无论在国内还是国外，"野生动物旅游"如今都对当地、地区甚至国家的经济做出重大贡献。

        由于观鸟越来越受欢迎，参与的人群也发生了变化。观鸟不再是受过教育的中产阶级白人男子的专利，大量妇女和儿童也经常去观鸟。其他独特的团体包括20世纪90年代中期成立的同性恋观鸟者俱乐部，以及2000年成立的全民观鸟组织（最初为残障人士观鸟协会）。

        其他方面的情况也在迅速改变。推动了20世纪观鸟热潮的技术，现在看起来已非常过时。当你可以使用智能手机应用程序在线浏览时，为什么还要带一本笨重的手册去野外呢？事实上，你可以很容易地用数码相机拍下鸟儿的照片，然后等有空的时候再弄清楚它是谁，那为何还要在野外就去费心辨认呢？观鸟者——尤其是年轻的一代——也在使用推特和脸书等社交媒体相互联系，分享他们的观鸟细节。

老手们有时会抱怨年轻的观鸟者"不再做野外记录了"，但实时获取信息的能力在某种程度上使这种做法显得有些多余。互联网还提供了关于观鸟地点最新且准确的信息，使得"鸟点指南"或多或少过时了（而此类书籍本身的历史也还不到半个世纪——约翰·古德尔斯的名作《到哪里看鸟》于1967年才问世）。

26

科技还对我们观察鸟类的方式产生了其他更为深远的影响。DNA（脱氧核糖核酸）技术的进步表明，鸟类的种类可能比我们想象的要多得多。所谓的"隐存种"看起来几乎一模一样，实际上却有着细微的差异。这将会如何影响到我们观察鸟类的方式，或许还没能得到人们的重视。但是如果已经不能在野外依靠形态特征识别鸟类，我们还需要像维多利亚时代那样去"采集"它们吗？或许，我们对于辨认鸟类本身的痴迷开始减退，而对它的行为和生态学产生更大的兴趣，就像早期观鸟者曾经做的那样。

坏消息是，由于鸟类的家园、食物和栖息地承受着持续的压力，可能没有那么多鸟留给人去观察了。全球气候变化、外来物种入侵、栖息地丧失、猎杀和污染都是威胁英国乃至全球鸟类种群健康的主要因素。随着世界人口继续以看似不可阻挡的速度增长，并因此对自然资源造成巨大的压力，这种前景确实看起来相当暗淡。

国际鸟盟估计，约有2 000种鸟类（大约占地球上所有已知鸟类的五分之一）的生存正在受到威胁，其中200种将在本世纪末消失，比从1600年到现在的这四百年间记录到的灭绝鸟类还要多。其他研究表明，这个数字可能会更高，在最坏的情况下，到2100年，可能会有多达2 500种鸟类，即世界上四分之一的鸟类走向灭绝。

27　　还是以更积极的讯息来结束本章吧。毫无疑问，观鸟的兴起给数百万人带来了极大的快乐和满足。与自然界的接触已被证明有益于我们的身体、精神、情感和心灵健康。简单来说，观鸟者寿命更长、感觉更好、更享受生活。对于我们这些毕生热爱鸟类和观鸟的人而言，这一点众所周知。正如编写野外指南的先驱和艺术家罗杰·托里·彼得森曾明智指出的那样：

　　　　事情的真相是，没有我们，鸟儿们也可以生活得很好。但我们许多人——也许是所有人——会发现，没有鸟儿，生活是
28　　　不完整的，甚至是几乎无法忍受的。

# 开始吧

> 你可以知道一种鸟在世界上所有语言里的名字，但当你读完它们以后，对这种鸟还是一无所知……所以让我们看看这只鸟，看看它在做什么，这才是最重要的。我很早就明白，知道某个东西的名字和了解某个东西，是有区别的。
>
> ——理查德·费曼

任何人都可以称自己为观鸟者，因为任何人都可以享受到观鸟的乐趣。但是，如果你想充分体验到作为观鸟者的美好，有一些事情是值得了解的。因此，我们试着提炼自己的知识和经验——我们两人的观鸟时间加起来差不多有一个世纪那么长——以便帮助你充分享受这种消遣活动。

我们都出生于1960年，都是从小就开始观鸟。我们这一代是自由放养的孩子，在很小的时候就到户外活动，爬树、挖洞，接触野生动物。

回想起来，这些经历听起来像是出自伊妮德·布莱顿\*的小说，但我们俩都不住在乡村田园。事实上，两人都是在郊区长大的，布

---

\* 伊妮德·布莱顿（1897—1968），英国儿童文学作家，著有"诺弟""世界第一少年侦探团"等畅销系列读物。——编注

雷特在西米德兰兹郡的边缘，而斯蒂芬在伦敦的西郊。因此，就像肯尼思·奥尔索普[*]那令人难忘的描述，我们在"既不是城镇也不是乡村的接合部"。我们在花园和家周围观察鸟类，布雷特是在北伍斯特郡的农田，斯蒂芬则是在米德尔塞克斯的砾石坑和水库。英国各地的家庭假期使我们开阔了视野，发现了更广阔的英国鸟类生活和它们的栖息地。

正如布雷特所回忆的：

对我来说，第一次意识到野外指南中描绘得如此美丽的鸟儿是真实存在的，其实就是在花园大门的外面。那时我十五岁，得到了一副被当作生日礼物的破旧双筒望远镜。1975年4月5日，在位于哈格利的家附近的小路上，我第一次骑着自行车春游，惊讶地看到成群结队的田鸫和白眉歌鸫。在出发去往斯堪的纳维亚之前，它们在田野里漫游，亲切地左右跳动着，看起来就跟野外指南上画的一样。它们不是青山雀或欧亚鸲那样气定神闲的花园常驻客，给什么就吃什么。这些机警而棱角分明的鸫野性十足，它们是来自异国他乡的凶猛的毛虫杀手，即将到来的远行和身上奇特的纹路，使它们具有不可抗拒的吸引力。

第二天，鸫们就走了，但在同一块地里，出现了两只红腿石鸡。石鸡身上的纹路非常独特，又充满异域风情，简直像是从中国挂毯中跳出来的生物。我不敢相信这些带着老虎条纹的

---

[*]　肯尼思·奥尔索普（1920—1973），英国广播节目主持人、作家、博物学家。——编注

鸟就在自家门口生活繁殖。从那天起，我就被吸引住了。

对于斯蒂芬来说，一些特别的闪光点也会留在他的记忆里：

和布雷特一样，白眉歌鸫在我童年的记忆中也很重要。我第一次看到它是在八九岁的时候，当时我骑着自行车和朋友们玩，它就在我家附近的草地边上。当我跟着一队初中生，沿着当地的砾石坑散步时，我的第一只凤头䴙䴘安详地从我身边划过。最特别的是我的第一只赤鸢，那可是一只罕见的鸟。我们在威尔士中部的山谷里搜寻了漫长而令人沮丧的三天之后，它从我们的头顶高高飞过。

30

我们都来自对于鸟类或野生动物没有明显兴趣的家庭。布雷特的父母一直在忍耐，他们要容忍家中出现的一系列爬行动物和两栖动物，其中包括一条蟒蛇，一度还有布雷特暂时养起来的一条蝰蛇。而斯蒂芬的母亲——一位溺爱着自己唯一孩子的单亲母亲，带着他周游英国，到最好的地方去看没见过的鸟类，这样鼓励了他的兴趣，但她自己并没有真正养成这一爱好。

那个时候，观鸟并不像现在这样流行或成主流。在学校里，我们都通过结交志同道合的伙伴而受益，他们帮助我们培养和分享兴趣，并防止它像在许多年轻观鸟者身上发生过的那样消失。在布雷特的学校，由比尔·奥迪创立的鸟类协会帮助他把兴趣集中在观鸟的各个方面，特别是辨识鸟类和到令人兴奋的新地方旅行。斯蒂芬上文法学校的第一天，他坐在丹尼尔旁边，结果发现丹尼尔是那儿唯一的另一个"鸟人"：

> 丹尼尔的家人或多或少收养了我，在学校放假的时候带我们去全国各地，包括诺福克北部一些令人难忘的地方。在那里我们看到了成群的雪鸮，清晨散步时，在一丛荆棘上偶然发现了一只罕见的灰伯劳。十几岁的时候，我们就开始了自己的旅行，骑行于英格兰南部的新森林和邓杰内斯。在那里我们看到了更新奇、更奇妙的鸟，包括楔尾鸥、毛脚鵟和火冠戴菊。丹尼尔和我到现在还很要好。

我们有许多深刻而特别的回忆，不仅仅与鸟有关，还与去过的地方和遇到的人有关。因为观鸟不仅仅是关乎鸟本身：它是一种生活方式，是一种与人类及自然世界发生联系的方式。我们都很幸运，能够把爱好变成工作。布雷特是一位电台制作人、主持人和作家，斯蒂芬则成了一位作家和电视制片人。

如果刚接触鸟类和观鸟，你可能会望而生畏。你可能觉得需要一下子学习所有的东西，但我们毕竟可以尝试，从错误中吸取教训，通过多年的实践获取经验和专业知识。

这听起来像是陈词滥调，但是对鸟类和野生动物的整体了解越多，你就越会发觉自己很无知。这也是博物学的一大乐趣，我们总会有事可做，总会有新的体验。它实际上可以归结为两点：在野外亲自看到和听到鸟儿；抱有一种探究的心态，对你自己看到的和别人告诉你的事物心存好奇。

到目前为止，了解鸟类最好的方式——也是令人满意和愉快的方式——是在当地找出一块"自留地"。理想情况下，你从家出发，步行、骑车或开车几分钟就能到达这里。它包含一系列的微生境，最好能包括一些水体，麻雀虽小，五脏俱全，而且在一个小时或更短的时间内就能走完。这样一来，你就可以短暂且频繁地造访该地点，以此来了解生活在那里的鸟儿，特别是它们一周又一周、一季又一季、一年又一年所经历的变化。

斯蒂芬在三十多岁时，观鸟也已超过三十年了，他发现有两个地点改变了自己观鸟的方式：

32

　　朗斯代尔路水库是位于伦敦西南部泰晤士河畔的一个不起眼的小型自然保护区，而肯普顿公园自然保护区则位于其西边几英里之外。在几年的时间里，我每周都会去这两个地方几次。渐渐地，我发现自己越来越能体会到大自然微妙的韵律。从沙燕、家燕等候鸟的来来往往，到更为熟悉的那些留鸟，包括在此繁殖的凤头麦鸡和金眶鸻，都能反映出季节的变化。正是在那个时期，我第一次意识到，常见鸟和罕见种同样令人兴奋。

作为一名"自留地"观察员，我总是为春天里出现的第一只欧柳莺感到兴奋，而不会那么期盼和一群推鸟痴一起跋涉数百英里，去看些鲜为人知的少见鸟类。

几年前，斯蒂芬和他的家人搬到了萨默塞特平原，那里是鸟类和其他野生动物的天堂。他住的地方离阿瓦隆沼泽不远，这片沼泽是一大片重新恢复的湿地，有各种各样的鸟类，其中包括新迁来的令人兴奋的大白鹭和大麻鳽。但令他惊讶的是，他发现了一小块非常不同的"自留地"，它离他家还很近：

2010年，我决定花一整年的时间来观察、欣赏和记录所在乡村教区里的鸟类和其他野生动物。我特意选择了这里，因为自己每天都可以在这里感受大自然——无论是在自家的花园里，还是在村庄和周围纵横交错的小路上散步、骑自行车。另一个原因是我知道这里没有什么稀有或不寻常的生物，这迫使我更加仔细地观察这些常见和熟悉的物种，以及它们在日常生活中都做些什么。

33

我把自己的经历写进了《野兔与蜂鸟》一书，这本书特意映射了英语世界里最为著名的自然文学作品——吉尔伯特·怀特的《塞尔伯恩自然史》。相比于将网撒得更开更广，将注意力集中在家门口的动物身上，帮助我更多地了解大自然的运作方式。这也印证了我长期以来的一个观念：要想了解全世界，你需要先关注本地。无论你所在的地方有多小或多么朴素，它都是整体的重要组成部分。

斯蒂芬花了八年的时间来了解他的教区及周边的野生动物，但与布雷特相比，他还只是个初学者。布雷特花了半辈子来了解他所在的地方：

我花了近四十年的时间，观察西米德兰兹郡城市圈最西南角的一块长约3千米、宽约2千米的矩形乡间土地。这里大部分是不知道属于谁家的农田，只有几片矮树林，还有一段让充满淤泥的斯陶尔河相形见绌的斯塔福德郡–伍斯特郡运河，外加两个小池塘。那段时间里，我在这个对罕见鸟没太大吸引力的地方，见过144种鸟类。在这儿，芦苇莺比苍鹰更引人注目。

34

最初我是被污水吸引到那里的。直到20世纪80年代，当地的污水处理场还在大片土地上广泛排放泥浆。这不仅引来了无脊椎动物，而且在寒冷的天气里，温度使得地面不会结冰。这样的组合对于越冬的鸻鹬类来说极富吸引力，作为一名年轻的观鸟者，我很快就被250只扇尾沙锥和几乎同样多的白腰杓鹬给迷住了。它们都在地里忙碌地探寻蚯蚓和蠕虫。

在1979年那个非常严酷的冬季，有一块泥地吸引了二十一只赤颈鸭、一只针尾鸭和一只粉脚雁，这些鸟类在这个区域很少见。1976年2月的一天，当我还是个初学者时，两只羽色浅淡、风度翩翩的鹬在一个牲畜食槽附近游荡。这引起了我的注意，我急忙去找野外指南。出人意料的是，它们看起来像是鹤鹬，即使是天气最好的时候，这种鸟在这儿也十分罕见，更别提是在西米德兰兹郡的冬天了。知道这一发现的人对此深表怀疑，当然无可厚非；但鹤鹬出现了，并且我在这里见到了它们，这更加巩固了我与这个非凡地点的联系。这两只鹤鹬是我第一次亲自找出来的罕见鸟类，我不仅认出它们，还把观察记录正式发表了。这样的经历，用现在的话来讲就是"获得了力量的源泉"。

受到自己发现的鼓励，我源源不断地给西米德兰兹郡鸟类俱乐部提交记录。俱乐部的鸟类年报也让我知道了应该期待什么，以及当地值得关注的种类。渐渐地，"自留地"里记录到的鸟类总数开始增加。

这里有一些令人兴奋和感到意外的时刻。4月的一个早晨，一只高山雨燕在下游飞舞。白头鹀和鹃头蜂鹰也现身了。曾有三只来自斯堪的纳维亚的小鹀出现在一片种植鸡饲料作物的田地里，吸引了从伦敦远道而来的推鸟人。

但这跟追求罕见种类关系不大。"深耕自留地"的兴奋之处在于，通过多年间的记录，你不仅可以见证所选区域的变化，还能记载遍及英国的改变。因此，通过我的笔记，我现在仍能重温第一次看到渡鸦和欧亚鵟的那一刻，它们是在经历了几个世纪的迫害之后，重新回到了英国低海拔地区。笔记中也有我为欧斑鸠写下的最后一条记录，不过当时我并不清楚这一点；如今这种鸟已从英国的大部分地区消失了。

你也能学会如何与失去相处。我刚开始观鸟时，有一条特别的路线将我引到了一条绿色的小径上。春天，灰山鹑在那里吱吱作响，凤头麦鸡则四处跌跌撞撞。夏天，绿篱中充满黍鹀的喧闹声和麻雀的喳喳声。以前我对这些鸟都很熟悉，也将它们当作理所当然的存在，但是现在这些繁殖鸟类已经非常罕见或消失了。20世纪80年代，林鹨、草原石䳭和林柳莺都很常见，但它们在世纪之交就消失了。然而，从好的方面来说，燕隼、雀鹰和鸬鹚增加了。如今至少每年都会见到赤鸢从头顶飞过，这在四十年前是不可想象的。随着这些鸟类的出现，新的昆虫也来了，而在20世纪70年代还不为人知的艾鼬现在也很常见了。

造访"自留地"的最大好处是让你真正了解一个地方。每年春天，第一片白屈菜叶子在这里破土而出，穗鹀也在马场上追逐昆虫，小路上的拐弯处让你注意到赤狐身上散发出的麝香气味。这是将我们从人为强加的节奏中释放出来，从而使我们融入自然的模式。当这一切发生时，它将成为一种启示。你对于季节的感知会被一些自然事件重新定义，比如夏候鸟和冬候鸟的到来、鸟类的鸣唱和昆虫的嗡鸣。为什么那些长着黑嘴的欧乌鸫在深秋变得如此显眼？那些大杜鹃都去往何处？为什么有些年份会更容易看到仓鸮呢？

当然，也会有安静的日子。但是你看到的或见不到的越多，引发的问题就会越多，好奇心也会随之增长。

在如此亲密的基础上了解鸟类和其他野生动物——无论是在你的"自留地"，还是在自家后花园——的的确确会让你以不同的方式看待它们。这不再仅仅是识别或在名录上勾选鸟的名字了。真正令人激动的是发现托马斯·哈代所说的"萌芽与生长的原始冲动"，发现那些让你的"自留地"生机盎然的东西。看到鸟儿自由自在地做它们自己，看到一只从蕨类植物下飞出的丘鹬，或是在4月的雨后鸣唱的欧柳莺，也是一种纯粹的快乐。有些东西就是无价之宝。

如果说鸟类是特别的，那就太过轻描淡写了。对于我们，以及其他成千上万的生命而言，它们就是地球运转的动力。诗人泰德·休斯的诗句描绘了每年春天都会飞回我们家园上方天空的普通楼燕：

它们又成功了，
这意味着地球还在转动……

愿鸟儿总能给我们带来生机、鼓舞和欢乐。

布雷特·韦斯特伍德和斯蒂芬·莫斯

2014年3月    37

大杜鹃

普通楼燕

林柳莺

斑姬鹟

新疆歌鸲

庭园林莺

黑顶林莺

苍鹭

波纹林莺

 **5 月**

欧鸬鹚

芦鹀

中杓鹬

欧金翅雀

白眉鸭

红脚鹬

斑胸田鸡

崖海鸦

暴风海燕

水蒲苇莺

扫码欣赏
图片和鸟鸣

# 引子

询问任何博物学家对5月的想法，他们都会告诉你，要是这个月的时长能够加倍就好了。在地处温带、季节匆匆更替的不列颠群岛，5月宝贵的三十一天里塞满了繁殖、育雏、觅食和鸣唱，令人目不暇接，也很难知道该从哪儿开始聆听。

像莺类和鹟类这样新迁来的候鸟，都在留居的山雀、欧乌鸫和鸫类持续不断的合唱中吵闹着，希望引起注意。5月正是我们所有的夏候鸟已经到来或开始繁殖的月份。此时也是跟我们显眼的老友重逢的日子，比如如期而至、喧闹地掠过城市上空的普通楼燕。这也是了解鸟类鸣唱的一个良机：那究竟是刚从西非迁来的庭园林莺，还是仅仅是一只歌声格外优美的黑顶林莺呢？这同时也是在城市花园和乡间绿篱中欢庆繁殖周期高潮的时刻，整个英国境内数以几十亿计的昆虫正被喂到百万只雏鸟嘴里。

5月会提供奇妙的小品和令人难忘的场景，还有一次性且永不重复的特别优惠。从4月开始，林地间的风铃草从星星点点变成了无处不在。在它们蔓延的池塘上方，苔绿色的林柳莺兴奋地歌唱，而在舒展开的树叶间的光柱里，斑姬鹟在枝头间飞舞，欧亚红尾鸲抖动着火红的尾部。

在塞文河与亨伯河之间的地带的南边及东边，新疆歌鸲在修剪过的灌木和黑刺李丛里面选择了舞台中心。它即便不是最好的歌者，也是一流的歌者。在5月的一个宁静的夜晚，伴着山楂花香和渐熄的灯光中忽隐忽现的蝙蝠，聆听歌鸲连绵不绝的鸣唱，是一种令人赞叹而又难忘的经历。给人留下深刻印象的不仅是水晶般清澈的音质，正如作家和鉴赏歌鸲的行家H. E.贝茨所言，音节间的停顿也"有一种激情，一种令人窒息而又克制的感觉"。

5月是体验我们丰富多彩的鸟类鸣声的一个月。作为野生动物录音师中的元老，克里斯·沃森为本节目贡献了大量的录音，他相信我们林地中的黎明合唱是世界上最动听的。将国际黎明合唱日定在5月的第一个周日绝非偶然，这一天，英国各地的人们会在破晓前三三两两地聚集起来，见证这一非凡的自然事件。

然而5月也并非只与林地和森林有关。此时全英国农田里的绿篱被还没过度修剪的乳白色峨参所包围，灰白喉林莺会从这里腾空而起，并在半空中发出沙哑的鸣唱。

在更为茂盛的、布满荆棘的绿篱中，白喉林莺正发出短促的高音。大杜鹃此时也最为活跃。运气好的话，你能见到一只停在树顶的大杜鹃，它一边扫视四周，找寻雌鸟或敌对的雄鸟，一边左右摇摆着长长的尾羽。大杜鹃是沼泽和芦苇荡的常客，这些地方满是芦苇莺等候鸟，而它们的巢正是杜鹃产卵寄生的场所。如果运气真的足够好，在夜里造访同一片沼泽的时候，你可能会听到隐身于黑暗中的斑胸田鸡发出响鞭似的叫声。

上面提到的鸟类都是候鸟，而5月间很多最为常见的留鸟在巢中已经有了卵或雏鸟。但它们也没有停止歌唱，你仍能听到很多欧歌鸫、槲鸫和欧乌鸫在宣示领域。有些鸟儿已经抚育完第一窝雏鸟，

41 到了本月末，北长尾山雀幼鸟就已离开它们那由羽毛和地衣筑成的球状巢，像会飞的蝌蚪般在我们的庭院里穿行，一边移动，一边轻柔地叽叽喳喳，互相呼唤。灰林鸮同样很早繁殖，仍带着毛乎乎的绒羽的幼鸮已经离巢，夜里它们蹲坐在树枝上，发出响亮的呼哧声，不断向父母乞食。海岸边的悬崖上，欧鸬鹚、三趾鸥和海雀们熙熙攘攘，正在孵卵，或是将它们的第一只雏鸟带入这令人目眩神迷的世界。

尽管5月里充斥着繁殖活动，很多鸟却仍在迁徙的路上。海边和内陆的沼泽里，向北进发的鹬鹬类持续出现，在去冰岛或斯堪的纳维亚的途中，它们要在跨海之前补充能量。包括林鹬、红颈瓣蹼鹬和鹤鹬在内，所有这些在北极繁殖的鸟通常会在此逗留一两天，等待北方昆虫种群大量出现。英国境内几乎没有比5月更为繁忙的时节了，动物们从冬日的萧瑟中复苏，所有的喜悦与烦恼都在此时全面绽放。

## 大杜鹃

大杜鹃的声音绝对不可能听错。一听到这种鼓点般的双音节鸣叫，你就立刻明白我们最著名的暑期访客——大杜鹃回来了。然而，想要找到大杜鹃并非易事，尽管体型很大，但它异常害羞，而且它的叫声传得也比想象的要远。当大杜鹃在春日里唱着它那首著名的曲子时，你循声找去，最终只能匆匆瞥见一只长翅长尾的铁灰色鸟儿，它与众不同地伏低身子，呈水平状，在枝间前后跳跃。

大杜鹃就是个悖论。很少有别的鸟会像它这样，让人耳熟能详却又难得一见。大杜鹃差不多跟犬蔷薇、峨参一样是英国乡间的标志。在我们的文化中，它的出现也就意味着夏天的来临。

42

13世纪的一首佚名古诗的首句"杜鹃啼时夏方至"，便是大杜鹃及这种习性隐秘的鸟类独有的鸣声在我们传统文化中地位的证明。无怪乎威廉·华兹华斯曾经写道："我应该称你为鸟，还是回荡徘徊的鸣叫？"

大杜鹃也确实称得上是长途迁徙的流浪者。它们每年会在遥远的非洲待上半年以上的时间，只在夏季短暂地拜访英国。事实上，直到不久前，它们的越冬地，以及它们前往那里的漫长旅程，仍然是一个谜团。

如今的技术，即佩戴在大杜鹃身上的微型追踪设备，让科学家们可以记录大杜鹃向南迁徙飞过欧洲后的轨迹。它们会穿越地中海，飞越浩瀚的撒哈拉沙漠，一路飞到非洲赤道附近那些茂密的热带雨林，并在那里度过整个冬天。

先民们认为每到秋天大杜鹃就会变成雀鹰，这猛地听起来似乎有些奇怪。但古人的观点并非完全没有根据，大杜鹃和雀鹰的体型大小几乎一样，它们都有着灰色的羽毛，胸腹部也都有横纹，并且尾巴都很长。它们的飞行姿态也相似，都是沿直线低飞。

在非洲热带雨林里度冬天以后，迁徙的本能驱使着大杜鹃一路北飞。它们在4月中旬返回英国，成为春回大地的一个令人欣喜的迹象。每逢此时，我们的先民会举行一个"杜鹃集市"来庆祝它们的到来，但如今由于它们的数量快速减少（尤其是在英国的南方），这样的庆祝活动已经难以开展。过去还有一项长期沿袭的风俗——在听到每年的第一声杜鹃鸣叫后写信告诉《泰晤士报》。而今天该风俗也式微了，因为很多人根本就没有听过杜鹃的叫声。

尽管大杜鹃的数量在下降，但大部分人还算熟悉雄鸟的鸣声，然而又有几人听过雌大杜鹃的叫声呢？那是一种连续不断的"汩汩汩汩"的声音，有时就像是"洗澡水从出水口里咕噜咕噜流出的动静"。

雌杜鹃以将卵产在体型较小的鸣禽巢里而著称。在英国，芦苇莺、草地鹨和林岩鹨是它们的主要宿主。大约一个世纪前，影片拍摄先驱奥利弗·派克和埃德加·钱斯成功拍到了大杜鹃将卵产在草地鹨巢里的独家片段，他们还揭示出一只雌大杜鹃在一个繁殖季可产多达25枚的卵，当然，每个宿主的巢里只会有1枚。

大杜鹃的雏鸟孵出时浑身赤裸，又睁不开眼，但靠着本能的驱使，它还是会努力把巢里其他的鸟卵或雏鸟顶到巢外。它能够模仿宿主雏鸟的声音，并且用响亮得多的音量向毫不知情的养父母乞食。到了能够飞翔的时候，它的体型已经变得非常巨大，宿主鸟巢没法完全装下它，看上去像是杜鹃身下点缀着小小的鸟巢，而不是它蹲坐在巢中。

之后最不同寻常的事情发生了。尽管从未见过自己的亲生父母，那些刚刚羽翼丰满的幼鸟立刻就踏上4 000英里*的迁徙长路，直接飞向非洲的腹地。

------

\* 　1英里约等于1.6千米。——编注

# 普通楼燕

年复一年，在4月最后一周或5月第一周的某个时候，城市的居民会骤然发现，春天已然就位，夏日也将临近。普通楼燕——我们最为引人注目的都市移民回到了城里。

也许你最先是通过声音发现它们的：那是擦过屋顶、充满魔性的尖锐高音。之后你会看到它们，在春日的天空中，它们黝黑的身形   44
如锚，好似微型火箭在空中迅驰飞舞，仿佛要刺破苍穹，直达天国。

普通楼燕是终极的飞行家，那镰刀形的两翼配合雪茄形的身躯，让它们的飞行能力登峰造极。想想吧，这些鸟一生中绝大部分时间都生活在空中，进食、交配，甚至睡觉都是在飞行中完成。相对于我们这些难以脱离地面的人类，它们高高在上。

在繁育后代的时候，普通楼燕才会着陆。它们会在建筑物屋檐下寻找缝隙，然后用草、树叶和羽毛搭一个浅浅的杯状巢。所有的建材都是它们展翼飞行时在空中集聚起来的，它们利用唾液把这些材料粘在一起，搭成燕巢。此后，雌鸟便会在巢里产下2到3枚卵。

为了哺育雏鸟，一对普通楼燕亲鸟需要每天飞行800千米，它们像拉网似的在空中一遍遍筛过，捕捉一切可以遇到的小飞虫和小蜘蛛。每次捉到猎物，它们就把食物暂存在喉囊里，形成一个药丸般的食球。

每逢大雨将至，很难找到昆虫这样的食物时，普通楼燕会飞到积雨云的边缘。这时它们往往会离巢几天，直到天气好转才能归巢。在此期间，雏鸟会展现出不同寻常的能力，它们降低自身的代谢速率，从而进入一种休眠状态，直至父母最终带回食物。

大约五到八周以后，雏鸟羽翼丰满，准备离巢了。它们一头扎进未知的世界，往往连续飞行十八个月都不落地。在这段时间里，它们会去一趟非洲再回来。在普通楼燕的一生里——通常是九年的光阴——它们飞行的里程可高达150万英里。

春天楼燕姗姗来迟，夏季它们又总是早早离开。每年8月上旬，成年楼燕就开始南飞。第一年的幼鸟紧随其后。当欧洲大地进入秋冬时，普通楼燕则正翱翔在非洲的天空中。冬去春来，它们会带着那些热带的气息再一次回到我们身边。

45

## 林柳莺

"硬币在大理石板上高速旋转"，"甜美的颤音"，"一波波珍珠溅落在珍珠海岸上"，所有这些修辞都是在形容一种最令人难忘而又悦耳的鸟鸣——林柳莺的歌声。

　　这歌声吸引着我们西行，来到威尔士、苏格兰和英格兰西部的橡树与桦树林里。在那里才能见到这种身披柠檬黄和石灰白羽衣的小精灵，这是春日里归来的最受我们欢迎的候鸟之一。

　　林柳莺是在英国繁殖的三种柳莺当中最大的一种，另外两种是我们更为熟悉的欧柳莺和叽喳柳莺。它们长得很像，难以区分。18世纪晚期，吉尔伯特·怀特在汉普郡乡下写下林柳莺发出"呲呲的、颤动的噪声"。显然，他当时并没有能够真正分辨出山毛榉林中鸣叫的神秘小鸟具体是哪种。

　　林柳莺的羽色混合了苔藓的碧绿、初雪的洁白和柑橘的橙黄。当它一头扎进春天刚刚发出新叶的树林时，这种颜色搭配便成了最好的伪装。即使循声找去，在新叶如水的阴影下也不容易发现它们。但仔细观察，你就能在雄鸟鸣唱时找到它。为了发出悦耳的颤音，它努力得浑身都在颤抖，几乎要嘶嘶地冒泡了。如果这还不够，那么接下来就是一阵清脆的、哀怨的"piu, piu, piu"，仿佛是在哀悼某个不为人知的逝者。

　　尽管林柳莺站在高高的树上歌唱，它们却用草和枯叶把巢建在树林的地面上。这样的鸟巢很容易遭到捕食者的侵袭。研究表明，当雄柳莺找到潜在的筑巢点时，它们不只是站在高高的栖枝上尽情鸣唱，还会仔细观察地面上哺乳动物的活动痕迹。如果附近有很多的捕食者，它们很快就会飞走，去找寻风险更小的地方繁殖下一代。

46

## 斑姬鹟

　　斑姬鹟是英国西部橡树林中的三重奏成员（另外两个则是林柳

莺和欧亚红尾鸲），它吟唱着迎接在夏季访问英国西部的宾客。这里
的森林古老而庄严，笼罩着山岭，遮蔽着幽涧。斑姬鹟的歌声轻快
明亮，旋律优美，和那覆着地衣的树枝、长了树瘤的主干、盖满苔
藓的卵石、跌宕错落的山涧一起组成了一幅风景画。

　　4月中旬到下旬，雄性斑姬鹟经过长长的旅行，从西非森林里
的越冬地回到这里。一旦抵达，它就在自己的森林领地上选好位置，
站立在树冠上唱起那轻快的琶音。在斑斑点点的阳光照射下，它轻
轻弹击着翅膀和尾巴，身上的羽毛显得更加斑驳。

　　在两首曲子之间，它会突然飞到空中，用力咬住飞过的昆虫，
鸟喙发出清脆的撞击声。吃饱了，它才有足够的力气继续为潜在的
配偶唱小夜曲，也能赶跑前来竞争的情敌。

　　和青山雀、大山雀那样的林鸟一样，斑姬鹟也把巢筑在树洞里。
47　一旦在树上找到了一个合适的树洞，雄鸟就会在新家飞进飞出，它
让白色的翅斑上下翻飞，以此向褐色和白色相间的雌鸟宣传自己选
定的家宅。

　　斑姬鹟乐意选择现成的鸟巢，在有些地方，人造巢箱计划已经
帮助它们提高了种群数量。不过，总体而言，斑姬鹟的数量在近些
年来下降了四分之一到一半。这不仅是因为它们在非洲越冬时的栖

息地正在丧失，还因为我们这里连续经历了几个潮湿的夏季，亲鸟就算费尽周折也不易满足饥饿的雏鸟的需求。即便如此，5月间漫步在西部光影斑驳的橡树林里，观察和聆听这种鸣禽里最有魅力的代表之一，仍会让一切都充满生机。

## 新疆歌鸲

先想象一个爵士乐手即兴演奏的场景，接着再想象他能够演奏五六种不同的乐器，不是一样接一样，而是几乎同时演奏。他无比轻松地在不同乐器和不同曲风之间切换，都不停一下喘口气。你若能构想出这样的场景来，离领略新疆歌鸲那无与伦比的歌声也就相去不远了。

优美、纯洁而纯粹的乐感，为新疆歌鸲赢得了鸟类交响乐团首席乐手的位置。其他任何鸟类，包括欧歌鸫、欧乌鸫，甚至云雀，都不能像它那样如此高亢而持久地歌唱，曲调还如此多变，有时甚至有些诡异。新疆歌鸲跟很多深藏不露的美声歌唱家一样，看起来相貌平平。它是一种羽色相当单调的黄褐色小鸟，红褐色的尾巴时常上翘，与身体形成一定的角度。

我们不难看出——或者说听出——新疆歌鸲为何能启发这么多的文学和音乐作品，并承载这么多的象征意义。这是济慈笔下的"不死鸟"，也是约瑟夫·沃顿笔下的"夜晚的女歌者"。它们还一度

48

被认为是在将自己的身体刺入荆棘后才发出鸣唱，依据浪漫主义的解读，那是一种经受痛苦之后才能发出的至美。它们代表着爱和期望——据说其中一只在伦敦伯克利广场歌唱——也代表着神秘。即便新疆歌鸲用最大的音量歌唱，以歌声划破午夜的沉寂，就像安静的图书馆里来了交响乐团那样响亮，也很少有其他鸣禽会像它们这样难以直接观察。

不仅如此，新疆歌鸲还会像歌剧里的首席女伶那样，总是吊足观众的胃口，再安排那姗姗来迟的出场。它们在4月的后半程才来到英国，这时你如果足够幸运，就有可能见到一只在阳光下歌唱的新疆歌鸲的全貌。

当然，大多数新疆歌鸲雄鸟行踪隐匿，它们藏身于最浓密、最难通行的灌木丛，用歌声引诱那些在夜空中飞过的雌鸟。

该怎样描述一首只有亲耳听过才会相信其存在的歌呢？这是一种迅捷的旋律，好像闪光的液体连续坠落，又混合了低沉的轧轧声，还带着尖亮的啸声和让人汗毛竖立的渐强音，所有这些声音都佐以令人屏息的停顿。和最好的剧作家一样，新疆歌鸲懂得短暂停顿所带来的效果。

如果出奇地幸运，你可能会偶然处在两只相互较量的雄鸟之间。它们都要努力唱出压倒对方的旋律，这时你将被它们的立体声交锋惊得目瞪口呆。

20世纪20年代，在大提琴演奏家比阿特丽斯·哈里森和她萨里郡家中庭院里的一只新疆歌鸲之间，有过另一次传奇般的二重奏。这一演出由早期的BBC广播网进行了播送，成为世界上最早有关野鸟鸣声的现场收音直播。这次演出深受听众们的喜爱，二战爆发前

每年都会在电台重演。      49

## 庭园林莺

众所周知，那些外形最平凡的鸟类往往有着最华美的歌声，棕色的新疆歌鸲就是一个例子。而庭园林莺最大的特点（如果能叫作特点的话）就在于它是英国长相最为平凡的鸟儿。事实上，它外形唯一真正的特点就是没有任何特点！它的羽毛是时尚人士所说的"灰褐色"，唯一值得一提的就是颈部的一些灰色浅斑，还有嵌在相貌平平的脸上的一对亮晶晶的黑眼珠。

但当你于5月初的某天坐在林间空地上时，一串迅疾连贯的音符会从灌木深处倾泻而出。将庭园林莺的鸣唱跟汩汩流淌的小溪进行比较，是有原因的：它的声音有着流动的韵律，涟漪泛现，连绵不断，以至于单个的音符已经不那么清晰可辨了。庭园林莺及其近亲黑顶林莺的歌声经常容易被混淆，但是前者像是节奏轻快的女低音，而后者更像是音色多变的女高音。

另一种描述它们鸣声区别的行之有效的类比，是黑顶林莺听起来像加快节奏的欧乌鸫，而庭园林莺的歌声则令人想起云雀那快速而不受控制的倾诉。

庭园林莺的名字其实并不准确，它们很少出现在庭园里（也许在偏僻和人迹罕至的地方除外）。它们偏好夹杂着小树的浓密灌丛——林地和湿地环境的边缘更为典型，尤其是树木被修剪过的地方。

它们4月间从非洲飞回来，一直歌唱到6月底。幼鸟羽翼丰满之
50  后，亲鸟便会起身南迁。庭园林莺带着它们天性中的低调，悄然溜
走，向南飞往西非的森林，在那里度过整个冬天。

## 黑顶林莺

早起的鸟儿不仅有虫吃，还能赢得更好的繁殖领域，提高将自
己的遗传物质传递给后代的概率。这些道理被我们最常见也最熟悉
的莺类之一——黑顶林莺付诸了实践。

黑顶林莺的雄鸟恰如其名，这种体型较大的棕灰色林莺，头顶
的羽色漆黑如炭。但对于它的配偶和年幼的后代而言，这个名字就
不是那么准确了。雌鸟和幼鸟的头顶是温暖的栗棕色。

黑顶林莺总是最早回到我们这片陆地的候鸟之一，它们在每年
的春分日前后就会到达，大概是在3月的第三周。由于歌声优美动
听，所以它们在民间又享有"北夜莺"或"三月夜莺"的俗称。当
然，比起真正的夜莺，它们的歌声在旋律的丰富多变上有所欠缺，
不过还是悦耳迷人的。

近些年，这种春夏季到来的候鸟改变了迁徙策略，部分原因是
受到了我们人类的影响。以往在英国繁殖的黑顶林莺做短距离迁徙，
每年9月或10月初离开英国，向南飞往地中海周边的西班牙、葡萄

牙或北非越冬。

但是从20世纪60年代开始，那些在中欧，特别是在德国南部和奥地利繁殖的黑顶林莺却开始飞往英国越冬。科学家们推测，来自这些地方的黑顶林莺亚成鸟一直以来都会在迁徙时迷失方向，但过去这些迷鸟到达英国以后，会因找不到食物而饿死。可是自20世纪60年代以来，出现了一连串的暖冬气候，加之英国人会在自家的花园里给鸟类喂食，这些都使得那些迷鸟不仅顺利活过了冬天，而且活得很好。

这些黑顶林莺会在3月初离开英国，这正好是在春季迁来的繁殖鸟到来之前。如此一来，它们能够比在地中海一带越冬的黑顶林莺早一两周回到繁殖地。这些"早返的鸟儿"可以占有最好的繁殖领地，赢得最健康的雌性配偶，最终也就会产生更多的后代。而这些后代都会沿袭向西飞到英国越冬的迁徙行为。

结果，如今在中欧地区繁殖的大多数黑顶林莺都会来英国越冬，这也就意味着我们全年都可以看到这些令人感兴趣的小鸟了。

当你偶然翻阅一本维多利亚时代或更早的鸟类书籍时，你也许会发现，那时候"黑顶"这个名字代表着一系列完全不同的鸟类。在过去，芦鹀、煤山雀、沼泽山雀、褐头山雀，甚至红嘴鸥，都会被叫作"黑顶"；当然，我们只需简单加上"林莺"这个后缀，就可避免黑顶林莺与其他种类发生混淆了。

## 苍鹭

当你在湖畔漫步，无论这是英格兰、威尔士、苏格兰的湖泊，还是伦敦中心公园里的水域，你都可能会听到一种嘶哑的喉音，这种从头顶树上传来的声音仿佛是由史前怪物发出。那个发声的怪物常常被枝叶遮挡，很难看清，但在高处的某个地方，苍鹭正守护着刚刚睁开懵懂双眼的雏鸟们。

在英国各地，我们越来越多地听到苍鹭的声音。从南方的锡利群岛到北方的设得兰群岛，从城镇到乡村，我们最常见的这种本土鹭类的数量正在增长。

我们对苍鹭的增长一清二楚，因为调查它们的历史比调查其他任何英国鸟类的历史都要悠久。早在1928年，一位叫马克斯·尼科尔森的年轻鸟类学家发起了一个清点全英国繁殖苍鹭数量的项目。幸运的是苍鹭集群活动，它们会聚集在一起筑巢。

那次开创性的调查找到了4 000个巢，之后每年人们都会重新调查苍鹭集群筑巢的地方，清点鸟巢的数量。苍鹭的运气总体上一直在变好，它们如今约有13 000个巢，繁殖鸟的数量已经超越了人们记忆中的任何时期。

但对苍鹭来说，生活并非总是一帆风顺。苍鹭主要以水里的鱼和蛙类为食，但当冬季持续严寒，水面结冰时，无处觅食的苍鹭就显得格外脆弱了。一些苍鹭会改变策略，它们捕捉小鸟、老鼠，如果可能的话，甚至以鼹鼠为食。尽管如此，严酷的寒冬里很多苍鹭还是会死去。死亡苍鹭纤细的身躯在灰色羽毛的映衬下，比活着的时候更显憔悴。

更能随机应变的苍鹭进入城镇，得以保全性命，它们在黎明之际大胆突袭庭园中的池塘。这让那些饲养外来观赏鱼类的居民对苍鹭大加提防，他们用一层密网罩住自家的池塘，以阻止这些食鱼大盗。

53

## 波纹林莺

达特福德有三样出名的东西：泰晤士河下面的隧道、米克·贾格尔童年的旧居，以及在鸟类学界以达特福德命名的一种最罕见也最神秘的鸣禽——波纹林莺。

迄今为止，要想在英国看到波纹林莺，你需要前往最南部的多塞特郡和汉普郡那些点缀着金雀花和石南的景观。托马斯·哈代的传奇乡村小说里"凋零的石南丛"，就是波纹林莺的典型生境。这种小鸟是屈指可数的几种全年都留在英国的莺类之一，这意味着本地要持续供应小型无脊椎动物，以满足它们的摄食需求。

在冬季，波纹林莺为了找食，会在金雀花丛里挖掘得很深。在那些冻蔫的黄花下面，在长满棘刺的枝丛深处，才能找到在此躲避严寒的小昆虫和小蜘蛛。即便如此，在最寒冷的时节，捕食者和猎物都得挣扎求生。1962年至1963年那场声名狼藉的严寒过后，几乎所有在英国繁殖的波纹林莺都死了，只有十来对侥幸存活。

冬去春来，波纹林莺又可以扯着粗糙的、机械般的嗓门，站在石南顶端或金雀花新抽出的嫩枝上歌唱了。它生性羞涩而隐匿，但你只要能好好看它一眼，就不会忘记这种特征明显的鸟儿。它身形纤瘦，背部为棕灰色，腹部为深酒红色，头顶的冠羽让它看起来很欢快，一条长长的尾巴常常翘起，和身体呈直角。当它在长着金雀花的丘陵间飞行时，那条拖在身后的长尾略显笨重。

自1963年可怕的冬天以来，暖冬成了一种长期趋势，这也使得波纹林莺的数量反弹回升。尽管中间经历了几次严寒，让波纹林莺在当年的数量有所下降，但是近些年它们已经增长到3 000个以上的繁殖对。它们的分布范围也相应扩大，西到萨默塞特郡、德文郡和康沃尔郡，东至诺福克郡和萨福克郡，北达英格兰中部地区。

它们甚至已经回到了肯特郡，有些让人遗憾的是，还没有出现在达特福德。顺便提一下，尽管有时波纹林莺的俗称"荆豆鹩鹟"或"金雀花林莺"听上去更加准确，但是"达特福德林莺"*这个名字也是名副其实，因为它们第一次被描述和命名时，所依据的就是1773年在达特福德附近的贝克斯利黑斯采集到的一对标本。

---

\* 此为波纹林莺的英文名Dartford warbler的字面意思。——译注

# 欧鸬鹚

在石崖的顶上，三只幼鸟蹲在由腐烂的海草和碎小的漂木筑成的巢中，在夏日的骄阳下，那些漂木已经晒得泛白了。这些长得有些像爬行动物的小生命就是欧鸬鹚的幼鸟，它们皮肤裸露，模样有点像翼龙。这样的小家伙，只有它们的亲生父母才懂得怜爱。

你若为了方便而凑近看，成年欧鸬鹚就会喘着粗气嘶嘶地发出警告，这种单调而重复的声音会一直持续到你退回安全距离。

尽管看上去有些古怪，但相对于体型更大的近亲普通鸬鹚来说，身形更修长和精致的欧鸬鹚已经算是相貌堂堂了。它深绿色的羽毛泛着油亮的光泽，翠绿的双眼炯炯有神，头顶长着滑稽的、向前突起的冠羽，欧鸬鹚的英文名（shag，直译为"粗毛"）就由此而来。

在古代，欧鸬鹚还有一些名字，比如说scarf和scart；这些词都来源于古斯堪的纳维亚语，是用来模仿它那带着摩擦音的粗糙嗓音的。它还有一个名字，叫作"黑鸭子"，这个称谓只在二战期间短暂使用。当时由于食物短缺，欧鸬鹚在北部群岛被猎获，送至伦敦一些最善经营的饭店充当"食材"。可以想象，当食客们揭开自己餐盘

55

的盖子，看到这种带着鱼腥味的瘦骨嶙峋的"鸭子"时，他们的脸上是怎样一副表情。

　　近些年来，欧鸬鹚的近亲普通鸬鹚中有许多已经飞到内陆来觅食和繁殖了。但欧鸬鹚还是始终如一的真正海鸟，它们主要以玉筋鱼为食，这种无处不在的小鱼也是北极海鹦的最爱。通过固定在欧鸬鹚身上的微型摄像机，科学家们发现这种鸟会在开阔海域里追踪小鱼，也能够从海底捕捉螃蟹和比目鱼。每次成功捕捉到食物之后，它们就会飞回巢中，反刍出战利品，把它喂给那些正在发育的雏鸟。

## 芦鹀

　　芦鹀作为一种鸣禽，其鸣声总是被苛刻地形容为"不着调"。这种声音时常从摇曳的芦苇或灌木丛的高枝上传来，不断重复同一个简单的旋律，好似一个不耐烦的音响工程师在反复说："一……二……测试……"

56　　可是，当一只雄性芦鹀站在高高的芦花顶上时，你会发现华美精致的外表完全弥补了它在乐感方面的欠缺。它的头部呈烟黑色，雪白的髭纹像两撇胡须一样从嘴角分开，栗色的背上带有清晰的黄褐色纹理，胸腹部则是浅浅的灰白色。它的配偶就不那么显眼了。

雌鸟羽色斑驳,和它巢周边的芦苇、莎草一样,这种完美的保护色可让捕食者难以发现它。和雄鸟一样,它在飞行时会炫耀般地显出尾羽两侧的白边,从而泄露它的行踪,但这对准确辨识芦鹀大有好处。

芦鹀一度几乎只生活在沼泽和湿地环境,但从20世纪60年代以来,它们的栖息地和生活习性都发生了变化。今天,针叶林、石南灌丛和荒原都有可能是它们的繁殖环境,甚至在怒放的油菜花田里都能听到它们的鸣唱。芦鹀筑巢的时间比较晚,幼鸟会在巢里一直待到7月甚至8月,而油菜花的收获期是在盛夏,因此这些幼鸟常常不幸地成为联合收割机刀片下的冤魂。

繁殖季过后,芦鹀会有规律地出现在城市和郊外的花园里。它们尽情享用慷慨的爱鸟人放在喂食器中的草籽。若你见到一只好像被用力擦洗过的麻雀似的小鸟,那么你看到的很可能就是芦鹀,它们永远是庭园中受到欢迎的访客。

## 中杓鹬

中杓鹬的叫声是一连串清亮悠扬的音节,多在英国遥远的北边才能听到,因为英国本就不大的繁殖种群主要在设得兰群岛抚育后代,另有少数几对散布在奥克尼群岛、外赫布里底群岛和苏格兰的最北端。

但中杓鹬的越冬地在南欧或西非，因此你还是有可能在南边任何地方听到它们的独特叫声。4月末到5月初的时候机会最大，这时中杓鹬正回到我们的海岸。途中为了补充能量，它们总是会在萨默塞特平原之类的传统地点停歇，用向下弯曲、角度独特的鸟喙在牧场潮湿的泥土里寻找蠕虫和昆虫幼虫。

形状独特的喙揭示出它们和白腰杓鹬有着较近的亲缘关系。但中杓鹬体型较小，喙较短，还有一条浅色的顶冠纹，由此可跟体型更大的白腰杓鹬相区别。中杓鹬的顶冠纹两边有深色的侧冠纹，头顶对比明显的图案正是它的一个显著特征。

有时你在夜里能听到迁徙的中杓鹬发出连绵的七音节鸣叫，正因这种叫声，它们又被称为"七啸鸟"。在英格兰中部的一些地区，这种午夜里回响的七音节叫声催生了"命运六鸟"的传说。传说里这六只鸟在天堂飞翔，努力寻找它们失踪的伙伴。一旦七只鸟全部重聚，世界末日就会降临。

## 欧金翅雀

欧金翅雀带有一些双重性格。一年中的大部分时间里，它们总是大群地爬上我们庭园里的喂食器，用结实的喙嗑开瓜子和花生的壳，大快朵颐。临近夏末，暗棕绿色的亚成鸟也一起混在群里，你即便是借用观鸟圈的黑话，戏称它们为"垃圾雀"，也能被原谅。

但每年春天短短的几周时间里,当再见到欧金翅雀时,你可能 58
会认为是完全不同的一种鸟出现在了自己的后院。因为每年的这个
时候,欧金翅雀雄鸟就会展示它那惊人的空中炫耀舞姿。

雄鸟发出嘹亮的颤音,从乔木或者灌木的顶端起飞,以慢动作
扇动翅膀,之后在它小小的领域狂野地翻飞,看起来更像是一只蝙
蝠,而非一只鸟。

像所有的求偶炫耀一样,它的举动有两个目的:吓阻其他竞争
的雄鸟和吸引正在注视它表演的雌鸟。对于雌鸟来说,能够完成缓
慢而华丽的高难度飞行,停留在空中,而非不光彩地坠落在地,这
样的雄鸟才有资格成为它孩子的父亲。

除了像金丝雀般地鸣叫以外,欧金翅雀还能发出另一种喘气的
声响,就像是打了一半又忍住了的喷嚏。在温暖的春夏,人们常常
会听到这种声音。繁殖期过后,它们最喜欢成群夜宿于那些巨大而
散乱的、常引发邻里间争吵的莱兰柏树篱中间。寒冷的冬夜里,这
样一个温暖而又安全的庇护所中会挤进几十只甚至成百只欧金翅雀。

## 白眉鸭

在一个明媚的5月早晨,从茂密的芦苇丛深处传出一个奇怪的
声音。这声音有些像吃了兴奋剂的蚱蜢,但此时离虫鸣的盛夏尚
早,栖息的环境也不对劲。其实这声响来自英国野鸭中唯一的夏候
鸟——白眉鸭。特别的叫声、迁徙的习性和小小的体型,让白眉鸭

在乡间又被叫作"蛐蛐小鸭"或"夏日小鸭"。

59　　　每年春季总是值得花费精力去寻找白眉鸭，因为雄鸭可称得上是英国最英俊的野鸭。它的调色板上只用了棕、灰、白三色就达到了出众的效果，其头部呈棕巧克力色，白色的过眼纹与头部对比鲜明，背部和腹部都是珍珠灰色。跟大多数野鸭一样，雌白眉鸭要比雄鸭逊色许多，它有着精心装饰的棕色、黑色和灰色的羽毛，这让它在孵卵时可以隐身。

　　　白眉鸭是我们这里最为罕见的野鸭之一，每年只有50对到100对在英国繁殖；由于繁殖期里这种小野鸭在它的栖息环境内行踪隐秘，因此这个数字可能有些许遗漏。每年从热带非洲越冬地前往斯堪的纳维亚半岛繁殖地的途中，有些白眉鸭还会经过英国。作为每年最早出现的候鸟之一，它们会在3月，某些年份甚至在2月就到达英国；当长途返程开始时，它们又会在8月和9月经过这里。

　　　由于处在白眉鸭分布区的西北边缘，英国的白眉鸭数量很少，但就全球范围而言，这是一种分布范围很广、数量很多的野鸭。在旧大陆（欧亚大陆和非洲大陆）的温带地区繁殖的白眉鸭多达300万对，在冬季，它们则会飞到撒哈拉以南的非洲和南亚越冬。在那里，数十万只白眉鸭会待在象群旁边，或者与长腿的火烈鸟混群。在一年两次的迁徙中，许多白眉鸭在撒哈拉沙漠南缘的萨赫勒地区被当地人捕杀食用。

# 红脚鹬

　　　红脚鹬可以当之无愧地被称作"湿地督察员"。有一点风吹草动，它就会像机关枪似的放开嗓门，发出一连串的响亮而尖锐的短鸣，好像在警告附近的所有鸟类"有人走过来了"。对于任何想在河口或湿地近距离观察涉禽的人来说，红脚鹬那神经质似的敏感都是个大麻烦。

红脚鹬是一种中等体型的涉禽，它的身体和欧乌鸫的大小差不多，腿却要长得多。红脚鹬双腿的颜色鲜红欲滴，它也因此而得名。在淡水沼泽或沿海河口，全年都能见到这种易于辨识的鸟。只有两种鸟容易与其混淆：一种是体型更大也相对更少见的鹤鹬，但鹤鹬的腿是暗一些的血红色；另一种是流苏鹬，它的腿是更浅的橘黄色。红脚鹬飞起来的时候，它们白色的腰部和翅膀的白色后缘是有用的野外识别特征，由于它们的神经质，你经常会有机会观察这种特征。

繁殖期过后，红脚鹬的羽色变暗，变成让人感觉乏味的灰棕色；但到了春天，它们的外形又焕然一新，羽色明显加深且充满了生气。如果你觉得繁殖期的红脚鹬不会比冬季的时候更加紧张，那就大错特错了。此时的红脚鹬会高高地站在篱笆桩上，警惕地注视着任何不对劲的东西，似乎在一刻不停地告知捕食者，它们不只是在看护自己的卵或雏鸟，连周围其他那些在地面营巢的鸟类的后代也一样会加以照看。

每年这个时候，红脚鹬雄鸟会上演一出惊人的求偶飞行，它们先是飞到空中用真假声交替歌唱，然后降落到地面上继续表演，伸展翅膀，炫耀最美的身姿，好像在宣告自己是一场健美比赛的赢家。

　　雄鸟一旦赢得雌鸟的芳心，它们就会找一片开着野花的潮湿草甸和沼泽安家，还会将草叶尖拽到一起，搭建巢上方的顶棚。雏鸟一旦孵化出来，这些警惕而又喋喋不休的父母就会立刻带着孩子转移到新的地方，至少在刚刚搬完家的那一刻，亲鸟会认为在新家可以安全地哺育后代。

61

## 斑胸田鸡

　　一个晴朗而宁静的5月夜晚，在英国少数沼泽的角落里，湿地和莎草丛之间有一种奇怪的声音在回荡，它像快速挥舞鞭子发出的声音，不断地重复。这是我们最为罕见，无疑也是最难找寻的一些繁殖鸟——斑胸田鸡在巡视它们的领域。

　　骨顶鸡和黑水鸡是两种我们最常见也最熟悉的水鸟，斑胸田鸡同它们有着亲缘关系。但跟找那些显眼的种类不同，要找到这种穿着波点礼服的隐匿水鸟极其困难。想要亲眼看到它，几乎是难于登天。如果那种奇怪的声音能被称作歌声的话，只有唱歌时斑胸田鸡才会暴露自己的所在；即便如此，它也往往是隐身于黑夜之中。

　　为增加难度系数，斑胸田鸡还能操纵自己的音量，它的歌声听起来往往比实际的距离要近，并且只在春末夏初的短短几周内才能听到。它还有一个臭名昭著的恶习，那就是可能会悄悄变动位置，前一年它还出现在一片湿地或者沼泽里，第二年就移形换位了。

情况曾经很不相同：16和17世纪，东安格利亚沼泽被人为排干，在这一早期大规模环境破坏恶行发生之前，斑胸田鸡即便不是很容易看到，也曾是常见和广布的种类。如今即使遇上好年景，全英国也只有不到100只雄鸟还在守卫它们的领域了，这些领域散布在从东安格利亚到西部群岛之间的各地。

斑胸田鸡的巢藏在由湿软泥潭环绕的、略微高出地面的莎草丛中，找到它就如同发现了鸟类学界的圣杯。多数有关斑胸田鸡的野外记录都要靠听到鸣声，或目击到幼鸟——小家伙们长得像是带了两条腿的小黑煤球一样。

62

对于我们大多数人而言，要想邂逅这鸟类世界的"红花侠"，最好的机会是一直等到繁殖期结束。夏末秋初，特别是当它们出没的池塘水位降低时，你也许能看见一只斑胸田鸡蹑手蹑脚地蹲着走过淤泥，然后突然飞速冲回植被中，消失在灯芯草和芦苇秆的掩蔽里。这些个体通常都来自更靠东的地方，它们可能是从德国和波兰飞来，正在前往非洲越冬地的南迁途中。

## 崖海鸦

没有什么体验可以与身处海鸟繁殖集群中间相媲美，那些躁动的景象、声音和气味从各个方向刺激着你的感官。而在任何海鸟繁殖集群里，崖海鸦都占据着绝对的统治地位。约有100万对崖海鸦在英国繁殖，它们是这里最常见的海鸟。

　　棕色和白色的崖海鸦密集地排列在鸟粪斑驳的崖壁上，好像是弹珠游戏里的小短棍。崖海鸦的大部分时间都花在保卫它们位于狭窄崖壁上的小块领域上了。在整个鸟类世界，这个领域是最小的，有时候直径只有5厘米。这样大小的空间，只够放下一个大大的、带着斑点的鸟卵。它们直接把卵产在裸露的岩石上，卵是特别的梨形，可以防止它滚下石缝，落在礁石或者大海里。

63

　　跟许多海鸟一样，崖海鸦以玉筋鱼或鲱鱼这样的小型鱼类为食。它们一旦潜入水中觅食，就立刻从陆地上那个笨拙的卡通形象变成了优雅敏捷的象征。当它们决意捕捉一条小鱼时，它们会同猎物一样在水里扭动、转身、侧翻。它们能够下潜到180米的深度，这差不多是纳尔逊纪念碑高度的3倍。

　　当崖海鸦亲鸟带着捕获的猎物回到它们的繁殖集群时，它们需要沿着岩架在喧闹的鸟群里找到自己的孩子。北极海鹦每次可以带回一嘴的小鱼，崖海鸦与之不同，一次只能带回一条鱼，所以它们需要把有限的食物准确地喂给自己的孩子，这意味着它们要在岩架上走来走去。

　　当幼鸟约两周大时，它们就会在父母急迫的鼓励声中，一头扎进未知的天地。它们会直直地从崖壁跳入大海，因为这种习性，它们又被亲昵地叫作"跳水鸟"或者"跳楼鸟"。之后这些幼鸟会在父亲的护送下游走，去那遥远的公海上闯出自己的一生。

## 暴风海燕

设得兰群岛位于英伦诸岛的最北方，你在这里离北极圈比离曼彻斯特还近。每年的暮春到夏季，这里白天很长，夜晚也不会真正一片漆黑。夜空中的微光在当地叫作"酝暗"。

在光线最暗淡的时候，你有可能会听到一种声响，有人把它比作"生病的精灵发出的声音"。正是暴风海燕发出了这种吓人的咯咯声。它是我们体型最小的海鸟，只有16厘米长，重量不到30克（大约1盎司*），只比麻雀略大一点。为了躲避海岸上潜伏着的食肉动物和饥饿的鸥类，它会一直待在外海，直到光线降到最暗的时候才回来。64

这种神秘海鸟最为人所知的繁殖集群位于设得兰主岛旁边的穆萨岛。暴风海燕在岩石的空隙里筑巢，有时候也会把巢建在古代圈形石塔上的裂缝里。怀旧的比尔·奥迪把这种巨大的、有着圆锥形结构的文明遗迹比作"铁器时代的冷凝塔"。

---

* 1盎司约等于28.34克。——编注

夜晚站在石塔旁边，你可能会发现有十多只小小的暴风海燕在身边尖啸而过。它们飞行的样子像极了伏翼属的蝙蝠，只不过没有回声定位的能力，这意味着它们有可能会在飞行中一头撞向你。这真是你在英国能够体验到的最怪异也最难忘的自然场景了。

全世界约有20种海燕，它们扇动着炭黑色的翅膀飞越海洋，白色的后腰在飞行中时隐时现，很像是海上的白腹毛脚燕。在捕食的时候，它们常常会低飞，用脚拍动水面，好像是在水上行走，有人根据这个行为把它们叫作"基督鸟"。曾有一种说法认为，海燕英文名字（storm petrel）里的petrel这个词的词源来自圣彼得，但它更有可能是指它们这种"啪啪"拍击海面的习性。

海燕的另一个古称是"修女凯里的小鸡"，它可能是"修女玛丽"或拉丁语的"马塔·凯拉"的变体，其实它们都是指圣母马利亚。以前那些迷信的水手在海上一遇到海燕这种小鸟，口中就会呼唤圣母马利亚，因为海燕在船边突然出现，被认为是暴风雨即将来临的征兆。

65

## 水蒲苇莺

在春夏两季，有两种常见的苇莺生活在我们的湿地和芦苇滩里。

毫无疑问，在二者之中，水蒲苇莺要比它那羞涩的亲戚芦苇莺大方和外向得多。

4月中旬，当水蒲苇莺从位于西非和中非的越冬地迁徙回来时，雄鸟就立刻开始忙起它的大事了：占领一块领土，吸引一个配偶。它的方式招摇无比：找一根可以俯瞰整个领地的高枝，比如芦苇滩边缘的荆棘条，蹲坐其上，之后突然跃起，飞到空中，用沙哑的嗓子嘶嘶地唱起快歌，接着又来一次空中滑翔，落回原来的枝头。

它的歌声有些爵士乐的风格，有了一个主题后就能自由发挥；而芦苇莺的歌声正好相反，只有一个旋律，略显单调。想想也对，"狂野"和"水蒲"的反面正好是"规矩"和"芦苇"。

水蒲苇莺的长相也和芦苇莺很不一样。雄鸟和雌鸟都呈黄褐色，两条过眼纹像奶油一样白，后背和腹部都镶嵌着条纹。筑巢时，水蒲苇莺和芦苇的关系也更浅，它们偏好把巢筑在水边相对杂乱的植被里。

在快要离开英国时，水蒲苇莺会狼吞虎咽地大吃昆虫——主要是芦苇粉大尾蚜，这种虫子在每年的夏末秋初最多。疯狂大吃的结果是它们的身体里形成了厚厚的一层脂肪，体重增加1倍，从0.5盎司变成1盎司。这样一来，它们才能不停不休地从英国直接飞到撒哈拉以南。

66

欧夜鹰

三趾鸥

北极海鹦

刀嘴海雀

红额金翅雀

仓鸮

大西洋鹱

西鹌鹑

北极燕鸥

 **6 月**

北鲣鸟

北贼鸥

金黄鹂

白喉林莺

普通鸬鹚

蚁䴕

白鹭

矶鹬

鸲蝗莺

湿地苇莺

芦苇莺

扫码欣赏
图片和鸟鸣

# 引子

6月是一个丰饶的时节，随着白昼变长、日照增加，野生动植物活跃起来。刹那间仿佛一切都开始绽放了。这时，大部分候鸟已经到达英国，有的都孵出了今年第一窝雏鸟。有些雏鸟甚至已经长好了羽毛。到了6月末，小燕子会绕着马厩和农场进行生命中的第一次试飞，而它们的父母已经在计划着组建下一个家庭，但配偶就不一定是原来的了。

在我们的花园里，欧乌鸫亚成鸟裹着一身棕色和褐色的斑纹，突然开始练习鸣唱，成群新生的青山雀和大山雀也第一次从它们的洞巢里钻了出来。这些未成年的幼鸟无论是否离巢，都需要大量喂食，因此6月对于它们不胜其烦的父母来说又是最繁忙的月份。亲鸟必须把所有的时间和精力都用来喂养自己嗷嗷待哺的孩子。

承担了这么重的哺育任务，你也许会认为鸟儿将不再高歌，但实际上许多鸟类会在整个6月都继续鸣唱。那些在繁殖季只产一窝卵的鸟类确实不再歌唱了，因为它们不再需要通过声音标识和守御自己的领域；另一些鸟儿，比如林柳莺、新疆歌鸲、白喉林莺，最晚会在6月底以前沉寂下来。但是还有很多鸟类，比如黑顶林莺、灰白喉林莺、欧乌鸫和欧歌鸫，将在雌鸟产下第二窝卵时继续歌唱。大部分杜鹃在6月底也会安静下来，一些雄鸟甚至开始了南迁的旅程，它们只在英伦三岛停留两个月左右。

6月的清晨，尽管鸟类大合唱没有5月那么响亮，但是仍然有特别的曲目值得一听。为数不多的沼泽区白杨林里，金黄鹂在摇曳的树叶间发出带有热带风情的哨音。在这个月，任何一片落叶林中都有可能出现这种迁徙的黄色精灵。如果不在黄昏时分探寻一片石南林，那么6月一定是不完整的。因为在这里，你能发现欧夜鹰像外星登陆艇一样发出奇怪的嚓嚓声。甚至在开阔的农场上也上演着6月的曲目，高耸的玉米秆上空飘荡着鹌鹑的歌声"wet-my-lips"，连续不断，行云流水。不过，6月合唱团的明星还要数隐藏在池塘沟渠边的柳叶菜和荨麻丛里的鸟儿。它们是湿地苇莺——一种稀少且只在局部地区才能见到的小鸟。在英格兰东南部的少数地区，人们可以听到湿地苇莺模仿各种鸟类的声音，从红隼到蛎鹬，从燕子到红额金翅雀，种种声音交织成一首嘈杂的歌。

6月还是探访海鸟栖息地的季节，这时候海鸟的育雏活动正在如火如荼地进行。在海蚀崖和岛屿上，北极海鹦大大的鸟喙里装满了小鱼，它们用这些小鱼喂养藏在巢穴里的后代。崖壁上有些突起的岩架，在这里，崖海鸦把一条条细长的玉筋鱼喂给它们蹒跚学步的孩子。欧鸬鹚则把嗉囊里的各种海味反刍出来，直接喂给它们的孩子，那些小家伙还没学会走路呢。这条往返于海洋与陆地之间的喂食路线，带给观鸟者一场视觉和听觉的盛宴，甚至在嗅觉方面也是如此。在6月阳光的照射下，鸟粪不断发酵，产生刺鼻的气味，没有体验过的人简直难以想象。

篱笆边的接骨木和犬蔷薇尽情绽放，池塘、小溪上空的蜻蜓和豆娘盘旋觅食，自然界所有的景象和声音都在告诉人们：盛夏来临。可是仲夏节刚过，第一批南下的白腰草鹬和林鹬便从遥远的斯堪的纳维亚半岛飞来。看到它们没什么好惊讶的，这些早早就踏上迁徙旅程的鸟儿也许没在繁殖季里找到配偶。它们不会继续在北方繁殖地浪费时间，而是提早前往越冬地。凤头麦鸡在砾石坑上空懒洋洋地扇动翅膀，它们刚刚在不远处哺育了这一年的后代，现在准备离开它们的繁殖地。对于这些迁徙的鸟类来说，秋天已经开始了。

## 欧夜鹰

仲夏的黄昏，余晖洒在石南丛中，温暖的空气里蕴含着松脂的气味。飞蛾在天空中扑飞而过，第一队蝙蝠开始在树冠上盘旋。随着光线转暗，一切树木的轮廓都开始变得模糊，鸣叫的鸟儿也在黑暗中渐渐沉寂下来。这寂静仿佛是自然舞台上两幕之间的短暂过场，就在此时，一种奇怪的、机械般的颤音传了出来，那声音不大不小，恰好能被听见。这就是欧夜鹰——一种看起来既像树枝又像鸟的奇异生物登场了。

69

夏日温暖的傍晚是最容易遇到欧夜鹰的时候，尤其是在5月底到7月底的这段时间，它那离奇的鸣叫最容易引起人的注意。在中世纪，我们的祖先把欧夜鹰称作"蕨丛中的猫头鹰"，因为它白天一直停栖在蕨丛中，斑驳的羽色好像树皮一样，为它提供了最好的伪装。我们的祖先还相信夜鹰是吮吸着母山羊的奶长大的，于是他们还给夜鹰起了一个俗名，叫作"吸羊奶者"。当然，这只说明了先人的智慧并不总是如我们想象的那么可信。

欧夜鹰像一根木头似的，一动不动地栖息在树枝或树梢上，发出超现实的、机器般的颤鸣。它的声音和英国另一种习性隐秘的鸟类——黑斑蝗莺的一样，好像永远不会停止，只有当鸟儿转动头部，朝向或者背离它的听众时，声音才会出现音调和音高上的些许差别。

要想看到这种神秘的鸟，你就得等到它停止鸣叫的时候。纤长的翅膀猛地一扇，欧夜鹰的身影便出现在了夜空中。雄性欧夜鹰翅膀尖端的白色斑块在皎洁的月光下尤其明显，向它的同类，也向观众宣告它的登场。

长久以来，乡下人都知道，像亢奋的莫里斯舞者那样在空中挥舞两条白手帕，就能引来欧夜鹰。但对欧夜鹰来说这么做又不公平，因为夏夜是如此短暂，留给它们觅食的时间并不宽裕。

欧夜鹰在空中捕食的时候像一只硕大的蝙蝠，长尾羽有助于它在空中灵活变向。喙周围的刚毛在空中完全伸展开，它们可以帮助鸟儿感知周边经过的飞虫。一旦察觉到有小虫，鸟喙立刻闭合，咬住猎物。 70

雄鸟在空中捕食，而此刻在它下方的石南或蕨丛中，它的配偶正在孵育它们的后代。那是2枚并不很白的卵，卵壳上有灰色和棕色的花纹。不久，雌鸟也会加入雄鸟，一起在黑暗中捕食。直到柔和的朝晖把东方的天空点亮，这一对伪装大师才双双落在它们栖息的灌木丛里，仿佛又变成了石南的一部分。

# 三趾鸥

你站在崖壁顶上，从碎浪中腾空而起的咸涩水沫在周围缭绕。从你身下的岩架上，传来英国对海洋环境最为依赖的鸥——三趾鸥的鸣叫，听着这些叫声，你也就大概明白了它们名字的由来。

同杜鹃和叽喳柳莺一样，三趾欧的英文名（kittiwake）来自它的叫声。这样的声音在让人眩晕的悬崖周围回荡，像是一首永不停歇的合唱。

大部分鸥类喜欢待在靠近海岸的地方，甚至生活在内陆。三趾鸥则不同，它们是真正的海员。它们一生中的大部分时间都在公海上度过，在那里，它们跟着拖网渔船的踪迹，时不时地来一个俯冲，从海面上啄取食物。但是在繁殖季来临的时候，它们也会和其他的海鸟一样，回到陆地上筑巢。它们收集海草、陆生植物和海滩上的垃圾碎片，用泥土和鸟粪固定在一起，就建成了繁育自己后代的鸟巢。

为了躲避陆地上的捕食者，绝大部分三趾鸥都会把巢建在海边崖壁窄窄的岩架上。但是有一群三趾鸥选择了一个非常不同的筑巢地。在纽卡斯尔和盖茨黑德之间的泰恩河上，这群三趾鸥把家安在一些建筑的窗台上，泰恩河大桥坚硬的金属框架上甚至也有它们的鸟

71

巢。在全世界的三趾鸥筑巢点里，这里是最深入内陆也最靠近城市的地方。尽管与大海的距离已经超过了5英里，鸟儿还是坚持着在这里育雏，这也许是因为幼鸟可以在此躲避海上的风暴。大部分当地人很欢迎这些鸟儿，也有一些人抱怨三趾鸥太吵闹了，鸟粪也是个问题。可是想想纽卡斯尔市中心以嘈杂的夜生活著称，这种指责充满了讽刺。

通过外观区分不同的鸥不是一件容易的事，但三趾鸥高贵优雅的外形还是远远超出了其他多数的鸥类。它们看起来纯净优雅，头和身体都覆盖着雪白的羽毛，翅膀为珍珠灰色，腿和脚是亮黑色，橘黄色的喙显得很醒目。它们飞行时，黑色的翼尖好像在墨水中浸泡过。亚成鸟看起来完全就像是另外一种鸟了，它们脖颈上靠近身体的部分为黑色，两翼上有醒目的倒"W"形深色图案。

三趾鸥通常一窝生2枚卵，它们用以玉筋鱼为主的小鱼饲喂雏鸟。它们通常需要飞到很远的海上才能捕捉到这些鱼。玉筋鱼以海里的浮游生物为食，而这些浮游生物的分布会直接受到海洋温度变化的影响。这意味着三趾鸥极易受到全球气候变化的威胁。

在一些三趾鸥集群营巢的地方，它们的数量已经急剧下降。但是在英国其他地方，三趾鸥建立起了新的营巢地，因为这些鸟儿适应了码头之类的人造建筑。由此，这些充满魅力的鸥鸟才能继续成为我们海岸线上最有代表性的景象之一，而它们高亢的叫声也继续构成我们的自然天籁中最具活力的那一部分。

## 北极海鹦

在一个小岛上，当你小心翼翼地走在野兔洞穴之间时，你可能

会惊讶地听到一种粗粝的声音从脚下传来，好似电影里外星人
**72** 发出来的那样。其实这奇怪的呻吟是不折不扣的地球产物，它来自
一种你即便没见过，也肯定听说过的鸟类——北极海鹦。

北极海鹦还有几个俗名——"海鹦鹉""犁嘴雀""海上小丑"。
这些名称要么源自它那色彩丰富的喙，要么是描述它那像企鹅一样
摇摇摆摆的步态，或者兼而有之。当它在陆地上大片的海石竹和海
滨蝇子草之间蹒跚踱步时，它可能会显得十分笨拙，但作为一种真
正的海鸟，北极海鹦其实是在根本看不到陆地的遥远外海上度过一
生中的大部分时光。它跟自己的近亲崖海鸦和刀嘴海雀一样，只有
在不得已的情况下才会来到岸上——毕竟就连北极海鹦也没办法把
卵产在海面。

飞行时的北极海鹦也很滑稽，它们拼命扇动着翅膀，就好像是
害怕会随时从空中坠落一般。只有在潜入水里的时候，它们的身形
才能让人联想到优雅和敏捷。

北极海鹦是一流的潜水员，在水下追猎玉筋鱼的时候，它们才
像是飞起来了一样。它们那三角形的喙有着锯齿状的边缘，这让它
们在捉下一条鱼时不会丢掉嘴里已经咬住的猎物。因此每次捕食，
它们都能同时叼住十几条小鱼，若要给留在幽深而漆黑的洞巢里的

幼鸟带回足够的食物，这一点至关重要。

　　大约有100万只以上的北极海鹦在英国繁殖，但是很少有人亲眼见过一只活生生的海鹦。它们把巢筑在近海岛屿或偏远的海岬，以便尽可能地减少赤狐或老鼠对自己的卵和雏鸟的威胁。

　　整个夏天，雏鸟都独自躲在地面之下的那个安全小天地里，这个炭黑色的小家伙靠吃鱼肉一天天肥壮起来。五到六周后，它长大成鹦，羽翼丰满（但喙上的花哨颜色要等到来年春天才会出现）。这时小海鹦会借着夜幕的掩护从巢里溜出来，站到最近的崖壁上，勇敢地跃入水中。此后很长时间里它都会在大海上漂泊，直到五岁才返回出生地，开始哺育自己的后代。幼鸟离巢时，它的父母已经先行离开，它们褪去了喙上斑斓的色彩，换上了出海远行时的朴素颜色。

73

　　最近的研究证实，在风暴肆虐的秋冬两季，北极海鹦绕着整个大西洋游荡，它们会在遥远的外海待上超过半年的时间。科学家如今可以将微小的光敏地理定位仪佩戴在海鹦身上，当它们返回陆上繁殖地时，读取这些定位仪上的数据，就能获知它们冬季生活区域的准确位置及往返于繁殖地和越冬区的完整路线。

## 刀嘴海雀

　　刀嘴海雀的喙很厚，喙端钝圆，像是一把旧式的剃须刀。它周

身上下只有黑白两色，是平面设计师最喜欢的风格，看起来也像衣着得体的餐厅侍者。这样的外形多少弥补了它刺耳的噪音，那声音听起来就像是宿醉老酒鬼的嘟囔音。

跟崖海鸦和北极海鹦一样，刀嘴海雀也是一种海雀科鸟类：它们身形矮壮，在陆地上行动笨拙，在空中飞行姿态滑稽，但在碧波之下追猎鱼类时，它们却像跳芭蕾那样优雅。只可惜很少有人能够见识最后这一点。

跟所有的海雀一样，刀嘴海雀主要在大海上度过一生，只在春夏季的几个月里来到我们海岸周遭的岛屿和海岬上繁殖下一代。但是不同于在岩架上产卵的崖海鸦，或是利用野兔废弃洞穴繁殖的北极海鹦，刀嘴海雀喜欢把家安在石崖上的壁龛或裂隙里，这些地方可以抵挡飞溅的海浪，也远离其他海鸟集群营巢地的嘈杂。

尽管并不以飞行技能著称，雄性刀嘴海雀在吸引它的潜在配偶时，还是有一样拿得出手的特殊技艺。它会在自己领域附近的崖壁边缓慢振翅飞行，就像翩翩起舞的蝴蝶。这种行为需要消耗大量的能量，仿佛是在炫耀："看我……能飞得这么慢，说明我相当强壮，是值得你托付终身的伴侣……"

如果这一招奏效，雄鸟就找到了它的另一半。雌鸟将会产下1枚卵，这枚卵可一点不算小，相当于一个人类母亲生下了足有20磅重*的婴儿。

在父母双方持续不断的鱼肉喂养下，雏鸟的生长发育很快。最后父亲会通过连续的鸣叫，催促它的孩子走向大海。幼鸟最终会跃

---

\* 　1磅约等于0.45千克。——编注

入海中，成为一只真正的海鸟，开启崭新的生活。

## 红额金翅雀

　　一群红额金翅雀在一束蓟花的花冠上撕扯纤小的种子，它们发出的清脆声响是最能勾起人回忆的鸣禽声音之一。如果见过这小小的奇景，你也就不会奇怪红额金翅雀群为什么又被称作"charm"（魅力）了。更让人开心的是，生活在今天的人们要比上几代人更容易听到这种声音。

　　红额金翅雀的鸣唱是一连串流畅优美的高频哨音，清脆悦耳，像是冬季池塘里冰凌发出的脆响。这声音穿透力十足，哪怕在拥堵的城市里依然清晰可辨。而它们在视觉上的吸引力也毫不逊色，两翼闪着亮黄色的光芒，脸颊上则混合了黑、白、红三种颜色。喙周围有一圈鲜红色，据说是因为曾有一只红额金翅雀同情钉在十字架上的基督，用喙去拉扯基督头顶的荆冠。红额金翅雀还因那位衣着艳丽的君主亨利八世而得名，被叫作"亨利八世的红帽子"。 75

　　然而，音形俱美的优点却差点导致了红额金翅雀的灭绝。在维多利亚时代，它们成了一种需求量巨大的笼养鸟。那时的人们用鸟网、涂有槲寄生浆果黏液的小树枝和"金翅雀陷阱"（chardonneret traps），捕捉了成千上万的红额金翅雀。那种陷阱就是按照法语里红额金翅雀的名字命名的。

由于这种大规模的诱捕，到了19世纪90年代，红额金翅雀已经变成了濒危物种。值得庆幸的是，彼时刚刚成立的鸟类保护协会（后来的皇家鸟类保护协会）把拯救红额金翅雀当成了一项优先任务。结果在最后关头这个物种得救了。

20世纪多数时间里，红额金翅雀都是一种相当常见的鸟类，但过去的一二十年内得益于人类的帮助，它们的数量又大大地上了个台阶。如今越来越多的人在自家的庭园里安置喂食器，还准备了更为多样的鸟类食谱，这使得更多的红额金翅雀可以顺利活过原本食物短缺的冬天。红额金翅雀并不喜欢花生，它们偏爱一种叫作小葵子的黑色小种子，会用尖尖的、像镊子一样的喙从喂食器里把这样的种子一粒粒地挑拣出来。现在红额金翅雀清脆悦耳的歌声回响在我们许多人家的庭园里，甚至也回荡在城市的街道上，整年不息。

## 仓鸮

黄昏时分，当你扫视起伏的田野、新种植的林地或荒凉的咸水沼泽时，你会突然瞥见远处一个沿着沟渠或篱笆扇动翅膀、像蛾子般飞舞的浅色生物。这样的景象从来都会让人血流加速，心跳变快。

仓鸮常常出没于我们周围古老或荒废的建筑。夜幕之下，当它 76
们尖厉的啸叫在废弃的古堡或教堂塔楼周围回荡时，即使是最理性
的人也会被吓到。当一只惨白的鸟出现在窗台上，随后又悄无声息
地飞入夜色，你就能理解我们那些容易迷信的祖先为何会认为自己
见到鬼魂了。

这尖叫着的幽灵几乎总是仓鸮。正如麦克白夫人曾经指出的那
样，它刺破耳膜的哀嚎预示着不祥之兆：

听！不要响！
这是夜鸮在啼哭，它正在鸣着丧钟，
向人们道凄厉的晚安……

仓鸮通常昼伏夜出，但有时也会在清晨和黄昏飞出来，食物短
缺时就更是如此。它们高度适应了猎食生活，毫不费力地扇动宽而
圆的翅膀巡视狩猎场，两翼上流苏状的覆羽可以吸收翅膀与气流摩
擦发出的声响，达到静音的效果。

仓鸮头部的形状也很关键，凹陷的心形脸盘可以将田鼠或耗子
发出的细微叫声和脚步声汇聚到耳朵所在的位置。双耳不对称地长
在头部两侧，其中的一只稍稍高出。这样的构造让仓鸮不用看到猎
物也能精准定位，然后它一个俯冲，扎进下方的高草里，用利爪扼
住不幸的啮齿动物。上面两个特质结合在一起，使得仓鸮在没有月
光、完全黑暗的夜晚也能捕猎。

它们需要成为高效的猎手，每年要捕获1 000多只小型啮齿动物
才能满足自身存活和养育后代的需求。但仓鸮也有致命弱点：下雨 77

时它们柔软的羽毛会浸湿，鸟儿也就无法捕猎了。因此，在多雨的夏季，它们有时可能完全无法成功哺育后代。

由于食物供应受到气候和当地啮齿动物种群数量波动的影响，仓鸮还演化出另一门绝技。许多鸟类总是等到产完所有卵之后才开始孵育，仓鸮则不然，只要产下一枚卵，它们就会开始孵育。这使得同一窝雏鸟出壳的时间有早有晚，其体型也就有了很大差异。食物充足时所有的雏鸟都能存活，若年景不好，早出壳的雏鸟就会以较晚孵出的同胞为食。这种兄弟相残的行为至少保证了有雏鸟能存活下来。

仓鸮可能有着与众不同的生活方式，但它们也是世界上分布最广的鸟类之一。七大洲中，除了南极洲之外，其他大洲都分布着仓鸮，许多远离大陆的岛屿上也有它们的身影。不过仓鸮主要还是生活在温暖的地区，因此苏格兰的仓鸮也就成了世界上分布最靠北的种群了。

## 大西洋鹱

在英国西海岸外的一个海岛上，随着黄昏临近，天色暗了下来，海鸥的叫声慢慢停止了。一阵短暂的沉寂之后，更加古怪的声音响起。这种鬼哭狼嚎的声音是大西洋鹱发出的。

它们发出这让人血液凝固的声音并非出于好玩，而是另有目的。

亲鸟们通过声音来准确找到自己唯一的雏鸟，而小家伙此时正隐藏在长满青草的悬崖顶上的洞穴之中。亲鸟们已经连续几天甚至几周出海了，它们在夜幕的掩映下回巢，是为了躲避天敌大黑背鸥的威胁。两翼狭长的大西洋鹱背黑而腹白，在海浪上滑翔时流线型的身体优雅灵动，但在陆地上却显得笨拙可笑。 78

亲鸟的胃里装满了食物，它会把它们吐出来喂给嗷嗷待哺的雏鸟。但在此之前，它首先得找到自己的孩子。即使成千上万只大西洋鹱可能同时鸣叫，雏鸟还是有办法认出自己父母的叫声，它会立刻发出回应，这样能帮助父母准确定位家的所在。

大西洋鹱的英文名源自马恩岛，那里有一个不大的繁殖群。它们还会在其他许多海岛上繁殖，比如赫布里底群岛中的朗姆岛，以及威尔士西南海岸的斯科默岛和斯科克霍姆岛。

英国和爱尔兰令人惊讶地生活着大约35万对大西洋鹱，占了这种神秘海鸟全世界总数的75%以上。但由于它们主要生活在海上，只有最为热忱的观鸟者才有机会亲眼见到它们，这些人甘愿顶着大风到海岬上守望，或是乘着小船出海寻鸟。

大西洋鹱是鸟类世界中最伟大的飞行家之一，它们每年在英伦诸岛周边的岛屿和南美洲海岸之间往返迁徙，一个来回的路程几乎达2万千米。它们同时还是杰出的领航员，20世纪30年代，富有开创性的鸟类学家罗纳德·洛克利把一只大西洋鹱从英国威尔士带到意大利威尼斯放飞，结果这只鸟仅用了十四天就飞回了威尔士。

和其他许多的海鸟一样，大西洋鹱的寿命也特别长，威尔士巴德西岛上的一只鹱活了五十多岁。据估计，它一生中飞行的距离达到了800万千米，是从地球到月球的往返距离的整整10倍。

# 西鹌鹑

通常我们并不认为鸟类可以表现得像口技大师一样，但有些种类的确可以，西鹌鹑等少数几种鸟能娴熟地利用声音在人类的眼皮下掩饰自身的行踪。这是英国体型最小的猎禽，大小有如一只体态丰满的鸫。若要评选英国最难见到的繁殖鸟类，西鹌鹑将会是斑胸田鸡的最大敌手。

79

它的声音能让人驻足聆听，这是一种流淌的三音节鸣叫，人们常常用"wet-my-lips"来加以描述，重音放在第一个音节上。炎热的夏日里，上千公顷广袤的谷物田地中的某处隐藏着一只西鹌鹑，它的声音穿越高高的秸秆，好似水汽般在炙热的空气中蒸腾飘散。这种鸣叫可以传得很远，如果在近处听，则变成了一种怪异的低吼。

如果你有幸看到一只西鹌鹑低低地飞过玉米地，你会感觉它的样子极像一只小型的山鹑：身体丰满圆润，周身布满了棕色和乳白色的条纹，与它生活的环境仿佛融为一体。

每年夏季迁徙到英国的西鹌鹑数量难以预测，某些年份里要明显多于其他时期。它们在非洲或是南欧越冬，迁徙时则往往集群行动。有证据表明，它们在过去的数量肯定要比现在多，《旧约·出埃及记》里提到大量的西鹌鹑从天而降，为身处沙漠的摩西和他那些饥饿的追随者提供了可口的蛋白质营养。

在某些"西鹌鹑大年"的夏末时节，还会有当年的第二波繁殖鸟到达。引人瞩目的是，这些新来者当中有一部分是这个夏天早些时候在更靠南的地方诞生的个体，尽管仍是幼鸟，却已经性成熟了，年龄只有十二周就可以参与繁殖。这种不同代际间在不同地区"跳跃"繁殖的策略，在鸟类中相当少见，更像是蜉蝣之类的昆虫的行为。　　80

## 北极燕鸥

如果你计划要走入北极燕鸥的巢区，请务必戴上一顶安全帽，若没有就得把一根棍子举过头顶。这是因为一旦走进它们的巢区，你一定会遭到来自四面八方的毫不间断的空袭。

如果没能做好防护，你很快就会发现，这些浅蓝灰色和白色的鸟类看似优雅，但那血红色的喙绝非摆设，尖利而突出的喙端真的会见血！北极燕鸥不是只攻击人类，在北极高纬度地区，就算是北极熊经过，这些躁动的鸟儿也会毫不畏惧地狂轰滥炸。

北极燕鸥在攻击前通常会发出沙哑、刺耳的尖啸，比起它那优雅而纤弱的身形，这噪声显得十分突兀。嘶吼和攻击极端狂热，这是燕鸥在努力驱赶你离开它的巢区，以免它那些伪装良好的卵或毛茸茸的雏鸟受到伤害。跟许多海鸟一样，北极燕鸥每次只产1到2枚卵，如果孵化失败，在接下来的一年里它们都没有机会再次繁殖。

繁殖期结束后，北极燕鸥就踏上了漫长的迁徙旅途，它们要比地球上其他任何生物都沐浴更多的阳光。这场迁徙从北半球出发，越过热带和赤道，最终抵达南极周边海域。如此一个来回，要跨越令人难以置信的72 000千米。

仿佛北极燕鸥还觉得自己这史诗般的旅程不够宏伟似的，最近人们发现，在荷兰标记的北极燕鸥飞往南极海域时，竟然途经澳大利亚东海岸和新西兰。想想它们单薄的身形，这样的远行就显得更加非同寻常。纤细的身躯和长长的尾羽，也为它们赢得了"海上燕子"的别名。

北极燕鸥每年4月飞回英国，在到达苏格兰的繁殖地之前，它们有时会在内陆的水库或湿地停歇。诺森伯兰郡海岸外的法恩群岛是近距离观赏它们的最佳地点之一，当然，可别忘了戴上安全帽。

## 北鲣鸟

即使从来没见过北鲣鸟的繁殖集群，你也不难想象出成千上万只巨大的海鸟聚在一起的场景，还有它们发出的响彻云霄的噪声。但那里的气味也许是你没有想到的部分。北鲣鸟是名副其实的吃货，它们要消耗掉大量的鱼类，也因此而产生了数以吨计的气味刺鼻的鸟粪。一踏上有北鲣鸟繁殖集群的岛屿，那股恶臭就会直冲鼻孔而来。

北大西洋是这种英国体型最大的海鸟在全球的重要根据地。北鲣鸟的翼展接近2米，那匕首般的长喙和相当傲慢冷酷的眼神，让它显得更加威严。

北鲣鸟的学名是 *Morus bassanus*，其中的种加词源自该种在英国最著名的繁殖地——爱丁堡外海福斯湾中的巴斯岩。其他壮观的繁殖地分别位于设得兰群岛北端的赫曼尼斯、威尔士的格拉斯霍姆岛和圣基尔达群岛的博雷岛。巴斯岩约有5万对北鲣鸟，这是它们在世界上最大的集群营巢地之一。约克郡的本普顿崖壁是唯一一个位于英格兰主岛，也是观鸟者方便到达的北鲣鸟集群营巢地。

82

北鲣鸟是英国所有海鸟中的终极酷炫客。见识它们在空中突然折起翅膀，像箭头一般以100千米的时速扎入大海，是一种真正令人兴奋的体验；而当你发现它们这一下能潜入水下20米深的地方，就更是如此了。为了哺育雏鸟，北鲣鸟们还会飞很长的距离觅食，必要时在一次外出中就能飞数百千米。

跟英国所有海鸟一样，北鲣鸟受到法律的严格保护。只有外赫布里底群岛中的刘易斯岛北端的尼斯人可以合法猎捕它们，每年尼斯这个小社区里的成年男子会参加一次"猎杀guga"的活动。

Guga在苏格兰盖尔语中就是指北鲣鸟的幼鸟，为了捕捉它们，尼斯人乘坐单薄的小船前往偏远的苏拉岩。一上岛，他们就开始捕杀北鲣鸟幼鸟，去除其内脏后，再用烟把肉熏好，最后在牛奶中煮熟，做成美味佳肴。赫布里底本地作家唐纳德·默里曾经回忆道，这道菜的味道和口感好像"带着熏鲭鱼味道的鸡肉"，或是更让人倒胃口的"油浸臆羚皮"。

## 北贼鸥

想象一下一只鹭和一只鸥杂交，这样你就有了北方海域可怕的捕食者北贼鸥的样子。在设得兰地区，北贼鸥有个俗称，叫作bonxie，这个词某种程度上意味着即将到来的冲突。如果你不幸
踏入了北贼鸥的巢区，那你很快就能领略这个名字的真实含义了。

跟北极燕鸥一样，北贼鸥会攻击一切威胁到它们幼鸟的大型生物——不管是人还是其他动物。它们攻击时不像燕鸥那样迅捷地穿梭，而更像二战时的老式轰炸机，在用强壮的翅膀给你重重一击之前，会先在空中笨拙地飞一阵。

攻击入侵者只是北贼鸥的第二天性。像其他贼鸥一样，它们是拦路抢劫的寄生者。北贼鸥紧紧追逐那些体型更小的海鸟，直到后者丢弃辛勤捕到的鱼，随后它们赶在鱼落入海中之前抓住这些食物。它们还是善于把握机会的清道夫和令人畏惧的捕食者，会在海鸟繁殖集群里制造混乱，然后趁机用自己强有力的爪与粗厚且带钩的喙，杀死像鲣鸟和鹭这样大的猎物。

不过北贼鸥也有温柔的一面。全世界一半以上的北贼鸥都在英

国最北边的设得兰群岛繁殖，群岛上的小湖星罗棋布，有时它们会聚在其中的一座湖里，一丝不苟地在淡水中扭动和旋转身体，确保全身羽毛能得到彻底的清洁。

全世界只有1.6万对北贼鸥，这使得它们成为英国所有繁殖鸟中数量最稀少的种类之一。幸运的是，近来它们的数量呈现增长，这部分得益于拖网渔船丢弃了更多渔获，而北贼鸥能够从海面捡食这部分食物。

离开夏季繁殖地后，北贼鸥常被见到沿着英国海岸迁徙。这时深棕色的它们看起来很像是两翼较短的深色亚成鸥类。不过即便距离较远，你也能通过翅上显眼的白色斑块认出北贼鸥来。

暴风雨天气中，北贼鸥会靠近岸边活动。迎着凛冽的秋风，它们的飞行姿态看起来显得笨拙。可它们一旦发现潜在的猎物，又会立刻迸发出惊人的速度。

## 金黄鹂

高大笔直的杨树使英国乡村染上了一丝欧洲大陆的风情，让人联想起法国北部运河沿岸那长长的林荫道。在安格利亚地区一些地方的杨树林间回荡着一种明媚的、带着热带风情的鸣叫，那就是金黄鹂悠扬的歌声。

84

它不仅名字带着异国的情调，外形更加名副其实。金黄鹂雄鸟的大小如欧歌鸫一般，全身都是炫目的金黄色，黑色的两翼和鲜红色的喙与身体对比鲜明。很少有比它更加光彩夺目的鸟儿了。

尽管有着耀眼的外表，金黄鹂却总隐藏在随风飘动的杨树叶中，除非它从一排杨树飞到另一排杨树，否则极难被发现。它们"喂啊喂哦"的歌声和像猫一样急促的叫声，才是确定这种习性隐匿的鸟类位置的最佳线索。

直到20世纪60年代末，金黄鹂还是英国很少见的旅鸟，在它们春秋两季往返于欧洲大陆和非洲的旅途中，会有几只于此稍作停留。但在我们为了制造火柴而开始种植杨树之后，这种鸟就在英国找到了理想的栖身之所。

繁殖时的金黄鹂喜欢通风的开阔林地。它们待在高高的树冠里，选择树枝分叉的地方搭建一个杯状巢，这样腼腆的、偏绿色的雌鸟随时可以隐身于摇曳的树叶之间。杨树不仅提供了充足的筑巢位置，还是很多大型昆虫和毛虫的食源植物，这下金黄鹂吃住都不愁了。

20世纪末，有多达30对金黄鹂在英国繁殖，但如今它们的好运气慢慢消失了。由于不再需要用杨树来制作火柴，这些树木长成之后就被砍伐，不再补种，金黄鹂的数量也随之下降了。

保育工作者开始重新种植杨树，试图以此来阻止金黄鹂的数量下降，但是目前野外只剩下一两对金黄鹂了，拯救这种华丽鸟儿可能为时已晚。将来，要想听到或见到这羽色艳丽的歌者，只能寄希望于每年五六月迁徙时途经英国的过客了。

## 白喉林莺

当山楂树白花翻涌，犬蔷薇开始绽放，就到了聆听白喉林莺鸣唱的时候了。从路边最密的篱笆下，或者从一片灌木丛的深处传来一串响亮的喳喳声，便是白喉林莺到来的最初迹象，这宣告着英国行踪最隐秘的夏候鸟已经从非洲回来了。作为林莺的一员，白喉林莺的歌声显得有些平凡：一声软绵绵的、似乎略带歉疚的嘟哝，接着是一串更尖亮的音节，令人想起黄鹂那更为著名的歌声。

比起近亲灰白喉林莺，白喉林莺的体型更小，性格也更为害羞，这让它们很容易被人忽略。如果有机会在一只白喉林莺跃上山楂树花枝的瞬间看到它，你会注意到它背灰腹白（腹部有时还染有粉红色），还配有一个黑色面罩，看起来相当精干。

为了吸引配偶，白喉林莺雄鸟除了尽情歌唱，还会建一个以上的未完成巢。当它最终成功吸引到了配偶，它就停止鸣唱，全力以赴将巢修缮完工。通常它会把巢建在长满荆棘的篱笆最深处，在这里卵和雏鸟才能远离捕食者的威胁。

除了夏季偶尔迸发出来的歌声，另一个见识白喉林莺的机会通常出现在它们即将迁离英国之时。8月末至9月初，白喉林莺会尽情享用灌木浆果美餐，它们尤其喜欢接骨木和悬钩子的果子，被这些

86

柔软的紫色浆果吸引来的昆虫也会成为它们的食物。如果仔细观察，你可能会发现，这些小鸟在浓密的灌木中钻进飞出，像极了生活在珊瑚礁里的鱼儿。它们胸腹部的雪白羽毛也被接骨木和悬钩子的果汁染上了紫色。

这种享乐主义自有其用意，迅速积累脂肪对于白喉林莺来说非常重要。不同于其他在英国繁殖的莺类，白喉林莺并非直接向南飞往非洲，而会先向东绕过地中海，穿过中东地区，然后才汇流南下，进入撒哈拉沙漠以南的干热灌丛。那里的环境跟白喉林莺夏季栖身的英国乡间的茂密树篱相比，可谓天壤之别。

## 普通鸬鹚

普通鸬鹚最经典的形象是一只样貌笨拙、颜色暗黑、体型巨大的海鸟。它站立在海水冲刷的礁石上，翅膀向两侧伸展，活像纹章上的图案。高高耸立在利物浦默西河两岸的著名的利物鸟，就有着普通鸬鹚晾翅的典型姿态。

但海栖环境只是它们生活全景的一部分。在21世纪的英国，普通鸬鹚越来越多地选择到内陆生活，将它们那鸟粪斑驳、粗制滥造的巢筑在大树上，并且远离"咸水"，到淡水湖泊、河流和砾石坑里捕鱼。在这些地方，你会见到它们弯曲如蛇的颈部像潜望镜一样伸出水面，或看到它们特别突兀地蹲在高压线塔上吞咽刚刚抓获的鱼，似乎在嘲讽悬挂在旁边的"禁止捕鱼"的标牌。

这种栖息地与生活习性的改变，可能源于内陆湖泊和砾石坑的增加，但这种变化把普通鸬鹚置于垂钓者的对立面了；论捕鱼的能力，它们可远远胜过了人类。一进到水里，普通鸬鹚所有的笨拙举止都消失了，它们追逐猎物时扭动自如，转身轻盈。清除鸬鹚的呼声受到了保育工作者的坚决抵制，但即便如此，这些鸟儿还是常常被杀害。

如果仔细观察，你就会发现，普通鸬鹚并不像从远处看起来的那样通体乌黑暗淡。在繁殖季里，它们的腿上闪耀着白色的斑点，头上顶着银色的饰羽，看起来风度翩翩。

过了繁殖季，普通鸬鹚成群聚在一起，它们常常站立在水边的树上，有时候数量可达数百只。在冬季，普通鸬鹚结成黑色中队，滑翔着掠过天际线，英国内陆水域上的这种奇景带着远古的气息，令人难忘，又有点不协调。

## 蚁䴕

蚁䴕那高亢的、像红隼一样的声音，曾经在英格兰南部的果园里四处回荡。今天，这些外形怪异、羽色奇异的种类作为英国的繁

殖鸟，已经几乎绝迹了。

88　　蚁鴷数量的减少始于20世纪早期，最初这种趋势很慢，随后开始加速，直到鸟儿最终消失。它们的消失之谜还没有被完全解开，但可能跟一段时期内的凉爽的夏季有关，这样的气候导致了蚁鴷最主要的食物——蚂蚁的数量降低。

蚁鴷是啄木鸟家族的一员，但它们的外形一点也不像森林和花园里那些引人注目的大斑啄木鸟或绿啄木鸟。蚁鴷的羽毛上点缀着玄妙而精巧的虫形花纹，身上纵纹和横纹交错，有着地衣一样的灰色、棕色、黑色和米色。所有这些图案和花色糅杂在一起，让蚁鴷活像一块会动的树皮。

蚁鴷为什么会有这样一个不寻常的英文名字呢？*这源于它的一种在所有英国鸟类中独一无二的奇特习性。蚁鴷可以把头扭转到一个不可思议的角度，并在扭转时发出"嘶嘶"的声音。这个模拟蛇的行为得以演化，是为了把袭击它的树上洞巢的捕食者吓跑。而在我们的祖先看来，这个行为又衍生出挑逗的意思。

古希腊人和古罗马人相信，如果把蚁鴷绑在旋转的轮子上，就能诱惑潜在的配偶，或者会失去现在的情人。他们把这种行为叫作iynx。如今，蚁鴷的学名是*Jynx torquilla*，与属名相关的*jinx*一词意为"诅咒"，而种加词*torquilla*的意思是"扭转的小家伙"，这源于它们扭头的习性。

夏天在苏格兰高地上，你或许有一线听到蚁鴷叫声的希望，这里和过去它们出现的地方遥遥相对。近年来有几对蚁鴷在此繁殖，

---

\* 　蚁鴷的英文名wryneck意为"歪脖"。——编注

几乎可以肯定它们是来自斯堪的纳维亚地区。

但要想看到这种奇怪的鸟类，最好的时机是东部沿海某个秋季的早晨。有时小径的转角会突然出现一只比林莺略大、长着长尾的灰色鸟儿。当你小心地靠近时，你能观察到这鸟儿的羽毛带着杂乱的纹路，腹部贴着地面，粉色的长舌头探寻着草皮里的蚂蚁。你找到蚁䴕了！

## 白鹭

在英国南部的河畔或湿地漫步时，一只白鹭的出现会让人为之一振。它外形优雅，羽色像洗衣粉一样洁白，或扇动着宽大的翅膀在空中起起伏伏，或神不知鬼不觉地捕食着猎物。

89

在许多观鸟者的记忆里，不久以前，我们只有在地中海度假时才能看到白鹭。事实上，这种优雅的小型鹭类带着典型的南欧异国情调，绝不是我们国家随处可见的鸟类。

之后，也许是由于全球变暖，在20世纪80年代末到2000年的这十多年里，一切都改变了。以前白鹭一直都是一种偶尔来访的少见候鸟，有时即使出现也只有两三只。没有人能够想到，这种迷人的鸟类会以大规模集群的方式出现在英国南部的河流三角洲和海岸，每群能有20只，甚至更多。在那里，它们小心翼翼地潜到游鱼附近，细长的黑色喙突然刺向猎物，仿佛一把利剑。

到了20世纪90年代中期，白鹭已经开始在这里繁殖，它们会像苍鹭一样把鸟巢建在树冠层。几年之内，它们就遍布各地了——至少是在英国南部。河流、小溪、池塘、湖泊里都有它们的身影。它们的分布范围很快就向北扩展到威尔士和米德兰兹，现在已经一路挺进英格兰北部乃至苏格兰。只有最北部的边境地区还没有出现白鹭巢。

目前约有 1 000 对白鹭在英国筑巢繁殖。最近，白鹭那体型更大、身姿更优雅的亲戚大白鹭也开始在英国繁殖了。但是，即使到今天，我们还是很难接受这个现实；要知道，这些有着异国长相的生物真的不属于这里。

90

## 矶鹬

高地的河流迅疾奔涌，一串高频的哨声穿透了水声，这是附近有矶鹬的明确信号。和其他生活在这样特殊栖息环境里的鸟类一样，矶鹬演化出了高频率的叫声，这让它们可以在湍急水流发出的噪声中相互沟通。

不一会儿，它高速扇动着翅膀出现了。这是一只体型和椋鸟差不多大的涉禽，外表精干整洁，头部和前胸呈棕色，腹部为白色，背部则是橄榄褐色。

矶鹬同灰鹡鸰、河乌一样，与高地上的小溪、河流或苏格兰的湖滨紧密相连。这样的环境里，这种鸟儿在水面上轻快地忽沉忽浮，一瞬间又弹出那弯弓一样的翅膀飞离地面。

这些熟悉的画面让人很难想象矶鹬在冬季迁徙到西非以后的生活场景。在那里，它们穿梭于象、河马和斑马之间，饮水和沐浴全部在泥泞的水坑里完成。维多利亚时代的人已经多少知道了矶鹬迁徙的习性，从而把它们叫作"夏季的沙锥"。

矶鹬主要在英国西部和北部繁殖，那里是它们最喜爱的栖息地。它们将巢隐藏在水边茂密的植被中，雏鸟一经孵出就能以被水体吸引来的昆虫为食。

无论你生活在哪儿，你都有机会在矶鹬迁徙时看到它们。在南来北往的旅途中，它们总是会在低地的水塘、运河、溪流边停歇。它们在那些水边的淤泥里来回寻觅，啄食昆虫。有少数矶鹬还会留在英国过冬，它们往往选择相对温暖的西南部的溪流和河口，在那里，矶鹬那高亢的鸣叫给冬季的景观带来了一线生机。

91

## 鸲蝗莺

如果你听到了鸲蝗莺那嘶嘶的叫声，你就可以把自己算作幸运儿了。这种隐藏在芦苇丛里的鸟是我们最罕见的繁殖鸟类之一，而

那种更常见、分布更广，却同样难以捉摸的黑斑蝗莺则和它们是亲戚。这两种鸟同属于蝗莺属，这个属的学名 *Locustella* 在拉丁语里意味着"小蝗虫"，而它们的叫声也确实更像是昆虫而非鸟类。

两种鸟类的声音都像是钓鱼竿上的手轮放线的声音，这是绵延不断的嗡嗡声，在远处时又像电缆线上放出的静电声。比起黑斑蝗莺，鸲蝗莺的声音略有不同，它在音调上稍低一点，并且可以毫无停顿地延续几分钟。

鸲蝗莺的歌声从芦苇茎秆半高的位置传出，鸣唱的鸟儿往往躲在一大片芦苇丛中最密的地方，让观鸟者几乎无法直接看到它。这位歌者偶尔会攀爬到芦苇的顶端展现自己的身姿，尤其是在清晨和黄昏时分。一睹真容之后你也许会感到扫兴：除了那只明显更圆的尾巴以外，鸲蝗莺长得太像是一只体型略大、羽色稍齐整一些的芦苇莺了。然而，对于投入的观鸟者而言，观察到一只鸣唱的鸲蝗莺总是值得庆祝的，因为它们的魅力就在于稀少难见。

92

和所有的莺类一样，鸲蝗莺（它英文名中的Savi's很偶然地来自19世纪的一位意大利博物学家）也是一种从非洲迁徙到英国的鸟类。每年春季和初夏，只有少数几只鸲蝗莺会稳定地到达英国，主要是在东部和南部地区；稍多一些的鸲蝗莺会定期出现在诺福克、萨福克和肯特郡。尽管鸲蝗莺会在咫尺之遥的荷兰筑巢繁殖，但在英国它们还只是勉强维持着弹丸大小的繁殖区域。

## 湿地苇莺

在一个明媚的6月清晨，当你漫步在英格兰东南部的湿地之畔，你会听到步道旁的小灌木丛里传出青山雀的歌声。这并没有什么特别的。但片刻之后，它变成了芦苇莺的声音，之后是新疆歌鸲，接着是云雀、蛎鹬、红隼，以及一连串你根本无法辨认的声音。这歌声带着更多非洲的痕迹，而不是肯特郡或苏塞克斯郡的风味。

但那片灌木丛里并没有一个编制完整的鸟类乐团，而是仅有一只湿地苇莺。这种外观毫不吸引人的小鸟简直就是鸟类学界的自动点唱机，它能够模仿十几种不同的鸟鸣，并在一次歌唱中一股脑地爆发出来。

总体而言，现在人们已经发现它们能够模仿大约100种欧洲鸟类的鸣叫，而它们能够模仿的非洲鸟类甚至更多，加在一起已然超过了200种。它们在繁殖地学习周围的鸟叫，迁徙到非洲东南部的越冬地时也同样如此。在非洲，它们听到的可是完全不同的鸟类组曲了。　　93

这种相貌平平的小鸟如何获得了这么非凡的本领，这一问题困扰了科学家很长时间。现在，科学家们认为这是在繁殖期的雄性对手"扳手腕"的过程中形成的。那些唱得最好、曲目最多样的雄鸟能赢得最好的领域，吸引到最健康的雌性。之后，经过自然选择的过程，湿地苇莺将这种模仿能力传递给了后代。它们这种无与伦比的歌唱本领就像是听觉领域的孔雀尾屏，也和后者一样拥有惊人的魅力。

　　不鸣唱的时候，湿地苇莺并不好辨认，因为它长得实在太像它那更为常见的近亲芦苇莺了。当然，除了那难以置信的歌声以外，它们在选择栖息地时也有所不同，这些差异也许是辨别它们的最佳指征。

　　芦苇莺偏好在芦苇丛中做巢，而湿地苇莺通常是在高耸而茂密的水边植被中筑巢。柳兰丛或者荨麻地是湿地苇莺最喜欢的环境，在那里，它们编织出带有"篮子榪手"的结构，把巢固定于植物的茎秆。

　　直到20世纪末，还有一小群湿地苇莺在伍斯特郡南部，沿着塞弗恩和埃文河谷繁殖。然而让人遗憾的是，它们现在已经从那个地区消失了。今天只在英格兰最东南端还有少数几对湿地苇莺筑巢，这里紧挨着邻近的欧洲大陆上大得多的繁殖种群。不过，6月间湿地苇莺确实还会在其他地方出现，所以，请竖起耳朵寻找那独一无二的歌声吧——那仿佛是整个清晨鸣禽合唱团浓缩于一只小鸟。

## 芦苇莺

　　从芦苇丛深处传来一阵重复的啾啾声，这富于韵律的声音也许是一种害羞的小鸟从非洲越冬地返回英国的唯一迹象。这种鸟也因此得名芦苇莺。

　　不同于许多长距离迁徙的鸟类，芦苇莺的生存状态还算不错，这也许是因为我们创造了更多的砾石坑和天然水库，为它们提供了更多适合芦苇生长的环境。芦苇莺的种群也正在向北扩散，如今已经可以在苏格兰南部有规律地繁衍了。

　　芦苇莺的声音很容易和它们的近亲水蒲苇莺混淆。但芦苇莺的鸣唱是重复且带有韵律感的，而水蒲苇莺的鸣唱则是让人激动的爵士乐风。水蒲苇莺在鸣唱时常常飞到空中，有自尊心的芦苇莺可不会这么做。

　　如果你能瞥见一只正在鸣唱的芦苇莺，你就会发现这只鸟身形瘦小，羽色是单调的棕色，腹部则是略浅的米色。用观鸟者的用语来描述，这就是典型的"棕色小家伙"。但你可能还会钦佩它拥有站在垂直的芦苇属（通常是普通芦苇）茎秆上的特异功能，它常常叉开腿，同时攥着两根茎秆，身体向上，努力从附近的叶片上拽下昆虫。

　　芦苇莺和芦苇的关系就好像观鸟者和望远镜的关系一样，秤不离砣。它们总是在芦苇茎秆间筑巢，编织能力可以和非洲的织雀相媲美。芦苇莺把草编织成篮子形的巢，将它固定在几根芦苇茎秆之间，雌鸟会在巢里产下多达6枚的带斑点的浅绿色鸟蛋。

　　对于像貂这样的捕食者，再没有更好的防御办法了，因为貂不可能爬上柔软的芦苇茎秆。但有一种鸟却挫败了芦苇莺的策略，甚至还戏耍了它们。

　　大杜鹃会在每个芦苇莺的鸟巢中产1枚卵，1只大杜鹃最多可以在20只芦苇莺的巢里产卵，而每一枚杜鹃蛋都是一颗嘀嗒作响的定时炸弹。杜鹃雏鸟孵化出来后，会粗鲁地把同窝的芦苇莺后代挤到

95 巢外，不论是芦苇莺的雏鸟还是卵，最终都跌进水汪汪的坟墓之中。

之后芦苇莺就会全心全意地喂养这个巨型的杜鹃宝宝，它们疯狂奔忙，以获取足够的昆虫来满足杜鹃雏鸟。大杜鹃孵出约三周以后羽翼丰满，此时芦苇莺纤小的巢已经无法容纳身形巨大的它了。它的身体罩住了巢的四周，好像一个相扑选手卡在小小的浴缸里一样。

一些芦苇莺的亲生孩子躲过了寄生杜鹃的迫害，它们在孵出几周后就可以飞翔了。之后它们就像所有青涩的未成年人一样，努力在芦苇茎秆之间攀爬，口里有节奏地低声哼唱，学习它们父辈的歌曲。接下来，它们饱餐美味的蚜虫，迅速增加自己的体重，然后就

96 开始了漫长而危险的南下非洲之旅。

黍鹀

黄鹀

欧斑鸠

白嘴端凤头燕鸥

欧亚鸳

鹗

长脚秧鸡

白腹毛脚燕

煤山雀

林鹨

银鸥

✺ **7月** ✺

普通翠鸟

黄道眉鹀

斑鹟

小黑背鸥

雀鹰

小嘴鸻

红颈瓣蹼鹬

黑眉信天翁

草原石䳭

红隼

白额燕鸥

红背伯劳

扫码欣赏
图片和鸟鸣

# 引子

　　7月里，鸟类世界的主题开始发生变化。无论是候鸟还是留鸟，它们中的大多数已经抚育出了至少一窝雏鸟，有的则仍在照料巢里的小家伙。与此同时，秋天的第一缕迹象已然显现，较早迁徙的候鸟已经动身，那些向南迁往地中海或非洲的种类也在陆续经过英国。

　　对于像鸦这样行动较晚的种类而言，繁殖周期才刚开始。在日渐成熟的作物间，黄鹀、黍鹀和黄道眉鹀的雄鸟依然在正午阳光下鸣唱，它们的配偶则正在忙着孵卵或喂养弱小的雏鸟。黍鹀雄鸟可以有十几只甚至更多的后宫佳丽。

　　在高树上废弃的乌鸦巢中，燕隼让自己的繁殖时间与家燕和白腹毛脚燕幼鸟出巢的日子完美重合，这些稚嫩的幼鸟比它们老道的家长更容易被抓到。即便是在最热的天气里，林鹨也会在石南灌丛和林间空地表演它们如纸飞镖般的鸣唱炫耀飞行。到了夜晚，同样的灌丛中响起夜鹰呼呼飞过的声音，还有长耳鸮宝宝发出的像吱吱作响的门似的刺耳噪声。尽管鹪鹩、林岩鹨和一些莺类会继续鸣唱到这个月末，但来自鸟类的优美歌声已经式微。

　　如果你知道去哪里探寻，你会发现世界远未宁静。林中到处是混群的小鸟，它们在林下灌木里游荡，有时数量会有上百只，大家聚在一起，可以减少被雀鹰捕食的风险。若你站在一片林间空地上等待鸟群经过，你应该能见到和听到银喉长尾山雀、青山雀、煤山雀、大山雀，其中混杂着戴菊、叽喳柳莺和其他一些莺类。旋木雀和普通䴓有时也会入伙，而观察这样的混群就能知道这个繁殖季大家的成效如何。

98

郊区的庭园中，欧乌鸫幼鸟在灌木丛里轻吟，头顶上成群的普通楼燕竞相欢叫着掠过街道，在空中捕食高飞的昆虫和飘浮的蜘蛛，以此来庆祝夏天。从现在开始，楼燕幼鸟可能会在十八个月或更长的时间里不再着陆。到了7月末，许多楼燕幼鸟便已经踏上前往非洲的空中之旅。住所附近的白腹毛脚燕正在喂养它们日渐成长的雏鸟，它们那粗粝的叫声是仲夏的配乐，也是我们屋檐下的非洲节拍。

英国北部和西部岩质海滨的庞大海鸟繁殖集群里正酝酿着离开的动议。盛夏的夜里，许多崖海鸦母亲在鼓励自己的独子跳下栖身的悬崖，来到海面，父亲正等候在那里，以便护送幼鸟去外海度过一年中剩下的时光。

7月也是怪异羽饰出现的时节。青山雀和大山雀的幼鸟就像是水洗褪色的成鸟，而未成年的欧亚鸲浑身带着点斑，胸前的橙红色要到9月第一次换羽之后才会出现。

这时的紫翅椋鸟看起来尤其令人疑惑。褐色的幼鸟跟带有金属光泽的成鸟一起在草坪上觅食的时候，它们看起来根本就是两个完全不同的种类。城市的屋顶上，褐色的鸥类雏鸟开始尝试首次飞行，尽管从今以后它们就得独立生活了，但在我们头顶绕圈飞过时仍会发出尖细而显得谄媚的乞食声。有时你会在城镇上空看到椋鸟和鸥在表演着空中芭蕾，这意味着蚂蚁正在群飞。天空中无数飞舞的蚂蚁是难以抗拒的目标，同时也是对幼鸥飞行技巧的极大考验。

在6月末出现鹬鹬类过境的一丝苗头之后，7月就能见到真正的迁徙开始了。在本地的沼泽或砾石坑关注南迁的鸟儿是很值得的，它们往往是没能在北边繁殖地找到配偶的倒霉蛋。尽管我们这里依然夏日炎炎，但青脚鹬那三音节的叫声提示着秋天已然不远了。欧柳莺和草原石䳭的幼鸟也开始加入青脚鹬南迁的旅程，前往非洲的路上很快就会注满迁徙鸣禽的洪流。

99

# 黍鹀

远处电话线上停着一个黑点，它发出的尖厉啸声在周围成熟的庄稼上空飘荡，这就是雄性黍鹀在竞争者面前捍卫自己领域的场景。仲夏时分，在构成我们低地景观的那些起伏的谷物田地里罕闻鸟语，曾经被称作"大麦地里的肥鸟"的黍鹀却是个例外。

一连几个小时它都在歌唱，哪怕口干舌燥也不停歇，它的声音可以比作一串变换着音调的金属摩擦音，又很像自行车轮空转时发出的声响。即使在白日当空的正午，黍鹀也会站在显眼的位置鸣唱，它所站的地方或许是灌木篱墙中的一棵大树、一根篱笆桩，也可能是一棵很高的植物。

每个夏天，黍鹀那金属摩擦般的噪音总在成熟的谷物田地中回荡，主要是在从威尔特郡到诺福克郡的东南部农耕区。但在它们曾经的领地——英国西北部的广袤田野里，这种好像注射了激素的麻雀似的棕褐色肥胖小鸟已经彻底沉寂。为了最大限度地榨取土地价值而产生的机械化农耕技术，完全摧毁了黍鹀那繁复的乡村生活。

跟近亲黄鹀一样，黍鹀的繁殖季比较晚，通常到了7月甚至8月，雏鸟仍然在巢里。因此，在晴朗的夏季，当作物收割提前时，黍鹀巢往往就葬身在联合收割机无情的利刃之下了。

秋冬季节的情况一样糟糕。全年化种植的趋势使得耕地里很少有或完全没有遗漏的种子，黍鹀多数分布区内那种作物残茬满地的景象已成过往。

黍鹀四处扑腾时，细小的腿脚蜷缩在身下，可能看起来又乏味又笨拙，但其貌不扬的雄性黍鹀却是名副其实的鸟中西门庆，一个繁殖季里它拥有的配偶可能多达18个。

雌性黍鹀把巢建在谷物的茎秆之间，或是耕地边缘的灌木丛里面。它们用草叶编织精巧的杯状巢，在里面产下带有褐色斑点的卵，数量可多达5枚。在黍鹀数量依然较多的地方，雄鸟们会不厌其烦地大声鸣唱，只有这样它们才能在情敌面前守住自己的后宫。

100

## 黄鹀

关于黄鹀的歌声，最常见的谐音解读是"只要一点面包，不加奶酪哟！"（a little bit of bread and no cheeeeese!）就像草莓和奶油、板球比赛和公共假日的大堵车，这样的旋律已经成了英伦夏天重要

101　　的一部分。

　　若听到了黄鹀的歌声，你也可能想用自己的方法来加深记忆。比尔·奥迪发明了一个著名的比喻，他将其联想成乡间的一个挤奶女工被好色的工人调戏时所喊的："别、别、别、别、别，求求你……"（No-no-no-no-no pleeeeease...）

　　需要提一下，黄鹀英文名（yellowhammer）里的hammer（锤子）一词，跟它们充满打击乐节奏的鸣唱无关。这个词源自德语ammer，意思就是"鹀"。

　　端详黄鹀的雄鸟，你就会原谅自己曾把它认作逃逸到野外的金丝雀。它站在绿篱上鸣唱时，鲜艳的硫黄色头部和带着棕色、黑色条纹的身体对比鲜明。

　　雌黄鹀则要低调得多，它橄榄棕色的羽毛上略染黄色，飞行时露出跟雄鸟一样的锈红色腹部。

　　为了躲避捕食者，雌黄鹀把用草叶编织成的巢建在绿篱底部或茂密的灌木丛里。它的卵上有一系列纤细的斜线，可以起到伪装色的作用。先人们也因此把黄鹀称作"会写字的云雀"或"涂鸦百灵"。

　　威尔士人则认为这些图案显然像蛇，因此黄鹀的威尔士俗名直译过来就是"蛇的仆人"。当地人误认为黄鹀可以向蛇警告迫在眉睫的危险。

# 欧斑鸠

　　在所有能让人联想到慵懒而朦胧的夏日的声音当中，最为深入人心的可能要属欧斑鸠那松弛的咕噜声。它舒缓的叫声也是《圣经》中提到的第一种鸟鸣，《旧约·雅歌》提到"百鸟鸣叫的时候已经来到，斑鸠的声音在我们境内也听见了"。

　　在地中海周边，欧斑鸠是春天真正的预兆，但等它们飞到英国来的时候，春季正当其时。5月繁花压满高耸而厚实的绿篱，鸣叫的欧斑鸠则藏身其中。花朵和枝叶像茧一样包裹着它们，人看不到发声的鸟儿，全部感官都被那无处不在的歌声左右。

102

　　有时欧斑鸠会停在电话线上，为我们提供一个近距离观察这种英国最小斑鸠的机会。它的体型比欧乌鸫大不了太多，背部有着漂亮的赭红色和黑色鳞纹，颈部两侧是黑白相间、对比强烈的条纹，好似鲨鱼的鱼鳃。飞行时，它灵活得像是一只涉禽，翅上的蓝灰色区域和深色尾羽的醒目白色端都清晰可见。

　　在灌木丛、石南丛的边缘，或围着高高树篱的杂草丛生的耕地上，欧斑鸠生活得最为开心。然而遗憾的是，今天在英国的大部分地区已经再也听不到欧斑鸠的声音了。这种曾经常见且分布广泛的农田鸟类减少的速率超过了其他任何种类。自1970年以来，它们的数量减少了90%以上，并且仍在急速下跌。据预测，按照现在的趋势，欧斑鸠在2020年之后不久就将从英国彻底消失。

更让人担忧的是，欧洲其他地区和西亚的欧斑鸠繁殖区内都呈现了同样的自由落体式的种群减少，因为它们正经受着三重打击：在英国，它们的栖息地急剧减少；在撒哈拉以南的越冬地，它们则遭遇人旱；而在迁徙路线上，无论往返，它们都面临着大规模捕杀。

每年春秋两季的迁徙中，欧洲正在急剧减少的欧斑鸠种群要在飞越地中海时冒着成千上万支猎枪射出的弹雨。在像马耳他或西西里这样的地方，每年有大量的迁徙候鸟被猎杀，欧斑鸠尽管飞得很快，但高度很低，因此受到的危害也最大。

现在这个物种已经被称作"欧洲的旅鸽"，这是关于它们命运最为悲伤的预言。在这一决定命运的最后时刻，人们已经开始采取行动，阻止这样无情的猎杀；但对于欧斑鸠来说，这或许已经太晚了。

## 白嘴端凤头燕鸥

夏日里的一次海滨之旅，可能就会让你看到并听到在英国繁殖的体型最大的燕鸥。即使从远处观望，你也能看到它那两翼尖长、似亮白色鸥类的独特身形。再加上尖厉的双音节声音"kirr-ick"，这无疑就是白嘴端凤头燕鸥了。

与鸥科的大部分鸟类一样，白嘴端凤头燕鸥主要生活在海滨，它们在沙丘、卵石海滩及近海岛屿上形成嘈杂而拥挤的繁殖集群。这种迷人的鸟儿养育后代时发出刺耳的喧嚣声，从清晨到黄昏一刻不停。细看之下，它们还真是漂亮：雪白的腹部配上珍珠灰的背部，头上则有乌黑蓬松的羽冠，还有一只锐利的锥形喙。喙几乎全为墨玉色，但喙端为黄色。

早在3月，白嘴端凤头燕鸥就沿着加纳和塞内加尔的海岸线，从位于西非的越冬地迁回英国。它每次产1到2枚卵，从卵中会孵化出毛茸茸的雏鸟。雏鸟的绒毛带着斑点，形成了完美的保护色，可以躲避来自空中的大型鸥类和鸦类，或是地面上白鼬、老鼠和赤狐的捕杀。

白嘴端凤头燕鸥不同寻常的英文名（Sandwich tern，意为"三明治燕鸥"）源于肯特郡的三明治镇。1784年，一位名叫威廉·博伊斯的外科医生兼业余鸟类学家在这里第一次采集到了白嘴端凤头燕鸥的标本。他的同事约翰·莱瑟姆医生把标本鉴定为鸟类新种。与波纹林莺、环颈鸻一样，白嘴端凤头燕鸥是极少数以英国地名来命名的鸟类。出于巧合，这三种鸟依据的命名地都在肯特郡。

104

现如今，这个英文名字对于这种在全球旅行的鸟儿来说已经太狭隘了。在大西洋两岸，全球七大洲中的五个大洲上都有它们的身影。

## 欧亚鵟

在一条林木茂盛的威尔士河谷上空，欧亚鵟正在盘旋。它两翼上举，呈浅浅的"V"字形，头则俯下来检视覆满蕨类植物的山坡，搜寻着猎物。直到不久以前，我们还习惯于把这样一幅典型场景与偏远的英国西部高地联系在一起。但作为英国所有野生生物中最富戏剧性的恢复案例之一，这种身材粗短壮实的猛禽已经再次回到低地地区了。自上一次英国鸟类学基金会的普查以来，在约二十年的时间内，欧亚鵟的分布范围不断向东、向南扩展，最终它们出现在了英格兰的每一个郡。

　　有着多达75 000个繁殖对的欧亚鵟，已经超过了红隼和雀鹰，成为英国数量最多的猛禽。它们会发出哀怨的"咪咪"声，尽管就这样粗壮的大块头而言，这声音听上去实在有些孱弱，但它在乡间正变得越来越为人所熟知。

105　　　如今在建筑密集的区域也能经常看见欧亚鵟了，你往往会见到它们蹲守在电线杆或篱笆顶上注视下面小型哺乳动物的活动，或是搜寻着路边被车撞死的动物的尸体。欧亚鵟是食性广泛的机会主义者，会跟在铁犁后面搜寻被翻出地面的蚯蚓，或者静候在鼹鼠堆旁等着猎物冒头。最常见的情形还是它们张开翼展1米或1米以上的翅膀，在自己领域上空来回翻腾、翱翔。晴朗的日子里，它们利用宽阔的翅膀借助上升热气流盘旋，以此宣示自己的领域范围。

　　欧亚鵟命运迅速反转的原因其实也很简单，今天它们已不再受到像滴滴涕（DDT）这样用于农业的化合物的毒害了。20世纪50和60年代，这些农药曾大大减少了欧亚鵟的数量。当年引入多发黏液瘤病以控制野兔数量的短视行为，也同样影响到了欧亚鵟，因为野兔恰好是它们的主要食物。如今的农夫和猎场管理员也不再定期射杀或毒杀欧亚鵟了。

但是目前欧亚鵟的回归却受到了一些雉鸡繁育者的关注，他们觉得自己的猎禽会受到这种猛禽的威胁。他们甚至已经要求政府在一些地区签发捕猎许可证，以便控制繁殖的欧亚鵟数量，保护雉鸡雏鸟。

苏格兰的欧亚鵟一直都相当常见，在那儿它们被戏称为"观光客的雕"，因为从南边来的游客总是会把欧亚鵟和体型更大、更加雄壮的金雕搞混。

## 鹗

一只鹗把利爪插入苏格兰的某座湖泊的水面，在晶莹的水花中一闪，一条鲑鱼就被它抓了起来——这样的场景实在是令人激动。大多数猛禽都捕食哺乳动物或鸟类，鹗却是真正的食鱼动物，并且有着为捕鱼而准备的全副武装。它的脚和趾上有粗糙的鳞片，一个

外脚趾可以向后翻转，使它在飞行中也能抓牢滑溜溜的鱼。这种鸟
还能把尾羽腺分泌物涂在羽毛上，形成防水层，为壮观的入水捕鱼

106    做好准备。

鹗有着令人无法抗拒的英俊外貌，背为深棕色，腹部雪白，修
长的翅膀远看像是海鸥。仔细观察，你还能看到白色的头部和深色
的眼罩。它们的英文名（osprey）来自拉丁语ossifraga，原意是"碎
骨者"，联想到其食鱼的习性，这个来源多少有些反讽意味。它们更
恰当的名字是如今很少有人使用的"鱼鹰"。

这种非凡的猛禽现已是英国景观的一部分，然而它们重回这
里繁殖的时间，也才刚过五十年。

从中世纪这些让人印象深刻的猛禽劫掠鱼塘开始，鹗与人类的
关系就一直不太融洽。19世纪期间，鹗也和其他的猛禽一样遭受了
无情的迫害。而一旦它们的数量减少，这些鸟类和卵又成了收藏家
的目标。人们渴望向朋友炫耀一只鹗的标本，或鹗的一窝卵。

20世纪初，鹗作为繁殖鸟已经从英国消失。只有每年春秋两季，
当它们往返于非洲和斯堪的纳维亚时，才会有几只鹗途经英伦三岛。
不过1954年春，一对鹗在苏格兰高地斯佩塞德的加腾湖地区停了下
来，并在此安家繁殖。

鹗的确是回来了，但可能并不长久。鸟卵收藏者一直觊觎这些
新来的繁殖鸟，1959年，皇家鸟类保护协会发起了"护鹗行动"，这
是一个军事化的举措，目的是守卫鹗的巢和它们珍贵的卵。鹗缓慢
却稳定地存活了下来，并开始扩散到其他地区。今天在苏格兰有200

107    个以上的繁殖对，并且鹗在威尔士和英格兰也开始筑巢繁殖了。在
英格兰中心最小的郡，鹗还得到了拉特兰水库再引入计划的大力

帮助。

在拯救一个生存受到威胁的物种的同时，"护鹗行动"还成为世界范围内第一个成功的野生生物观光项目。从行动开始实施至今，它一共吸引了近300万名游客。这个项目的原型——邀请人们来参观一种罕见的鸟类在巢里的样子——已经被复制到了英国和世界其他地方，激励了很多人参与保护。

一旦鹗繁育了后代，它们就会向南迁徙到西非越冬。直到不久前，我们对它们迁徙的实际路线还知之甚少，但多亏了最新的微型发射器，我们如今可以实时追踪这些鸟类的迁徙过程。它们在秋季一路向南，穿过比斯开湾、西班牙和撒哈拉沙漠，在来年春天又原路返回英国。

## 长脚秧鸡

现在几乎已经很难想象，在不太久远的以前，长脚秧鸡那单调而刺耳的叫声，曾是英国乡间最寻常的声音之一。

19世纪早期，诗人约翰·克莱尔以"干草垛中的夏日噪声"来形容被他称为陆地秧鸡的鸟的叫声。正如在英国低地的其他地区一样，长脚秧鸡曾是克莱尔家乡北安普顿郡的夏季常客。它们从早到

108

晚不停发出的声音，成为贯穿整个夏收季节的配乐。

　　然而，即使在过去它们数量还不少的时候，人们也不容易见到这种行踪隐秘的鸟儿的真身。克莱尔用以下诗句描写过它难以捉摸的行踪：

　　　　它像无处不在的想象
　　　　一种活灵活现的怀疑
　　　　我们知晓它是从不泄密的存在

　　如今观察长脚秧鸡最好的机会是去内、外赫布里底群岛的岛屿，在那儿有可能见到潜伏在鸢尾花的剑形绿叶下，或是隐藏在庄稼地周边的荨麻丛中的它们。在马尔岛西端的艾奥纳岛上，修道院的高墙间回荡着它们那种摩擦音般无休止的夏日鸣叫。如果你足够幸运，你就能亲见一只长脚秧鸡，它通常处于飞行状态，看上去像修长的棕色黑水鸡，却有一对锈红色的翅膀。它们的飞行看起来如此无力，让人难以相信这些鸟是从撒哈拉以南的非洲迁徙到这里的。不过，它们的确是做到了。

　　古代农业技术总是顺应着自然规律，而现代农业则往往违背自然，长脚秧鸡也因此成了第一个受害者。机械除草毁坏了那些在手工除草中本可以幸免于难的秧鸡巢，农业中施用的化学制剂又减少了作为秧鸡雏鸟食物的昆虫数量。

　　至二战开始的时候，英格兰和威尔士的大多数农村地区已经没有长脚秧鸡了。而到了千禧年的时候，只有在苏格兰最偏远的西北方还能发现它们，这些地方的农民还延续着旧日的荣光，用传统方式制备干草。

长脚秧鸡的数量一度降至不到500个繁殖对，看上去它们作为英国繁殖鸟的历史可能要终结了。但保育工作者和农户之间的密切合作产生了正面效果，今天在苏格兰已有1 200只以上的雄鸟了，每只都能在一个夏夜里鸣叫20 000次！

至于那些生活在英国南部的长脚秧鸡，尽管它们远离了苏格兰的避难所，但现在也获得了新的生机。一群保育工作者将它们重新引入彼得伯勒附近的宁河湿地，目前这个项目正在稳步进行。这个项目会持续数年，但现在看起来这种神秘的"夏日噪声"很有可能重新回荡在东安格利亚的沼泽之上，而这里与两个世纪前约翰·克莱尔听到它的地方相去不远。

109

## 白腹毛脚燕

白腹毛脚燕身上的图案像是小型的虎鲸，它在清澈、湛蓝的天空中上下翻飞，追寻着细小的飞虫，喙猛地一闭就咬住了虫子。在飞行中它还发出沙沙的叫声，那是夏日里典型的声音，电台节目和电视剧都常用这声音来增加田园牧歌的氛围。

人们常常会混淆白腹毛脚燕和它的亲戚家燕，但前者的身形明显更小巧，也更为圆润，并且没有家燕那长飘带般的尾羽。白腹毛脚燕有着蓝黑色的背部和纯白色的胸腹，还有洁白小巧的臀部和覆满雪白绒毛的双脚。

和家燕一样，白腹毛脚燕是用从泥坑或池塘和湖泊的岸边收集来的一粒粒细小泥丸筑巢。它们每一次都要带上满满一嘴的泥丸，再将其紧粘在我们的屋檐下，以此来建一个反重力的杯状鸟巢。巢中最多可容纳5只快速发育的雏鸟，到羽翼丰满时，这些小鸟就只是勉强挤在这狭小的巢里了。

对一些人来说，能看到这些白腹毛脚燕的雏鸟在自己屋檐下的鸟巢里争抢食物，是莫大的荣幸；另一些人则不喜欢这些毛脚燕掉落在地的污秽鸟粪和刺耳的叫声，这也可以理解。

当然，这些鸟并不总是依赖我们生存。在人类抵达英伦三岛之前，白腹毛脚燕已经在内陆和海岸的天然峭壁上筑巢。尽管当代英国已有足够的人类房屋可供它们使用，但仍有少数白腹毛脚燕坚守在它们古老的栖息地中繁殖。

有些白腹毛脚燕并不甘心做个郊区的寓公，更大的野心驱使它们把燕窝筑在古老的石桥和乡间别墅上，甚至是古堡里。就像威廉·莎士比亚在《麦克白》里所描述的那样，班柯在古堡里观察到：

> 这里既没有柱头、雕梁、扶壁，也没有隅石可资利用，
>
> 可这只燕子却在这里营造了它的吊床和哺育的摇篮。
>
> 我已经观察到，凡是它们经常繁育、出没的地方，空气就显得清新美妙。

白腹毛脚燕也许是我们很熟悉的鸟类，但是它们还保存着一个大秘密。迄今为止，我们还不知道它们在非洲的越冬地具体是在哪

里。鸟类学家们猜测，这些毛脚燕也许靠着刚果雨林上空的昆虫度
冬，但只有等我们发明出小到可以让这些鸟儿背负的追踪器，才能
得出最后的答案。这一天很快就要到来了。这样一种与我们共享家
园的鸟儿，身上却仍然有着未解之谜，真是非常有趣。

## 煤山雀

如果你听到紫杉、松树或其他常绿树林中传出玩具般的吱吱声，
那有可能就是一只煤山雀了。这个声音比大山雀的歌声更高、更细，
比叽喳柳莺的歌声更有韵律感。煤山雀是英国山雀科鸟类中体型最
小的成员，成鸟体重仅9克。

煤山雀隐藏在针叶林的重重帷幕中，我们通常要依靠吱吱的叫
声才能给它定位。如果看清楚了的话，你会发现一只小巧灵动的鸟
儿，它与其他山雀相比羽色稍显暗淡。与大山雀和青山雀鲜亮的黄、
蓝、绿色不同，煤山雀全身以黑色、淡黄和棕色为主，脸颊和枕部
为白色，可与沼泽山雀或褐头山雀相区分。煤山雀翅上有两道白色
的条纹，即便远远看去也很醒目。

因为体型太小，煤山雀在喂食器上的进餐排序中并不靠前。不
像体格壮硕的大山雀，也不像瘦小躁动的青山雀，它们总是以最快
的速度俯冲到喂食器上，瞬间抓起一粒瓜子或花生，再心虚似的立
刻飞离。

煤山雀也会把一些食物取走存起来。它们喜欢储备食物，这种习性叫作"食物存储"。当坏天气到来，冰雪覆盖了它们日常的食物来源时，煤山雀只要能记得那些提前储备的小块食物，就能确保不会挨饿。

煤山雀偏爱针叶林，部分原因是它们那纤细的鸟喙很适合在松树和云杉的针叶间啄食昆虫。它们也可能把单筑在树干上的洞或树根的孔隙里，一窝最多能产10枚小小的浅色卵。到了7月，林间就会回荡起吵闹的吱吱声，那是新长出飞羽的煤山雀幼鸟们在树冠间嬉戏觅食。此时你无论多么努力地搜寻，都很难在厚厚的暗绿色针叶间见到这些小家伙。

天气渐凉，由夏入秋，又由秋入冬，煤山雀常会与青山雀、大山雀、鸫和旋木雀等其他鸟种混成大群。混群的意义很简单：有更多双眼睛来寻找食物，并防范雀鹰之类的猛禽。

## 林鹨

晴朗的仲夏日中午，金雀花和石南混杂的灌丛地在热浪里闪烁。正午时分，炎炎烈日让金雀花深黑的豆荚爆裂开来，它的种子像微型子弹似的从灌木上射出。每年的此时此刻，大多数鸟儿都停止了鸣叫，要么休养生息，要么忙于捕食。只有林鹨还在用吟唱来吸引

112

配偶、宣示领域。

　　雄性林鹨在歌唱时做着惊人的动作：它发出一连串渐强的旋律并冲入空中，之后又像纸飞机一样盘旋降落，恰好落在原来停栖的灌木或稀疏的树枝顶端。林鹨那独特的歌声和栖于树上的习性，使你能够把它和长相相似但偏好地面活动的近亲草地鹨区分开来。

　　1773年，著名博物学家吉尔伯特·怀特这样描述林鹨（当时他称之为雀百灵）："它们不仅在立于枝头时甜美地歌唱，就连飞行、嬉戏时也是一样……"

　　若能仔细观察，你会发现林鹨无论雌雄都是身形纤长的棕色小鸟，身上的纵纹就像它们筑巢时所用的干草。它们在石南丛、林间空地及尚未长成的人工林里筑巢。林鹨哺育雏鸟的时候，你常常能看到它们略显紧张地站立在巢附近的枝头，嘴里满满地衔着昆虫。

　　到了它们向南迁徙的时候，如果你的耳力好，在它们飞过头顶时你可能会听到嘈杂的叫声。至8月末，许多林鹨都已迁走，它们振翅飞越撒哈拉沙漠，到非洲的稀树草原上度过冬天。

113

## 银鸥

　　作为不列颠群岛最引人遐思的自然声音之一，银鸥那略带沙哑

却又久久萦绕的鸣叫总能唤起人们对童年的记忆：在海边度过的暑假，冰激凌，印着俏皮话的明信片，以及印着"亲我一口"字样的宽檐帽。

正因如此，两个有关银鸥现状的事实可能才出人意料。第一，它的数量近些年飞速下降，以至于现在它已经被列入英国濒危鸟类红色名录；第二，现在大多数银鸥完全不在海边栖息了。

这些变化始于1956年，二战后的伦敦及其他英国城镇一直笼罩在由燃煤和焚烧生活垃圾所产生的严重雾霾之中，旨在结束此类雾霾的《清洁空气法案》于当年通过。该法案的支持者主张垃圾不应被烧掉，而必须堆放在指定的垃圾填埋场，这样无意间便给银鸥及其他鸥类提供了免费的早中晚餐和下午茶。

与此同时，我们修建的水库可以成为它们安全的夜宿地，高大建筑平坦的房顶又为它们提供了安全的筑巢场所，使它们免受赤狐之类捕食者的侵袭。如今捕鱼作业都是直接在海上取出鱼的内脏，而不像以前那样回到岸边操作。渔业生产方式的改变，减少了海岸边银鸥的食物来源。上述因素和来自其他方面的压力，降低了在海边繁殖的银鸥的数量。

114　　一系列互不关联的因素仿佛合成了一场巨大的风暴，结果许多银鸥放弃了海边的栖息地而进入内陆，甚至在城市中心重新安家落户。现在都市黄昏合唱团里多了一位独唱者：原本作为《荒岛音乐》唱片主旋律伴奏的银鸥，如今加入了城市交响乐团，它的叫声回荡在市区天际线之上，就像一位宣礼人在呼唤信众做礼拜。

尽管银鸥有一些不太招人喜欢的习性，城市里生活的新一代居民还是在学着与这种好斗的大型鸟类相处。这些聪明的鸟类适应性很强，它们迅速学会了在城里的生存技巧，比如搜查垃圾桶、偷窃夜色中醉汉的薯片，甚至抢夺小孩子手中的冰激凌。

上述行为惹恼了很多人，他们认为银鸥应该回到它们的海边老家生活。尽管不断有清除城市内银鸥的呼声，它们还是在这里留了下来。相比于谴责它们，我们也许更应学着欣赏它们的生存智慧与计谋。

## 普通翠鸟

在湖畔或河边听到一声带金属质感的尖锐哨音时，为了找到这声音的主人，你该好好查看水面或周遭的灌木。翠鸟的羽色要比其他鸟类鲜艳得多，它们的行踪却总是被叫声泄露，接着，只见一只鸟如导弹般快速掠过，翅膀扇动，呼呼带风。它们飞得如此之快，好像是投向池塘边柳林的一道雷达波；它们又是如此靓丽，你的视网膜仿佛能感受到这鲜艳身影的灼烧。

很少有鸟类像普通翠鸟这样笔直地飞行，也没有鸟像它那样将绚烂色彩与迷你身材组合在一起。这是一种娇小的鸟类：体型与紫翅椋鸟相近，尾很短，头却大得不成比例，突出的喙就像一把匕首。对于一只鸟来说，这个喙实在是太大了。

115

你如果靠得够近，就可以看到它们那蓝宝石和绿松石一样闪闪发光的上体，在白色的喉部、锈红色的两颊与胸腹部的完美衬托之下，反射着下方河流的点点波光。

普通翠鸟的一生都与水紧密相连，它们在沙土河岸挖出深洞来筑巢。每天双亲要捉回上百条鱼来饲喂饥饿的雏鸟们。由此堆积起来的鱼刺和食物残渣发出阵阵气味，与它们俊朗的外表不大相称。

翠鸟看起来总是行色匆忙，事实也的确如此。它们很少能活过一年，在气候面前显得尤为脆弱：干旱、洪涝、冰雪都能降低它们的存活率。作为补偿，每对亲鸟在一个繁殖季最多能抚育3窝雏鸟，每窝雏鸟的数量可达6只。幼鸟一旦离巢，很快便能独立生存。

古希腊人把普通翠鸟称为"浪静鸟"（halcyon），他们相信雌性翠鸟会在波浪上筑巢，而当它在巢中孵卵时，大海也将变得平静。由此又产生了短语"风平浪静的日子"（halcyon days），现在我们用它来描述平静安宁的时光。但对我们大多数人而言，当看到艳丽的翠鸟一闪而过时，我们绝不会联想到"平静安宁"。

## 黄道眉鹀

沿着英格兰偏远西南部的一道绿篱漫步时，你会听到一长串沙哑的喳喳声，听上去像是鸣唱中忘了停歇的黄鹂。这声音来自英国

最为罕见，分布也最为局部化的繁殖鸟——黄道眉鹀。

黄道眉鹀不同寻常的英文名（cirl bunting）源自一个意大利语单词，意为"发出啁啾的声音"。无论从长相还是从亲缘关系上来说，它们都与黄鹀很接近。但细看之下，雄鸟的脸颊黄黑相间，胸部则有一道偏绿的横带，身上还有许多棕色的纵纹，这样的组合使它看起来有些古怪，像是按某个委员会的指令给拼凑起来的。雌鸟羽色暗淡许多，腰部与雄鸟一样，都是灰橄榄绿色，而与黄鹀的锈红色腰部迥然不同。

116

黄道眉鹀曾被称作"法国黄鹀"，它们的确主要分布在欧洲大陆、地中海周边和北非。阳光明媚的橄榄树林，而非肃杀的英格兰田野，才更像是它们的家园。过去几十年间，在其繁殖区域西北角的英国，黄道眉鹀的命运正发生着变化。

二战末期，黄道眉鹀在英国南部各郡的农田里都有分布，但春夏时节要有富含昆虫的绿篱来供它们筑巢繁殖，秋冬季节要有杂草丛生的田野供它们取食种子，两者缺一不可。

遗憾的是，英国南部的多数乡村都施行了单一的工业化耕作方式。长着杂草和秸秆的农田没有了，聚集着大型昆虫的绿篱也消失了，黄道眉鹀的数量就开始直线下降，最终，德文郡南部依然维持的传统农业景观成了它们最后的庇护所。

但是现在我们终于迎来了一些好消息。经过保育工作者的不懈努力，它们的数量从1989年的不到120对，增加至现在的近1 000对。保育工作者成功地鼓励当地农民把秸秆留在田里过冬，为黄道眉鹀提供冬天的食物，同时在田间保留植被，以便在夏天滋养更多的昆虫。种群恢复计划取得了明显的成效，德文郡边上的康沃尔郡

117

也重新出现了黄道眉鹀的身影。

冬季，黄道眉鹀会时不时地造访喂食器，因此当地居民也参与到了这种鸟的种群恢复当中。然而，作为英国留居性最强的鸟类之一，它的种群复壮进程必然缓慢。使这种长相独特的食种鸟类回到它们曾经的分布区，将会需要相当长的时间。

## 斑鹟

这是一片乡间的墓地，墓碑上已覆盖了斑驳的地衣。一只小鸟轻快地跃入眼帘，在一块古老的纪念碑上稍作停栖。一缕阳光扫过碑身，鸟儿也被照亮了。这是一只斑鹟——一种样貌普通的灰褐色小鸟，但是它无可阻挡地给这沉静而安宁的地方带来了一点生机。

英国所有的夏候鸟里面，带着一种与生俱来的魅力的斑鹟无疑最为活泼。5月中旬才现身的它们是到得最晚的夏季访客之一。斑鹟第一次亮相时往往像一只浅色的梭镖，它从树上飞出，在半空中啄住一只毫无戒心的飞虫，上下喙咬合时发出的声响似乎清晰可闻，在此之后它又会飞回原来停栖的枝头。斑鹟鸣叫和鸣唱的音量可谓小之又小，那是一串短促的叽叽声，以及一声尖厉的"zee-tuk-tuk"。听到这样的声音，也就意味着它正站在高高的树梢上。

你会不知不觉地花一整天时间来观察斑鹟。它在空中追逐猎物时，会紧跟着猎物完成每一个转折和变向，带着一种芭蕾般让人窒息的优雅。在捕食飞行的间隙，它会笔直地蹲坐在枝头，像是阅兵队列前方的军士长，而它那锐利的黑眼珠则在不停搜寻着下一只飞过的昆虫。

118

筑巢时，斑鹟会选择树皮后的缝隙和角落，或是攀缘灌木的隐秘深处。跟欧亚鸲一样，它们有时也会选择一些不寻常的地点，一对颇有创新精神的斑鹟就曾被发现在空的甜豆罐头盒里筑巢。

夏末时分，当幼鸟离开巢的安全庇护之后，你终于可以明白斑鹟名字里"斑"字的由来了。幼鸟背上满布浅色的斑点，跟父母大不相同。英国的寒冬里，这些幼鸟在数千英里之外、赤道以南非洲的某处森林中改头换面，最终换上了和双亲一样的繁殖羽。

## 小黑背鸥

1953年伊丽莎白二世女王加冕之时，仅有不到200只小黑背鸥在英国过冬。而六十年后，当全国在庆祝女王登基钻禧（六十周年）的时候，在英国越冬的小黑背鸥已经有10万只以上了。

原因何在？这显然不是王室的加持，而仅仅是因为我们让小黑背鸥的生活变得尽可能轻松了。当全年都能在垃圾填埋场找到不间断的自助餐时，为什么还要费力迁徙到西班牙或者北非去呢？毕竟鸟类只有在食物短缺、不得不离开的时候才迁徙。因此，当新的食物资源出现，鸟儿很快就改变了它们的习性，以从中获利。

小黑背鸥有着灰黑色的后背、石膏白的胸腹，模样像极了它们那体型略大、色彩略淡、整体看起来更凶狠的亲戚银鸥。和银鸥一样，它们也遍布英国各地，而不仅仅出现在海岸附近。不论是在学校的操场上，还是在城市的广场上，它们都和在海岸边一样怡然自得。这一点跟它们那体型更大的近亲大黑背鸥不同，后者很少冒险进入内陆。

119

小黑背鸥与银鸥类似，也会在平整的屋顶上做巢。结果它们的繁殖取得了现象级的成功，亲鸟通常能将三只毛茸茸的雏鸟全都成功地哺育到羽翼丰满乃至更大的时期。城市里的小黑背鸥主要用树枝和干草筑成一个简易的巢，而且它们似乎能把巢搭在任何平整的地方。工作了一天的人在回到他的汽车旁时，可能会发现车顶上已经多了一个用树枝搭成的鸟巢，里面还有一枚鸟卵。而这一切在三小时之内就完成了。

## 雀鹰

喂食器上的鸟儿们正忙着就餐，热闹的席间突然炸了锅。鸟儿

四散飞离，喂食器继而陷入了沉寂，这意味着附近有正在捕食的雀鹰。来者是一只雄鸟，后背为灰蓝色，胸腹部则呈橘色，两翼宽且翼尖较钝，尾长而带有好几道横纹。它的跗跖为黄色，跟织布机的织针一般细，双爪尽力前伸，抓向一只扑腾着躲闪的林岩鹨。不过这一次它并未成功，在猛力扇动翅膀和滑翔之后，它爬升了高度，飞走了。

英国所有的鸟类当中，要数雌雄雀鹰间的体型差异最大，雄鸟通常会比羽色偏棕的雌鸟小上三分之一。这种对环境的适应特性能够让一对雀鹰捕捉各种体型的猎物。雄鸟可以猎捕小型鸣禽，而雌鸟则有能力击杀体型更大的鸽子。

对于观鸟者来说，能在郊外看到这技艺高超的猎手捕食，的确是一种荣幸。但除了臭名昭著的喜鹊之外，很少有别的鸟类会像雀鹰这般引起普通人情感上的不适和愤怒。猎食小型鸣禽的习性使得它被牢牢地钉在了万神庙里流氓和恶棍的位置上，对于数百万喜欢在自家花园里喂鸟的大众而言尤其如此。

当一只雀鹰如箭一般地射入视野，惊得青山雀四散而飞，又用那剃刀一样锋利的爪子抓住一只猎物的时候，你会觉得这个闯入者把小鸟的鲜血溅到了自家客厅的地毯上。

然而雀鹰不过是像其他所有鸟类一样，履行着它们长久演化而来的行为模式——抓住并杀死猎物。正如青山雀是毛虫的致命天敌，欧乌鸫也不会收到来自蚯蚓的粉丝信，雀鹰这种天生的捕食者只是在追随自己的本能。

无论你的立场如何，你都很难不被雀鹰的捕猎技能所吸引。它们在灌木丛、绿篱和栅栏组成的掩护地形中，好像参加障碍滑雪比赛一般躲避、潜行、迂回，寻找机会以实施最致命的伏击。这种策略

120

在严酷的冬季和炎热的夏末尤其成功，冬天鸣禽都执着于寻找食物果腹而忽视天敌的存在，夏末则有大量幼稚而马虎的幼鸟刚刚离巢。

当然，鸣禽们对于这样的危险总是很警觉，它们已演化出一系列的方法来躲避雀鹰。听一听那此起彼伏的高频示警声，你就知道雀鹰正在偷偷靠近。椋鸟那种尖厉的"pik pik"声更是雀鹰出现的可靠警报。

你也许还能听到雀鹰的叫声，它很像绿啄木鸟的鸣叫，不过音色更加刺耳。今天，你时常能听到雀鹰的叫声在郊区那些有行道树的街道上空萦绕，对于这种森林猛禽而言，这些地方就相当于过去的林间空地了。但如果你在五十年前走过同样的街道，那你几乎不可能听见这种声音，事实上在那时的绝大多数乡村也听不到。二战

121　后杀虫剂在农业上的大规模使用，使得雀鹰身处巨大的险境。那些致命的化学物质会通过猎物进入猎手的体内，并很快就能在雀鹰的身体里积累至危险的水平。除了直接毒死雀鹰以外，杀虫剂还会导致它们的卵壳变薄，当雌鸟孵卵时，卵就会被直接压碎。结果在20世纪50年代后期到60年代，雀鹰的种群数量急剧减少。

一旦这些杀虫剂被禁止使用，雀鹰的数量就快速回升了，如今英国大多数地方都分布着雀鹰。它们爱站在栖枝上，瞪着柠檬黄色的双眼，聚精会神地搜寻猎物。

## 小嘴鸻

通常来说，鸻鹬类胆小而易被惊飞。但在英国最后的荒野——凯恩戈姆山的高山极地高原上，有一种鸻鹬类则完全是例外。小嘴

鸻是英国所有鸟类当中最为温顺也最易接近的鸟之一。实际上，它的英文名（dotterel）就有迟钝的意思，就像"老糊涂"（dotard）这个词里的含义一样，并且在盖尔语中这种鸟的名字可以翻译成"泥炭沼泽里的傻子"。甚至连它学名里的种本名 *morinellus*，也是"笨蛋"或者"愚蠢"的意思。

我们维多利亚时代的先人充分利用了小嘴鸻这种可亲的特性，他们捡拾它的卵，也捕捉这种鸟本身，在那时小嘴鸻就以味美而著称。

小嘴鸻或许是有着愚蠢的声誉，但没人能否认它真的是一种漂亮的鸟儿。它的身形和结构与欧金鸻相似，躯干圆润，鸟喙粗短，胸腹部为栗色或橘色，棕色的上体则有着贝壳状的浅纹。它胸部的白色条带和两眼上方白色的宽眉纹是最醒目的野外辨识特征，两道眉纹还向后延伸，在枕部交汇在一起。

伟大的苏格兰鸟类学家德斯蒙德·内瑟索尔-汤普森曾花费大量时间研究高山鸟类，他对小嘴鸻有一句令人印象深刻的描述：它们好像戴着"有棕色帽檐的苏格兰圆帽"。

对于早年的采集者而言，小嘴鸻想必很有吸引力，但如果知道我们现在所了解的这种鸟异乎寻常的家庭生活方式，他们一定会感到震惊。雌鸟不仅比自己的配偶更加靓丽，而且在交配和繁殖方面

122

也都占据优势，这对"维多利亚时代的价值观"来说可真是一种冒犯了。

　　雌鸟在产下2至3枚卵后，就把孵化和哺育的重任丢给雄鸟，自己则离开去寻找下一个配偶，然后再次重复这一过程。更令人难以置信的是，每5只在苏格兰筑巢的雌小嘴鸻中，约有4只会继续飞往斯堪的纳维业或俄罗斯，在那儿它们还要再繁殖一次。

　　由于小嘴鸻在英国的繁殖地的特点，我们倾向于把这种鸟归纳为高山鸟类。但是它们对环境的适应性比我们想象的更广：在荷兰，小嘴鸻会在围海造地而成、低于海平面数米的圩田里筑巢。而在前往非洲和返回的途中，有些小嘴鸻常常会在英国南部的停歇地逗留一两天。在耕地的田埂上休整时，它们能轻易地藏在爬犁刨出的沟壑中，躲过观鸟者的目光。

## 红颈瓣蹼鹬

　　不列颠群岛最北部的一些被苔草围绕的沼泽池塘，是这个国家
123　为数不多的能够确保你看到红颈瓣蹼鹬的地方，至少在夏季的月份里确实如此。这种俊俏的小型鸻鹬类，体型比椋鸟还小，作为英国的繁殖鸟，总共只有不到30对，并且仅在设得兰群岛和外赫布里底群岛上筑巢。

这是因为该种是真正意义上的北极鸟类，英国的繁殖地已经处于它们繁殖区最南部的边缘。上百万只红颈瓣蹼鹬生活在更靠北的苔原上，在那儿它们充分利用夏季昆虫的大爆发来进行繁殖。

之后它们会飞往南方，在外海上越冬，越冬的地域相当分散且辽阔，从阿拉伯海沿海，到东南亚和广袤太平洋上的岛屿周围，都能见到它们。一只在设得兰群岛安装了追踪设备的红颈瓣蹼鹬，在一次迁徙的往返旅程中飞行了25 000千米以上，它途经格陵兰岛和加勒比海，最终到达秘鲁沿海的越冬地。在迁徙中，红颈瓣蹼鹬有时会在内陆停歇，混在绿头鸭或其他野鸭当中，显得分外矮小。在安静地觅食之后，它们继续踏上征程。

与欧洲的其他鸻鹬类不同，红颈瓣蹼鹬还擅长游泳，它们脚趾周边长着被称作"瓣蹼"的扁平的皮膜。这正是它们那奇特的英文名（phalarope）的由来，这个词在拉丁语中意为"像骨顶鸡的脚"。一只红颈瓣蹼鹬在觅食的时候，会在水面上快速旋转游动，由此产生出小小的漩涡，将水中的食物卷到水面，之后它就可以用针一样尖锐的鸟喙啄取美食了。

红颈瓣蹼鹬像小嘴鸻一样不惧生，常常可以让人接近到一两英尺*的距离。这两种鸟类在另一个习性上也很相似，即它们的雌鸟都有更加艳丽的羽色，并在交配中处于优势地位，产卵之后都会把孵化和哺育雏鸟的繁重工作完全留给雄鸟。

124

---

\* 　1英尺等于30.48厘米。——编注

# 黑眉信天翁

　　还记得1967年"爱之夏"那段让人目眩的日子吗？甲壳虫乐队在那时统治了英国音乐单曲排行榜，而摇摆伦敦乐队则成了全世界的中心。正是在那一年的5月，一只巨大而略显笨拙的鸟出现在了福斯湾巴斯岩上的鲣鸟繁殖地。

　　这罕见的来客是一只黑眉信天翁，一种巨大的、从广袤的南大洋游荡而来的海鸟。它在途中以某种方式穿越了被称作"赤道无风带"的平静海洋，来到了北半球。孤独而又找不到合适伴侣的它，退而求其次地开始讨好本地体型最大的海鸟——北鲣鸟。它大献殷勤，来回昂首踱步，同时大声地发出像驴一样的鸣叫。

　　接下来的两年内，这只被叫作"阿尔伯特"（由信天翁英文名拆分出的第一个单词）的黑眉信天翁又回到了巴斯岩，然后消失不见。但三年之后，阿尔伯特或另一只黑眉信天翁出现在了英国最北端设得兰群岛中赫曼尼斯岛上的北鲣鸟繁殖地。这只鸟在其后超过二十年的时间里，几乎每个春夏季都会回到这里。它最后一次现身是在1995年的夏天，可怜的阿尔伯特始终没能够找到一个伴侣。

　　但是故事到这里并未结束，最近另一只黑眉信天翁——也有可能仍是阿尔伯特——又一次出现在了苏格兰外海的苏拉礁岛，还是在北鲣鸟的繁殖地里。认为这次出现的信天翁还是当年在巴斯岩以

及赫曼尼斯的那一只，恐怕有些牵强，但信天翁的确是世界上最长
寿的鸟类之一，已知的存活时间超过了五十年。                                    125

　　在全世界20种左右的信天翁里，黑眉信天翁是目前种群数量最
大的一种，有100万只以上的个体。几乎有四分之三的黑眉信天翁繁
殖个体都在福克兰群岛筑巢，繁殖季后它们会散布在广袤的南半球
大洋之上，跟随拖网渔船寻找食物。

　　和其他的信天翁一样，许多黑眉信天翁也是残忍的"延绳钓"
作业的受害者，鱼钩上的鱼饵会吸引信天翁，不幸被钩住的鸟将会
饱受痛苦的煎熬而缓慢死去。现在保育工作者正和渔民一道改进捕
鱼方法，希望能拯救这些体格健硕的海鸟。

## 草原石䳭

　　清风拂过一片原野，一只大小与欧亚鸲相仿的小鸟站立在一丛
金雀花的枝头，幽幽地鸣唱着，这便是草原石䳭。它的名字揭示了
其栖息地的植被类型。英文名（whinchat）中的"whin"就是金雀花
在苏格兰的名字，这种散发着椰子香味的黄花是荒原和旷野上最为
常见的植物。另一些别名，比如"金雀花䳭""荆豆䳭""金雀花跳
莺"，也被用来称呼这种活泼灵动的小鸟。

　　草原石䳎是长距离迁徙的候鸟，它们在撒哈拉以南的非洲度过整个冬季。一旦回到繁殖地，雄鸟就会选择一根最显眼的栖木，并开始以鸣唱吸引异性伴侣。这也是雄鸟色彩最绚丽的时候：橙色的胸腹染着锈红，棕色的背部带有鳞纹，两条亮白色的眉纹贯穿深色的头部。雌鸟的眉纹则偏黄，也没有那么醒目。

126

　　草原石䳎站立在观察哨似的栖木上，永远保持警觉。如果有人靠近，它便会发出轻柔的示警声，紧接着是如同两块卵石敲击在　起的声音，比起黑喉石䳎那打击乐似的示警鸣叫要柔和些。

　　就在不久以前，草原石䳎还会在溪流湿地和有着大量栖枝的开阔地上繁殖，但是最近的数十年里，由于我们尚未完全理解的原因，它们从这些地方消失了。现在你只有在英国西部和北部的高地上才最有可能找到它们。

　　当然，到了迁徙季节，草原石䳎会在任何适合的地方停歇，带有绿篱或干草垛的田野都能成为它们临时的居所。每年秋季，很多南迁的草原石䳎并不是在英国繁殖的个体，它们从斯堪的纳维亚飞越北海而来，给了我们更多的机会去观赏这种生机勃勃、充满魅力的小鸟。

## 红隼

　　作为一位敏锐的自然观察者，维多利亚时代的诗人杰拉德·曼

利·霍普金斯在他最为著名的诗歌之一《风鹰》里写道：

> 我看见了清晨的宠儿，在今天早上，
>
> 在日光王子的国度，受斑斓黎明引诱的隼……

对于红隼这样有着令人叹服的飞行控制技巧的鸟来说，"风鹰"是一个完美的名字。观察一只红隼在路边盘旋时，你一定会对它那精准的飞行动作感到惊奇。这种在路边林缘掠食的习性，还为红隼赢得了一个不那么富于魅力的别名——"高速公路鹰"。

迎风飞翔时，它们几乎不需要扇动翅膀，只要利用尾部做些微小的调整，就能在空中保持悬停。这种姿态的关键作用在于使头部完全保持稳定，借此准确找到身下草丛里老鼠、田鼠等小兽的踪迹。

红隼的锦囊里还藏着一件秘密武器。它能看到紫外光，这使其能够通过小型鼠类留在身后的尿液痕迹来追踪猎物。我们人类的双眼看不见这些痕迹，但对于红隼来说，它们像发光路标一样显眼。

你只要观察清楚就不会错认红隼：它们的上体为栗色，雄鸟体型略小，头和尾呈灰蓝色。飞行时它们的尾部看起来比两翼还长，使其外形看上去比英国其他的隼类更加舒展和潇洒。

直到最近，红隼还是我们最为常见的猛禽，而且是我们平常能遇见的唯一猛禽，在英国的低海拔地区尤其如此。但在过去十年左右的时间里，欧亚鵟和雀鹰已经取代了红隼的位置，今天在一些地区，红隼的数量仍在持续下降。我们尚不清楚确切的缘故，但是像高草草地这样的鼠类猎物栖息地的减少，也许是红隼数量下降的原因之一。

由于红隼随处可见，人人皆识，我们的祖先在鹰猎行当里将其放在最末尾。15世纪出版的《圣奥尔本斯之书》是那个时代绅士的生活指南，这本书依照社会等级排出帝王应该养雕，王子、公爵们养游隼，而最底层的游民无赖才养红隼。最后那句话所说的"无赖的红隼"如今因巴里·海因斯的同名小说而广为人知，这个成长故事讲述了北方少年的生活，其中着重描写了一只名叫"凯斯"的红隼，后来小说被改编成了一部经典的英国电影。

128

## 白额燕鸥

英国体型最小的燕鸥的栖息地嘈杂而忙乱，生活的一切都围绕着那片沙滩……

白额燕鸥真的很小，体型和欧歌鸫相仿。较小的身材、白色的前额、尖端呈黑色的黄色喙，以及更快的振翅频率和更为急促的飞行动作，都使得我们很容易就能把它们从其他燕鸥中找出来。白额燕鸥常常在近海区域徘徊飞行，在浅水里搜寻小鱼，一旦发现鱼儿，就会俯冲到水面用力啄取。

如果离它们的营巢点太近，你就会激发一阵激烈而嘈杂的尖叫，紧接着它们就如俯冲轰炸机一样连续飞扑过来，这是白额燕鸥在严令你离开。它们的担忧既显而易见，也合情合理。白额燕鸥将卵直接产在沙滩上，那些卵有着极好的伪装，很容易被无意间踩踏和毁坏。

　　出于这样的原因，白额燕鸥集群营巢也就再合理不过了，它们以数量来换取安全。同一巢区里的所有白额燕鸥能保证对危险的持续预警，这些危险可能来自天空或地面，赤狐、白鼬、鸥、乌鸦，甚至红隼，都有可能导致卵和雏鸟的严重损失。

　　人类也和白额燕鸥共享着这些海滩，遛狗的人、慢跑者和度假的游客都可能在无意间给它们造成灾难，因此许多已知的营巢地现在已经拉起电网并有专人看守。即便如此，白额燕鸥仍然处境危险，在英国只有不到 1 500 个繁殖对散布在 50 个左右的营巢地上，这些营巢地大多位于林肯郡和汉普郡之间的海滩上。

129

# 红背伯劳

　　红背伯劳是一种长相凶恶、上喙带有弯钩的捕食者，因为有着把猎物钉在灌木棘刺上的习惯，它又被称为"屠夫鸟"。红背伯劳还有令人惊异的歌声，那是一连串含有摩擦音、颤音的旋律，很像水蒲苇莺的鸣声。

　　一个世纪以前，这种歌声在英格兰和威尔士的广阔区域内都能听到。那时的红背伯劳是常见夏候鸟，会出现在灌木丛生的山坡及长满石南的荒地或公地上。

长久以来，红背伯劳一直是鸟类爱好者的心头所好，这也很容易理解。雄鸟确实英俊，它们的头部为珍珠灰色，上背呈红色，胸腹部是略染粉色的白色。当然，最显眼的还是那个黑色的眼罩，它使它们看起来活像是哑剧里的侠盗。雌鸟和幼鸟的眼罩为棕色，不那么惹眼，但也自有一种含蓄的美感。

如今想要在英国看到这种鸟已经很不容易了。在整个20世纪当中，红背伯劳的数量持续下降，到了20世纪80年代后期，仅剩一对繁殖鸟生活在诺福克郡布雷克斯的石南丛里。观鸟者蜂拥而至，去那里探望最后的红背伯劳，直到有一年它们再没有回来，这也宣告在英国繁殖的鸟类又少了一种。

红背伯劳急速减少的原因，至今多少还是一个谜，但据推测可能是气候变化带来了连续湿冷的夏季，同时由于农业杀虫剂的随意使用，它们育雏所需的大型昆虫数量减少了。红背伯劳的栖息地也在减少，它们偏爱灌木丛、石南荒地，以及带有很多绿篱和小型田地的传统农耕地。这些栖息地的丧失，可能也导致了红背伯劳种群的凋零。

好消息是，在过去几年里，除了苏格兰和威尔士有零星的繁殖记录以外，德文郡也有几对红背伯劳成功筑巢繁殖。在红背伯劳繁殖季里，保育工作者和志愿者二十四小时不间断地监控，防止它们受到鸟卵收集者的骚扰。也许我们将来还有希望在它们曾经的栖息地看到、听到这些"屠夫鸟"。

黑喉石䳭

家麻雀

斑尾林鸽

剑鸻

大黑背鸥

蛎鹬

北长尾山雀

欧亚红尾鸲

红腹灰雀

石䴕

 **8 月**

短尾贼鸥

黄鹡鸰

绿篱莺

穗䳭

白鹳

鹃头蜂鹰

普通燕鸥

海鸥

鹤鹬

金雕

白尾海雕

横斑林莺

扫码欣赏
图片和鸟鸣

# 引子

对于多数鸟类而言，8月是动身迁徙或换羽的时节。我们的注意力很容易被花园里醉鱼草上忙着觅食的蝴蝶所分散，以至于我们突然才惊讶于那些鸟儿都去哪儿了。欧乌鸫和欧歌鸫似乎消失得无影无踪。寻找林岩鹨、鹪鹩和山雀也变得更加困难，但开始唱秋季歌曲的欧亚鸲至少还比较容易听见。

然而大多数情况下这些鸟儿并未远去，只是变得低调起来。这样隐匿的原因在于，经过繁殖季的严峻考验之后，许多鸟儿的羽毛都遭受了磨损，它们需要时间来辞旧迎新。尽管英国的鸣禽不在此时换羽，也因此不会丧失飞行的能力，但它们这时更容易受到像家猫和雀鹰这样的捕食者的攻击，低调行事自然是明智之举。

其他一些鸟类则会同时脱掉很多枚飞羽。你可能会好奇，本地公园里的雄绿头鸭怎么都不见了，周围小水塘里黑白分明的雄凤头潜鸭又到哪里去了。这些雄鸟看起来都被棕色的雌鸟或幼鸟取代了。

这是因为繁殖季过后，英国分布的大多数野鸭雄鸟都会换掉它们颜色鲜艳的羽饰，看起来跟雌鸟非常相似。这些新换上的羽饰被称作"蚀羽"，尽管雌雄野鸭都会经历换羽，但只有雄鸟羽色的变化最为明显。对绿头鸭这样的野鸭来说，这可能颇有风险，因为在新的飞羽长成之前，它们暂时地失去了飞行能力，所以要尽可能不引

人注目，以免吸引捕食者。"蚀羽"期会持续约一个月或六周的时 　134
间，到了秋季它们又会换上人们所熟悉的羽饰。在公园的湖里，回
来越冬的红嘴鸥会加入它们的行列，而这时的鸥们则正在褪去头上
的巧克力色。

不过有些鸟儿变得难以发现，确实是因为它们已经离开了。8月
中旬，崖海鸦、刀嘴海雀和北极海鹦已经离开了它们筑巢的悬崖与
长满草的小岛，到远离陆地的公海上越冬。欧鸬鹚和普通鸬鹚依然
可见，因为它们之中的很多个体在一年的大部分时间里都生活在繁
殖区域附近。随着8月的流逝，大西洋鹱也开始向南迁移，加入由贼
鸥、海燕和北极燕鸥等在北方繁殖的海鸟组成的队伍，它们中的一
些会飞到南半球越冬。

多数普通楼燕也已经从我们的城镇当中离开，成鸟通常会比它
们的幼鸟更早出发，年幼的楼燕则将在没有双亲指引的情况下迁往
非洲的越冬地。当它们集群向南迁徙，从高空掠过，或是在一片成
熟的庄稼地上方停留，飞舞着捕食成群飞虫的时候，你依然能见到
它们。

尽管如此，8月仍有很多值得一看之处，许多在陆地生活的候鸟
已经开始迁徙了。当它们离开诸如沼泽荒野和西部橡树林之类的特
殊繁殖场所，向南迁飞时，它们通常会在更为单调的栖息环境中短
暂停留。几乎在所有遮蔽良好的绿篱里都值得找找欧亚红尾鸲，但
你可能会先闻其声。注意听那清脆的叫声"hoo-it"，然后找寻一抹
闪动的橙色或是一个尾部颤动的剪影。在凹凸不平的荒地则可以扫
视围栏桩子和较高的枝干，寻找草原石䳭。

斑鸫同样已经踏上了旅程，你在林地边缘或河流两侧往往能找

到举家行动的它们，幼年斑鹟在飞捕昆虫的时候已经跟双亲一样灵活了。此时，年幼的各种莺类随处可见，通常比它们的亲鸟更鲜亮，也更整洁。伴着停下来靠多汁浆果补充能量的黑顶林莺和灰白喉林莺，叽喳柳莺与欧柳莺往往悄悄地经过我们自家的花园。

135　　这时候造访本地的沼泽去寻找鹬鹬类，也总会有收获。白腰草鹬和矶鹬是常见的标配种类，而随季节偶尔出现的林鹬和鹤鹬则是非常受欢迎的稀客。就算这些鹬都不在，还可以看看蜻蜓嘛。8月是观赏蜓和赤蜻从温热的夏季空中掠过的绝佳时期。

　　当所有这些迁移上演的时候，有的种类却依然忙着抚育后代。家燕可能正在喂养它们的第二窝甚至第三窝雏鸟。农田里，黍鹀和黄鹀正忙着将满嘴的昆虫带回巢，喂给正在发育的幼雏，这是个风险极大的投入，因为联合收割机也正在它们筑巢的庄稼地里无情地运作着。在旷野和公地上，刚刚羽翼丰满的幼年黑喉石䳭还在接受双亲的饲喂，周遭的景观由于石南大量开花而呈现紫红色，一切都在等待着秋日的来临。

## 黑喉石䳭

漫步于高原荒野时，如果你听到一串尖亮而又清脆的敲击声，

这要么是有人在修整一堵干砌石墙，要么就是一只黑喉石䳭正在歌唱。

很少有鸟类的英文名比黑喉石䳭（stonechat）更为恰当了，它的鸣叫酷似两块鹅卵石反复撞击。苏格兰诗人诺曼·麦凯格完美地捕捉到了这一点，他在诗里写道：

> 伴着燧石敲击般的嘀嗒声，它来了，
> 外表整洁，装束华丽，在成片的蕨类植物、
> 沼泽和巨砾之中，宛如一件小小的艺术品。

136

黑喉石䳭的样貌当然称得上是一件艺术品，尤其是干净利落且色彩丰富的雄鸟。你能看到它站在金雀花丛中央最高的枝头，炫耀地拍动双翼，摆动尾部。它身形敦实，大小与欧亚鸲相仿，头部为黑色，脖颈两侧为白色，胸部是鲜橙色，深色的两翼上各有一块白斑。

它的配偶在巢中孵卵时需要伪装，因此也就不那么显眼，全身羽色更为浅淡，柔和的棕色里渲染着些许橙色。它们的存在总能为周围的开阔景致增添一些生机，无论是荒原、旷野，还是公地，都离不开一对神气活现的黑喉石䳭。

黑喉石䳭会在地面或者金雀花丛的低处筑巢。在灌木丛的最高处，雄鸟一边发出独特的鸣唱，一边扇着两翼，使上面的白斑闪动，以此来吸引注意力。每个窝里通常会有5到6枚浅蓝绿色的卵，卵上多带有棕红色的斑点。

跟很多小型鸟类一样，黑喉石䳭的寿命很短，作为补偿，每个

繁殖季里它们养育2窝甚至3窝幼鸟。黑喉石䳭主要以昆虫和其他小型无脊椎动物为食，在寒冷的冬季，尤其是当冰雪遮盖住食物之后，这样的食性让它们变得脆弱，所以它们确实需要多生育后代。1962年到1963年之间的那个臭名昭著的冬天，由于持续的寒流，英国多达90%的黑喉石䳭都因缺乏食物饿死了。

尽管不像亲戚草原石䳭那样长途跋涉到撒哈拉以南过冬，英国的部分黑喉石䳭还是会在冬季迁徙，它们要么飞到英国南部海滨，要么跨越海峡，飞往西班牙和葡萄牙过冬。那些留下来的黑喉石䳭也会从石南荒原迁出，飞到低海拔的沼泽、荒地或田野中无人打理的角落，这些黄褐色的小鸟给那些地方暗淡的冬日带来了生趣。

## 家麻雀

在英国，有一种鸟的鸣叫已经陪伴了我们数千年，可能比其他英国鸟类都要长久。也许这声音并不那么甜美，曲调也不算悠扬，但我们每一次听到它，它都能唤起一种似曾相识的愉悦感，这就是家麻雀那友善的叽喳声。

在主要生活于非洲和亚洲热带地区的鸟类家族当中，家麻雀是仅有的两种跟随人类史前祖先北上，并且直到今天还和我们生活在一起的代表之一。这两种鸟里面，树麻雀生活在乡村的田野和绿篱中（至少在英国是这样），而家麻雀则肯定是我们人居环境当中的住客。正如另一种在人造建筑物上筑巢的鸟类——白腹毛脚燕一样，家麻雀的成功毫无疑问跟我们人类的成功紧密关联。

一万年前，当最早的农耕者开始在挑选出的土地上耕种作物的时候，家麻雀就已经和人类生活在一起了。它们吃谷物和种子，所以很快就成为人类的邻居，也因盗食非常珍贵的谷物而被早期的拓荒者视为害鸟。从那时起，我们与家麻雀的关系就相当复杂：我们欣赏它们与人亲近并且适应性强的特点——东伦敦人一直自称"伦敦麻雀"，并非偶然；与此同时，我们既憎恶它们的偷窃行为，又瞧不上它们那平凡的外貌。

雄性家麻雀其实并非平淡无奇，你仔细观察就会发现，它是一只还算英俊的鸟儿，由栗色、灰色和黑色组合而成的模样颇为讨喜。雌鸟确实样貌平凡，羽色平淡，但也有自己沉静的魅力。

当比德*把一个男人的生活比喻成冬日里飞掠过宴会厅的家麻雀时，他是有意在描述一幅身处8世纪的读者所熟悉的场景。家麻雀已经适应了一系列建筑中的生活方式，实在令人称奇。尽管我们已习惯了与它们共处，但在世界上最为繁忙的机场之一——希思罗机场的一座候机楼内，竟然也生活着一小群家麻雀。它们晚上就住在机场天花板上的灯罩里，靠机场餐厅和小吃店的剩余食物过得很好。

更让人吃惊的是，家麻雀还能在地面以下600米的地方繁殖。1975年，两只家麻雀通过竖井进入了位于约克郡弗里克雷煤矿的一

*138*

---

\* 比德（约672—735），英国历史学家、神学家，以多方面的成就被后人誉为"英吉利学问之父"。此处的比喻出自他的代表作《英吉利教会史》。——编注

口正在开采的矿井，不久后第三只也跟了进来。这三只麻雀就住在一小块靠人工照明的区域内，依赖矿工提供的食物和水存活。它们甚至还繁育了后代，但由于地下缺乏足够的昆虫，刚长出羽毛的雏鸟都不幸死去了。

尽管适应能力如此强大，家麻雀还是从曾经的很多领地里消失了。即便在仍有家麻雀生活的地方，其种群数量较之过去也已大大减少了。

家麻雀数量衰减的确切原因尚不明朗，但有一些潜在的因素。秋冬季节，家麻雀在留有秸秆的农田里食用种子和谷物，但在今天，这样的农田已经不太常见了。我们的城镇里适合它们筑巢的地方在变少，而杀虫剂的使用可能也减少了它们育雏期所需昆虫的数量。就连城市里排放的废气或许也是一个问题，它对留居性非常强的家麻雀所造成的影响似乎比对其他鸟类更大。

无论原因是什么，我们无疑不再将身边的家麻雀视为理所应当的事物了，甚至可能由于它们已经受到了威胁而对其倾注更多的感情。在它们依然健在的地方，它们就会是受人欢迎的友邻，而它们喋喋不休的鸣叫也将继续在空中回荡。


# 斑尾林鸽


很少有鸟的鸣声能如斑尾林鸽的低吟那样，传递出夏日朦胧而慵懒的感觉。这个声音又因为阿尔弗雷德·丁尼生勋爵的描述而变得139 不朽："古老榆树上林鸽的哀鸣。"

遗憾的是，那样的榆树已经在英国的乡间消失很久了，但所幸夏日的音律保留至今。这是一种能够穿透8月热浪的低沉而有韵律的声响。

斑尾林鸽的摇篮曲有五个音节，重音在第二和第三音节上。人们把这声音联想成"带两只牛啊，威尔士人"（Take two cows, Taffy）或"我的脚趾流血啦"（My toe is bleeding）。无论你选择如何记住它，听到这种遍布各地的和声的机会可一点儿都不会缺。

斑尾林鸽是当前英国最成功的鸟类之一。它们曾经主要集中在乡村地区，今天在那里仍然常见。而近些年来它们也进入了城镇，在郊区和市中心的树上构筑形式简陋的巢，甚至在繁忙的城市公园里享受日光浴的游人中间悠然漫步。

当斑尾林鸽出现在人们的后花园时，并不是所有人都会对它们表示欢迎，因为它们会吓跑喂食器上的其他鸟类，而人们所投放的大量鸟食最终也都进了斑尾林鸽雏鸟的嗉囊。饲喂雏鸟时，除了种子和树叶以外，斑尾林鸽还会使用"鸽乳"——这是来自它们胃黏膜的分泌物——只有少数其他鸟类还具有这种习性。

所以说，即便如此常见的鸟类也拥有一些不同寻常之处。斑尾林鸽也是一种颇具魅力的生灵。从远处看，它的羽毛呈灰色，但它也有几个引人注目的特征，其中包括颈部两侧的一道亮白色条纹。著名的苏格兰鸟类艺术家唐纳德·沃森曾有过完美的总结，他如此描述栖身于湿润的山毛榉叶之中的斑尾林鸽："这一抹玫瑰灰好似冷色

140   调房间里的瓷器。"

## 剑鸻

当夏天我们蜂拥前往海滩的时候，我们也许并未注意到沙滩上的一些原住民。在空旷的沙地上，剑鸻绝对是一种容貌出众的鸟类，所以对它视而不见实在很怪异。剑鸻有着对比鲜明的褐色和白色饰羽，并且带有黑色眼罩，尽管它在泥滩或是沙滩上看起来相当扎眼，但在鹅卵石滩上，它却能轻易融入背景当中，只有在移动的时候才会暴露自身的行踪。那柔和又清脆的双音节哨声，往往显示出它的存在。

伪装对于剑鸻来说至关重要，因为它们是在点缀着鹅卵石的裸露海滩上产卵。每个窝里有4枚卵，它们有着堪称完美的保护色。雏鸟身上也布满了斑点，与满是碎石的背景环境相近；而乌鸦或鸥之类的捕食者飞过头顶时，小家伙们会伏在地上一动不动。

雌性剑鸻则更为醒目，当它从卧在巢中孵卵的姿势被惊起、露出鲜亮的白色胸腹部时，看起来尤其显眼。但它也留有一手绝活，更确切地说，这绝活藏在两翼之下。跟努力躲藏大相径庭，它会让自己尽可能地醒目：它一边展开一只翅膀并拖在地上，就好像翅膀折断了一样，一边跟跟跄跄地朝远离巢的方向走去。

这种"折翅展示"能够将捕食者的注意力从它宝贵的卵或雏鸟

身上引开。它将自身置于被猎杀的危险之中，这显然是一种有风险的策略。不过本能会告诉剑鸻最后摊牌的时刻；一旦它认为已经将捕食者引诱到离巢足够远的地方了，它便会神奇般地恢复，并飞回巢继续守卫自己的后代。

141

## 大黑背鸥

一个普通夏日里，在大不列颠群岛北部或西部的某处礁石海岸上，从银鸥那熟悉的鸣声中传出一种低沉而沙哑的声音，这声音表明事主大有来头。它来自英国体型最大的鸥类，实际上也是全世界50种左右的鸥里面最大的一种——大黑背鸥。

说到重量级，大黑背鸥是真正的冠军。它是一个肌肉发达的大块头，上体为炭黑色，胸腹部雪白，鸟喙的颜色仿佛是泼溅的蛋黄，再加上冷峻而具有穿透力的眼神，它所流露出的霸气无人可以匹敌。不像另外一些貌似威严，但鸣声太过柔弱的鸟类（欧亚䴓就是这样的一个例子），大黑背鸥的叫声与其体型相配，英国其他的鸥类都难以发出如此低沉而浑厚的音调。

大黑背鸥在我们的大型鸥类里是最依赖海洋环境的，尽管我们偶尔能见到大黑背鸥出现在距离海岸不远的感潮河段，集小群在垃坂堆里觅食，但它们实际上很少深入内陆。春夏季节，你常能看见它们在礁石或岛屿上居高临下地检视着自己的领域，并随时关注有没有觅食的机会。

像大多数鸥类一样，大黑背鸥适应能力很强，它们会捡食死鱼或人类丢弃的动物内脏，或是从其他鸟类那里偷窃食物，甚至还能高效而又凶残地杀死别的鸟类，主要是各种海鸟。

晴朗的夏日傍晚，它们守候在威尔士外海岛屿的暮光中，等待大西洋鹱从洞穴里爬出来。当这些远洋鸟类笨拙地尝试从陆地上的繁殖场所起飞时，大黑背鸥会轻松地抓住它们，将其甩上天空，再整只吞下。任何人看到这一幕都会感到震惊，但也必须承认这手法确实高效。

142

## 蛎鹬

鸻鹬类以高亢而尖厉的鸣叫声出名，但若提及对高音的执着，很少有鸟鸣能比得上蛎鹬的哨音。当掠食者出现，或是人离它们的领域太近，这种哨音的频次和音量都会升高，直至达到狂热状态。这撕裂耳膜的高音还伴随着蛎鹬不同寻常的行为——它们四处疾走，就像是要炸裂开一样。

许多鸻鹬类的羽色是灰色或棕色，但蛎鹬的外表却跟其嗓音一样高调。它的身上黑白分明，腿为粉色，还有一个又长又粗的橘红色喙，活像有人把一根胡萝卜戳到了它的脸颊上。过去，这种鸟也被叫作"海喜鹊"。

"海喜鹊"其实比"蛎鹬"要更加合适，它们食用贻贝而非牡蛎，因此在东北部还有个"贻贝起子"的绰号。名字的错误可能源自18世纪的鸟类学家马克·凯茨比，他命名了美洲蛎鹬。虽说那是跟我们的蛎鹬不同的物种，但后来它的名字越过大西洋，成了舶来品。

蛎鹬会用有力的喙砸开或是撬开贻贝的壳，也会在低潮位时于河口滩涂探寻鸟蛤。它们还能用喙从泥滩里挖出蠕虫或昆虫的幼虫。由于食性广泛，蛎鹬在海滩和内陆都可以繁殖。它们每窝产2到3枚具有良好保护色的卵，河边的碎石滩、砾石坑，甚至犁过的农田，都可以是它们的筑巢地。近些年，它们还会在建筑物的平坦屋顶上筑巢产卵，卵和雏鸟在那里将免受赤狐之类的捕食者的袭扰。

一旦雏鸟孵化出来，这些活跃的小家伙很快就能学会保护自己，抵御任何可感知到的危险。无论是人、绵羊还是牛无意间踱近它们的领域，雏鸟们都会发出响亮的鸣叫。

## 北长尾山雀

当你沿着绿篱或者林间的小道散步时，你最先听到的是一阵

噼噼啪啪和呲呲呲的声音，其中还夹杂着又尖又细的齐唱。这声音越来越响，随后，一只、两只、三只好似会飞的棒棒糖一样的小鸟急促地飞过绿篱的豁口。这就是一家子正在出行的北长尾山雀了。

有些地方的人把北长尾山雀叫作"桶里的流浪汉"或者"妈妈的小恶棍"，它们可能是我们最招人喜欢的小鸟。它们是有着独一无二特征的英国鸟类，身上带着粉色、黑色和白色，还有一条似乎是深思熟虑后被粘上的长尾。

凑近去看，你会发现它们并不怕人，在忙着捕食昆虫时几乎忽略了我们的存在，这也为你提供了观察其外表细节的机会，就连那红色的精致眼圈你都不会落下。它们的行为也同样迷人。你在夏末见到的沿着绿篱鱼贯而行的北长尾山雀群，是由各种亲属所组成的：儿子、女儿、兄弟、姐妹、叔叔和阿姨。假若一对北长尾山雀的卵或雏鸟殒命于天敌或糟糕的天气，它们就转而去帮助自己的亲属照料后代。

在鸟类世界里，这样的合作繁殖方式并不常见，但对北长尾山雀这样的留鸟来说，合作繁殖自有道理，因为生活在同一区域的个体大多有着或近或远的亲缘关系。它们还进一步发扬了这种睦邻为亲的精神：从夏季开始，北长尾山雀就组成集群，一起移动和觅食，晚上也一起夜栖，在同一根树枝上一只紧挨着一只；即使在寒冷的冬季，它们也能靠这样的抱团取暖存活。

春天来临时，雌鸟会离开大家庭，加入别的集群，并在其中找到新的伴侣。之后，雌鸟和雄鸟会一起建造英国鸟类所能造出的最为精致的鸟巢之一：小巧紧密的巢呈球状，约有一只西柚那么大，

144

由苔藓、地衣、动物毛发、蜘蛛网和羽毛共同组成。

单是一个鸟巢就会有多达2 000根不同的羽毛。为了收集巢材，北长尾山雀会把优雅的身段放在一边，从被掠食者杀死的鸟类残骸上拔毛。这种方式听起来瘆人，但确实高效。

## 欧亚红尾鸲

一声清脆的"hoo-it"声，以及一个在8月的绿篱上一闪而过的橙色身影，就是欧亚红尾鸲开始迁徙的明确信号。这些让人印象深刻的小鸟在英国是夏候鸟，它们在4月来到英国，在8月和9月又会前往萨赫勒地区越冬，那是紧挨着撒哈拉沙漠南缘、横贯整个非洲的一片土地。

145

雄性欧亚红尾鸲是我们最英俊也最引人注目的繁殖鸟之一，它英文名（redstart）中的start偶然来自盎格鲁–撒克逊语词汇，意为"尾巴"。它的大小和欧亚鸲相仿，但看起来更加苗条，有着白色的前额、黑色的眼罩、灰色的头部，外加不停颤动的橘红色尾巴。正是这种颜色和颤尾的行为，将"火尾"加入了欧亚红尾鸲众多俗名的行列。

英格兰西部、威尔士以及苏格兰空气清新的橡树林是观赏欧亚红尾鸲的最好去处，在那里，羽色略淡的雌鸟会在树洞或墙缝中孵化自己天蓝色的卵。雄鸟从非洲返回繁殖地后，从4月到6月都会放声高歌。它的歌声以几段清亮的曲调开场，从来不会一直维持起初的音律，而且很快就衰减成一阵杂乱又含混的音节。维多利亚时代的博物学家 W. H.赫德森曾如此总结它的歌声："它只是一段序曲，从没有进入正式乐章。"

赫德森可能觉得欧亚红尾鸲的歌声短促而无法让人满意，但是这种歌声对作为士兵、诗人和鸟类学家的约翰·巴克斯顿来说却是最受欢迎的春之声。他在1940年结局悲惨的挪威战役中被俘虏，二战结束前的五年里一直在德国当战俘。

4月的一个清晨，他发现一对欧亚红尾鸲在战俘营里轻快地飞进飞出，于是决定在接下来的繁殖季里每天观察它们的行为。他招募了几位狱友一起参与，由此建立了有史以来对这种鸟的繁殖行为最为详尽的记录。他们的工作获取了有关欧亚红尾鸲生活的令人着迷的洞见，战后巴克斯顿也出版了有关该鸟种的经典专著。

也许，更为重要的是，巴克斯顿和他的"战俘鸟类学家"同仁还发现了观察鸟类是让人在失去自由时也能保持正常心智与尊严的一个关键方式。直到今天，我们仍然可以体会他感受到的美好：当欧亚红尾鸲在夏末沿着透出斑驳阳光的绿篱一路向南时，我们也能品味到彼此的生命发生的短暂而又微妙的联系。

146

# 红腹灰雀

绿篱上闪现出一个白色身影，与之相伴的是一声轻柔得近乎稚嫩的哨音——对于一只红腹灰雀，你往往也就只能看到和听到这么多了。这种羞涩与雄鸟靓丽的颜色形成鲜明的对比，使得我们每次见到它们都颇感荣幸。

雄性红腹灰雀极富魅力，它的胸部为鲜艳的玫瑰粉色，与黑色的顶冠、脸颊和尾巴，以及灰色的背部和雪白的腰部形成强烈反差。雌鸟则灰中带粉，显得暗淡一些。但红腹灰雀雄鸟和雌鸟的模样都颇为壮实，这可能就是它们多少显得有些奇怪的英文名（bullfinch，直译为"公牛雀"）的由来。

其实"芽雀"这个名字会更为恰当，因为红腹灰雀在春季会大吃特吃乔木和灌木，尤其是果树上新发出的嫩芽。过去果农非常讨厌红腹灰雀，以至于在英国的很多地方，人们会悬赏捕杀它们。

根据17世纪和18世纪的教区开支账目记录，杀死一只红腹灰雀能得一个旧便士的赏金。柴郡的一个教区在三十六年里消灭了约7 000只红腹灰雀，在一年里最多干掉过452只。

直到20世纪后半叶，红腹灰雀仍然被当作害鸟对待，1954年通过的《鸟类保护法案》几乎对所有种类都提供了法律保护，但依然准许肯特郡和伊夫舍姆谷重要的水果产区捕杀红腹灰雀。甚至到了20世纪80年代，有个农场还雇人全职射杀红腹灰雀，不过酬劳已经变成了每只1英镑，相当于最初赏金的240倍。然而，在经历了长期的数量衰减之后，红腹灰雀如今已很少能聚集成足以危害整个果园的大群了。

# 石鹨

·只鸟必须变得足够坚韧，才能应对英国海滨的严酷生活。岩质的海岸线或许能提供防御良好的筑巢地，但这里要经受风浪的侵袭，也是最严苛、最具挑战性的环境之一。许多在此繁殖的鸟儿都是像海燕和鹱这样真正的海鸟，外加一些习惯在海岸栖息的鸟类，比如鸥类。但有一种通常默默无闻的鸣禽也勇敢地全年生活于此，这就是石鹨。

比起近亲草地鹨来，石鹨要壮实得多。它们的身材介于麻雀和椋鸟之间，烟灰色的羽毛构成了很好的伪装，使得它们在覆盖着水草的礁石上跳动，或在海浪四溅的崖顶觅食时，都不容易被发现。甚至连它们的腿也是深灰色的，只有当它们在礁石之间飞行时，它们才会发出容易被人觉察到的短而急促、上气不接下气的哨音。这叫声是如此之尖厉，即便在最大的海浪声中也清晰可闻。石鹨在英国主要分布于北部和西部的岩质海滨，就算在繁殖季节也不会出现在南部和东部的软质海滩。

8月间，石鹨通常会带着全家一起出游，它们与离巢的幼鸟一同在漂流到海岸的垃圾间寻觅昆虫和小型甲壳动物。小型沙蚤是它们的最爱，你只要翻开一丛海草，就会看到这些沙蚤像疯狂的跳蚤一般蹦到空中。

每一对亲鸟通常会抚育2窝雏鸟，因此8月间仍有一些雏鸟没有离巢。它们在岩龛下挤作一团，或是藏身于厚厚的海石竹和海滨蝇子草之下，丝毫不会引起附近在海滩上度假的游人的注意。多数石鹨整年都待在海边，有些个体偶尔也会在内陆的砾石坑和水库出现。

## 短尾贼鸥

你用不着去公海或是最近的电影院观看海盗的行径，一次去北部设得兰地区观察短尾贼鸥的旅行，就可以起到同样的效果。

短尾贼鸥是海鸟世界中的土匪，它们在空中凶猛地追逐三趾鸥或燕鸥，直到这些倒霉蛋惊慌失措地反刍，吐出刚捕捉到的小鱼，这时追击的贼鸥就能在半空中获得一份免费的午餐。这种行为在学术上叫作"偷窃寄生"，该术语源于希腊语中的"偷窃"和"寄生"这两个词。但对普通观鸟者来说，海盗行为是同样恰当的表述。在北美，人们同样由于这样的行为而将其称为"寄生性贼鸥"（parasitic jaeger），这里的"贼鸥"（jaeger）一词源自德语中的"猎人"。

虽说短尾贼鸥有反社会的习性，但它们长得还算是相貌堂堂，修长的两翼展开时略有角度，中央尾羽突出，尖端带钩的喙令人生

149  畏——这些特征使它们看起来像是桀骜不驯的鸥。它们是翱翔于大
海上的隼，在飞行时跟真正的猛禽一样敏捷。一旦它们确定了劫掠
的对象，受害者的一举一动就尽在掌握之中。正如其英文名中"北
极"一词所表明的那样，你只有前往英国北部才能看到它们。虽说
在南至阿盖尔郡的地方也有繁殖的个体，但绝大多数短尾贼鸥都在
奥克尼郡和设得兰群岛繁殖。

短尾贼鸥长着一层厚厚的羽毛，代谢速率也很快，这些都是对
北方高纬度地区生活的良好适应，但也使得它们不能在太靠南边、
太过温暖的地方繁殖。

短尾贼鸥存在淡色型和暗色型这两种色型，两者差异之大，使
它们看上去像是完全不同的物种。不过即便一只短尾贼鸥通体为深
棕褐色，另一只腹部为淡乳白色、脖颈两侧是如报春花般的淡黄色，
不同色型的雌雄贼鸥也能结为配偶。越向北，淡色型个体就越多：
在挪威斯匹次卑尔根岛，几乎所有的短尾贼鸥都是淡色型；而在设
得兰群岛，淡色型只能占到四分之一。

与许多海鸟一样，短尾贼鸥也是浪迹全球的漫游者。繁殖季一
结束，它们就会南飞，到南美和非洲近海过冬，甚至能到澳大利亚的
东南部。秋季，当它们沿着英国海岸线南飞时，留意一下从风大浪急
的海面上潇洒飞过，或是骚扰某只毫无戒心的海鸥的深色大鸟吧。

## 黄鹡鸰

头顶传来的一声响亮的"丝喂"是一个信号，它告诉你该抬头
追寻空中黄鹡鸰一起一伏的飞行轨迹了。在夏末和秋天的乡村与城

镇，你都能听到它们从上空飞过的声音。哪怕是匆匆一瞥，你也能明白它们因何而得名。\*成年个体长着一条长尾，看起来很苗条。雄鸟有着金丝雀般的亮黄色，就像是一颗会飞的精致柠檬。雌鸟羽色没那么靓丽，幼鸟则是棕褐色，看起来就像草地鹨。

黄鹡鸰在英国是夏候鸟，它们从热带和赤道非洲迁徙而来，冒着洪水泛滥或被牛群踩踏的风险，把巢筑在潮湿的草地里。牲畜会吸引昆虫，所以在养小马驹的小围场和牧场上值得找找在牲畜附近跳动的鹡鸰，它们灵巧地在牲畜的蹄子之间捕捉着甲虫和苍蝇。

150

不幸的是，在过去五十年里，由于灌溉和集约农业改良的需求，能为繁殖的黄鹡鸰提供食物和隐蔽所的湿润草地一直都在减少。结果它成了全英国数量下降最快的鸟类之一，在过去几十年间竟减少了90%。

有些黄鹡鸰适应了在农田里，特别是在土豆田里繁殖，它们把巢建在作物间的田垄上，利用犁出的深沟来躲避捕食者。雄鸟依然忍不住炫耀的冲动，常常站立在显眼的木桩上歌唱——如果它发出的那种单调、重复的音节能被称作歌唱的话。

在全球范围内，黄鹡鸰广泛见于温带的欧洲和亚洲，西起大西

---

\* 黄鹡鸰英文名yellow wagtail的本义是"黄色摆尾鸟"。——译注

洋沿岸，东到西伯利亚中部，都有它们的身影。但该种下面包含了
18个不同的亚种，其中有的亚种非常独特，也许该划分为不同的独
立种。在英国繁殖的亚种是 *falvissima*，该词源于拉丁语，意为"最
黄的"。\*但无论它们的羽色是什么样，所有黄鹡鸰都如其英文名所

151　称，不停地上下摆尾。

## 绿篱莺

　　8月末或9月初，如果你身处英国东海岸某地的一群观鸟者中
间，你可能会突然听到激动的吼声："我找到了一只河马（hippo）！"
人们所谈论的生物并非著名的非洲哺乳动物，而是一只身形敦实、
喙长而粗的莺类，它所在的篱莺属的属名 *Hippolais* 与河马的英文拼
写有相似之处。

　　片刻之后，发现者确认了鸟种，喊道："它是一只艾基（icky）！"这
是观鸟者所使用的另一个简称，源自绿篱莺的英文名（icterine warbler）。
绿篱莺与亲戚歌篱莺外形非常相似，区别只在于前者的两翼更长。

　　在英国，绿篱莺是一种不常见的访客，这也是观鸟者会那么激

---

\*　黄鹡鸰已分为黄鹡鸰和西黄鹡鸰两个独立种，本节描述的 *falvissima* 亚种现属于西黄
　鹡鸰。——编注

动的原因，它们多在夏末或初秋经过英国。离开欧洲北部和斯堪的纳维亚繁殖地的绿篱莺们向着西方和南方迁徙，最终会抵达非洲。

假设气象条件适合（最好是多云且有雨、刮着东南风的天气），有些绿篱莺会渐渐偏离南迁的路线，出现在英国东海岸，从最北的设得兰到最南的肯特郡都有可能。它们大多是在像费尔岛这样有大群观鸟者聚集的鸟类环志监测站，或像诺福克郡布莱克尼角这样著名的迁徙鸟类观察点被发现。

绿篱莺的英文名字源于古希腊语ikteros，这个词汇的本义是"黄疸"，可以说完美地形容了春季成年绿篱莺那仿佛有些褪色的黄色。但到了秋季，我们较有可能见到的幼鸟羽色更灰，此时很难准确辨识它们，在没有鸣唱可供参考的情况下更是如此。

绿篱莺偶尔也会在英国境内繁殖，比如斯特拉斯贝和奥克尼都曾有过记录。这些繁殖个体让我们有了难得的机会来聆听它们生动而多样的鸣唱。绿篱莺有着高超的模仿能力，常会借鉴其他鸣禽的音节或曲段。在欧洲大陆上，它们最喜欢栖息在林地边缘、公园和长有树林的庭园里，这些地方有许多灌木丛和树木可供它们筑巢繁殖。

152

## 穗鹛

山坡周围传来一阵如同石子滚落般的叫声，在被风吹拂的旷野

中漫步时，它是再恰当不过的伴奏。这声音来自我们看起来最有精神也最具魅力的鸣禽——穗䳭。它突然跳出来，站在长满地衣的巨石上，像阅兵式中的军人那样笔直地立着，警告你别再靠近。不像喧闹躁动的林岩鹨或莺类，穗䳭的每一个动作都显得干净利落。

它的正式英文名是northern wheatear（意为"北方的䳭"），这个名字把它与同属的其他种类区分开来。它也是䳭属当中唯一在欧洲北部温带地区繁殖的成员，其他的种类主要出没于北非和中东怪石嶙峋的沙漠。

雄性穗䳭有着黑色的眼罩、白色的腹部、灰色的背部和杏黄色的胸部，绝对是一种十分英俊的鸟。然而你第一眼看到的会是它白色的腰部。当穗䳭沿着小路飞走的时候，其腰部就像航标灯一样醒目，在阴沉雾天里的荒原上或山地间就更是如此了。

153　　　　穗䳭的英文名wheatear正是源于其腰部，而与谷物毫无干系，它是盎格鲁-撒克逊语中"白色臀部"的文雅说法。雌鸟和幼鸟的腰部也是白色的，但颜色较暗淡且略带沙色。

穗䳭每年很早就回到英国，3月间就从非洲飞回来了，此时它们偏爱的草坡依然覆盖着冬日的积雪。它们会在巨石间的缝隙或野兔的旧洞里抚育1到2窝雏鸟，然后在8月初就踏上南迁的漫长旅程。幸运的是，它们似乎并不匆忙，常常在途中停下来觅食，犁过的农田、石南荒野或公地上都有它们的身影。有一次它们甚至出现在了正在举行比赛的罗德板球场上。

尽管在离开前它们还曾短暂地与我们相处，这种在夜间迁徙的小鸟却有着史诗般的旅程。夏末或秋天，你在本地的公地或运动场上见到的穗䳭来自遥远的格陵兰，甚至是加拿大的北极地区。多加练习，你便能认出那些体型更大也更为壮实的穗䳕，它们可能要跨越 11 000 千米以上才能到达非洲，这在全世界所有鸣禽所经历的迁徙征程当中是最长的。

## 白鹳

　　要查明好几个世纪前有哪些鸟在英国繁殖，需要做很多侦探般的工作，但偶尔也会出现一条记录，它就像所涉及的鸟类辨识特征本身一样确切无疑。英国唯一一次白鹳成功繁殖的记录正是如此，1416 年，爱丁堡的圣贾尔斯教堂见证了这段历史。

154

　　在这之后，经过了几乎整整六个世纪，这些大型水鸟才又一次在英国尝试繁殖。2004 年，人们发现一对白鹳在西约克郡的一座高压电塔上开始筑巢。遗憾的是，那个位置被认为太过危险，人们将鸟巢移到附近的人造平台上，结果那对鸟儿弃巢而去。

　　在欧洲大陆的红色波纹瓦屋顶上，有一个由树枝搭建而成的巨大鸟巢，双亲正在喂养巢中的雏鸟——这是有关白鹳的经典画面。不过，每年也会有几只白鹳出现在英国，主要是在春秋两季之间。它们往往居无定所，当意识到寻找配偶并不现实之后，它们很快就会借助最近的上升气流盘旋，飞往看起来更有希望的草场。

在英吉利海峡的另一侧，白鹳的数量正在上升，而且它们通常会受到当地居民的欢迎。当然，在某些情况下，它们巨大的鸟巢和随之而来的鸟粪与其说是被鼓励存在，倒不如说仅是被容忍了。在很多地方，屋顶上有一对白鹳筑巢被视为好运的象征，在波兰等国家，这还意味着春天的来临。

可能是由于白鹳身形挺拔，而且有些像男性生殖器，人们总将它们与生育力联系在一起。当雌雄白鹳在巢中相遇时，它们会展现出配偶间的一种独特行为：它们一起敲击自己的喙，这是一种吵闹却亲密的炫耀行为，表示着对彼此的钟爱之情。

白鹳个头很大，身高超过1米，翼展则超过2米。每年它们都会在欧洲和非洲之间进行史诗般的迁徙。由于飞越大面积的开阔水域并非易事，它们会聚集于直布罗陀海峡和土耳其博斯普鲁斯海峡之类的关键跨海节点。在这些地方，我们有时会见到数万只白鹳从头顶飞过，这绝对是自然界最为壮丽的景象之一。

155

## 鹃头蜂鹰

"为什么会有黄蜂？"这是夏末我们常常扪心自问的话题。这些

恼人的昆虫在我们周围嗡嗡作响,吓坏孩子们。毫无疑问,黄蜂在生态系统中扮演着重要的角色,但英国观鸟者之所以会热情欢迎它们,是因为鹃头蜂鹰这种英国最罕见也最难以琢磨的猛禽要以黄蜂的蛹和幼虫为食。

鹃头蜂鹰是英国的夏候鸟,尽管它们在欧洲大陆上分布广泛且相当常见,在这儿却总是难见踪影,一旦出现,保证会让观鸟者心跳加速。它们让人感到神秘,部分原因是尽管它们与欧亚鵟的亲缘关系较远,但却跟后者长得非常像。这两种猛禽都有宽大的两翼,但如果一只在本地树林上方低空盘旋的猛禽有着长长的两翼,并将翅膀平举或是略向下压,还长着一条狭长的尾和一个小而前突的头,那它就很有可能是鹃头蜂鹰。

地点则是另一个判断的依据。在英国繁殖的鹃头蜂鹰约有55对,它们只零星分布在不列颠群岛上的少数几处树林里。你即便到达正确的位置,也依然需要耐心。鹃头蜂鹰很少长时间停留在空中,它们更愿意待在森林的树冠层,好搜寻林地间黄蜂或蜜蜂的蜂巢。

8月是寻找鹃头蜂鹰的好时节,因为此时幼鸟偶尔会跟父母一起在营巢的森林上方盘旋。它们看起来比欧亚鵟体型更大,却没有那么敦实,飞行的动作也更为松弛。

156

鹃头蜂鹰发现蜂巢后,实际上并不食用其中的蜂蜜。相反,它会用利爪拨出巢房,然后再用长且带钩的喙啄食蜂蛹大餐。家园被损毁的蜂当然会发起愤怒的报复,不过鹃头蜂鹰已经演化出了特别厚实的皮肤,脸颊周围还包有致密的鳞状羽毛,这些足以抵御蜂群的进攻。

# 普通燕鸥

　　一想到燕鸥，你眼前就会浮现出一只优雅的飞鸟猛地向海面俯冲的画面，难怪它们会有"海上燕子"的别名。看到一只燕鸥在主干道上川流不息的重型卡车上空飘荡，你可能会认为它一定是迷了路。然而事实远非如此，普通燕鸥早已习惯了内陆的生活，如今它们甚至在城镇的中心也能繁殖了。

　　鸟如其名，普通燕鸥在英国的5种燕鸥当中是数量最多、分布最广的。它飞行时动作轻盈而优雅，张开纤长的两翼，在空中起伏不定，尾巴分叉很深，外侧延长的尾羽如飘带般拖在身后。

　　博物作家西蒙·巴恩斯曾令人难忘地把普通燕鸥描述成"一种死后会上天堂的鸥类"，这幅优雅而美丽的画面因燕鸥那刺耳的叫声而显得有些美中不足，那声音足以穿透嘈杂的城市交通噪声。

　　尽管仍有很多普通燕鸥继续在海滨筑巢，但生活在内陆的燕鸥157 如今已经习惯在湖泊和砾石坑边繁殖了。它们通常会选择水中的小岛筑巢，但也能很快适应保育工作者安放的人造漂筏。

　　有些普通燕鸥喜欢在这种人造漂筏上的开口金属丝笼里产卵，它们可以在这种环境里抚育长满绒毛的雏鸟，使其远离危险。但凡有捕食者靠近，它们通常都会被亲鸟锋利的鸟喙和不停的攻击所驱逐。雏鸟被喂以从附近的湖泊、河流和运河中捕来的小鱼，到了夏末便羽翼丰满。随后它们就准备踏上漫长的南迁之旅，去西非近海过冬。

## 海鸥

别被它的名字所愚弄，比起其他一些鸥科鸟类，海鸥既没那么常见，分布范围也没那么广泛。海鸥由18世纪的鸟类学家托马斯·彭南特命名（或是错误地命名），他把这种鸟描述为鸥属里数量最多的一种。当然，彭南特也许的确在苏格兰的某座湖泊边见过海鸥的繁殖地，在那儿它们确实很常见。

或许海鸥的英文名（common gull）是由它们的栖息地而来，因为该种确实常常聚集在开阔的草地，比如球场或者公地\*。不过也许海鸥更为恰当的名字是北美地区使用的"喵鸥"（mew gull），这个名字由它们像家猫般的叫声而来。

尽管海鸥也会在海岸边繁殖，但它们是真正属于高地的鸟类。它们聚集在高地湖泊中的岛屿上繁殖，或是在湿润荒原上的羊胡子草和灯芯草丛之间筑巢，在这些地方，来自捕食性兽类的威胁要小不少。尽管海鸥的繁殖地多在偏远的地方，但它们却是出了名地游手好闲，时常会打劫那些前往苏格兰高地的过路游客。

临近夏末，成年海鸥和幼鸟都会南迁，到农田里的开阔地觅食。

158

---

\* 公地在英语中是common，跟海鸥英文名中的前一个词相同。——译注

许多海鸥也会进入城区，在公园和球场上寻觅蠕虫——到了冬季，也许它们更恰当的名字该是"球门柱鸥"。海鸥还会加入其他鸥类组成的大群，在垃圾填埋场上争抢食物残渣。

经过练习，你不难区分海鸥和其他鸥类。它们比红嘴鸥更大、更丰满，有一个观鸟者曾戏谑地写道，海鸥看起来似乎也更为可口。它们比银鸥明显要小巧很多，深灰色的内翼有着黑色的翼尖，翼尖上还有些白色的斑点，腿为绿色，喙则是亮黄色。不过它们真正独一无二的是那高亢、甜美的叫声，这声音粗犷而引人遐想，仿佛将苏格兰荒原上的清新气味带到了我们灰暗的郊区。

## 鹤鹬

按博物学家和作家理查德·梅比的话说，鹤鹬那嘹亮而欢快的哨音"像搬运工人叫停出租车时吹的口哨"。另一个记住鹤鹬叫声的方法就是它只有两个音节，而红脚鹬的叫声有三个或更多音节。这种叫声常被记成"chew-it"，重音要放在第二个音节上。

鹤鹬是真正的"观鸟者的鸟类"，尽管这种长腿水鸟并不在英国境内繁殖，它们却在春秋两季大量经过这里。它们会在海岸湿地里停歇，为自己的漫长旅程补充能量。旅途的一端是位于西伯利亚和斯堪的纳维亚沼泽的夏季繁殖地，另一端则是位于非洲热带地区的越冬地。少数鹤鹬也会留在英国越冬，它们通常会待在英国南部的河口，这里更为温和的气候能为它们提供充足的食物。

八九月间，凭借鹤鹬更为修长的身形把它从本地更常见的留鸟红脚鹬当中分辨出来，令人颇为自得。它们的腿几乎和塍鹬的一样长，因此它们常常会走进比一般鸻鹬类所涉足区域更深的水中觅食。鹤鹬用它们血红色的长喙叼起小鱼或无脊椎动物。觅食的时候，它们的头就像缝纫机一样颇有节奏地上下摇摆。

秋冬季节的鹤鹬羽色暗淡，几乎为淡灰色。但当5月间向北方繁殖地迁徙时，它们已经换上了漂亮的繁殖羽，全身乌黑，背上却带有反差明显的银白斑点。它们的英文名（spotted redshank，意为"带斑点的红脚鹬"）也由此而来。有了这身华丽羽饰，鹤鹬就是全世界最神气也最有辨识度的鸻鹬类之一。

## 金雕

在我们的民俗和文化中，雕占据着中心位置，从文明发端之时起，它们就象征着力量与威严。因此尽管我们没法每天都见到这些壮观的大鸟，但是在广告、公司的标志，甚至本书所用的字体中，它们的影响还是无处不在。现代英文字母中小写的"a"就是以一只蹲坐的雕的形状为基础的。这个字母最早源于古埃及的象形文字，后来腓尼基人采纳了它，发展出第一套字母表。

现实世界里的金雕也同样令人印象深刻。当你远远地瞥见一只   160
金雕在苏格兰某条峡谷上空毫不费力地盘旋时，以那巨大的山体为背景，你很难觉察出它的真正大小。但其实金雕真的非常大。它们的翼展超过2米，求偶炫耀充满了戏剧性：两只金雕在它们辽阔的领域上空盘旋、急速下坠、忽高忽低地翱翔，表演着令人惊叹的飞行特技。

捕猎时的金雕会向着目标高速俯冲，用它无比锋利的爪子抓住并杀死毫无防备的猎物，这些猎物包括岩雷鸟、柳雷鸟，或是雪兔。金雕也食腐，它们会吃鹿的尸体，在冬季尤其如此。

有一个专门的词汇"鹰巢"（eyrie）被用来指代金雕用树枝和树杈筑起的巨大的巢。主要以雪兔为食的金雕通常在较低的山坡上筑巢，位置要明显低于以体重较轻的岩雷鸟或柳雷鸟为食的金雕的巢；如此一来，它们就不用带着沉重的猎物飞上高山，从而节省体力。

雏雕在巢中的生活会很残酷。尽管雌性金雕通常会产2枚卵，孵出2只雏雕，但有时先孵出的较大的雏雕会杀死晚孵出的胞亲。这种行为叫作"该隐现象"或"该隐与亚伯综合征"，它得名于《圣经》中亚当和夏娃的儿子该隐杀死亲弟弟亚伯的故事。

有一种解释认为，这样的可怕行径只有在食物短缺、亲鸟无法带回足够的食物时才会发生。可有时即便食物充足，晚孵出的雏鸟也还是会被杀死，可能年长的雏雕就是想要独占所有食物吧。

## 白尾海雕

白尾海雕常常被形容成"飞行的谷仓门"，它绝对让人印象深刻。它是英国最大的猛禽，甚至比金雕更大、更壮实。这种硕大的猛禽是英国最令人难忘的野生生物之一。

　　白尾海雕在地面移动时会让人联想到一只大的哺乳动物。它羽毛蓬松，通体棕褐色，头部色浅，有着一个巨大的黄色喙。成年的海雕在飞行中会显露出雪白色的楔形尾，与巨大的长方形深色两翼形成鲜明对比，这是它们最为显著的特征，也确实配得上"谷仓门"的比喻。

　　但在一战至20世纪70年代的很长一段时间里，除了偶尔有从斯堪的纳维亚跨越北海而来的十分罕见的迷鸟，你在英国根本见不到白尾海雕。这是因为，从维多利亚时代一直到爱德华时期，英国人将在本土繁殖的白尾海雕赶尽杀绝了，1916年，最后一对白尾海雕在斯凯岛上筑巢。

　　20世纪60年代，人们试图在奥克尼和设得兰之间的费尔岛上重新引入白尾海雕。那是一次失败的尝试，但我们从中学到了重要的经验。20世纪70年代中期，人们在内赫布里底群岛的朗姆岛上再次野放了白尾海雕。

　　经过缓慢的起步阶段，尽管有时会受到当地农民和农场主的阻挠，白尾海雕的种群还是在英国慢慢扎下了根。现在有50对以上的繁殖鸟生活在苏格兰的西部，2013年在法夫营巢的一对海雕则标志着在东海岸实施的再引入项目也取得了进展。

　　马尔岛的居民把白尾海雕当成他们的宝贝，当地学校里的孩子以动画片《辛普森一家》里的角色给两只雏雕命名，它们也成为

BBC《春日观察》栏目中的常客。白尾海雕回报了当地的善意，每年它们能给当地带来500万英镑的收入，这成为野生动物观光旅游提振偏远社区经济的一个良好案例。

但并不是所有人都欢迎这些大鸟。东安格利亚地区的一个再引入项目就搁浅了——由于白尾海雕可能会杀死牲畜引发了争议，当地政府被说服暂停了这个项目。所以，你如果想在英国南部的沼泽上空观赏到一对壮美的白尾海雕，可能要等上很长时间了。

162

## 横斑林莺

横斑林莺的眼睛为炫目的黄色，背部为灰色，胸腹部有细密的鳞纹，尾长且尾端为白色，它总是让见到它的人兴奋不已。但在英国你基本不可能听到它的鸣唱，因为横斑林莺只是途经英国的罕见旅鸟，而且在春季几乎见不到。而夏末和秋季出现的个体基本上都是幼鸟，这时的它们羽色浅淡，但仍然会是深受欢迎的发现。

横斑林莺较为粗壮，体型稍大于家麻雀，是我们本土更为常见的黑顶林莺及白喉林莺的近亲。它们的繁殖地从中欧的温带地区向东延伸，穿过俄罗斯，直到哈萨克斯坦和蒙古。尽管横斑林莺在全年的大部分时间里行踪隐匿，但到了繁殖季，雄鸟会进行"炫鸣飞行"，它们在升到约10米高的空中之后，又滑落到附近的灌木丛里。飞行过程中，它们会发出独特的振翅声。

大部分出现在我们这里的幼鸟都是偏离了方向的个体，它们在飞往南苏丹和坦桑尼亚之间一块相对较小的越冬区的途中，越过北海来到英国。它们通常出现在英国东部和北部海岸边的灌木丛里，最终这些小家伙还是会重新找到方向，继续南迁的旅程。

尽管比起较小而纤瘦的亲戚来，体型更大的横斑林莺显得略微 163 笨拙一些，但它们同样很难被人发现。这会让想把它们看清楚的观鸟者感到沮丧。通常在环志人员张开雾网捕捉候鸟，一只横斑林莺撞入网内的时候，我们才会发现它们的行踪。

然而，跟其他一些罕见的候鸟不同，出现在英国的横斑林莺的数量似乎在下降，这可能反映出在英国以东的繁殖地，它们的数量正在减少。 164

家燕

粉红燕鸥

青脚鹬

柳雷鸟

草地鹨

白腰草鹬

林鹬

大䴗

燕隼

 **9 月**

翻石鹬

欧歌鸲

松鸦

蓝喉歌鸲

水栖苇莺

歌篱莺

大苇莺

平原鹨

欧洲丝雀

扫码欣赏
图片和鸟鸣

# 引子

在人类世界里，9 月是变化的季节，我们要结束悠长的暑期假日，回归工作和学校。从天气角度来说，这又是值得称道的一个月。正如诗人济慈的著名诗句"薄雾弥漫、果实醇香的秋"所言，夏日已近尾声，秋季徐徐开始。

对我们的多数野生动物来说，9 月是悄然撤离的一个月。花朵变少了，大黄蜂群也正在减少。许多种蝴蝶都已消失，还能见到的种类在数量上也大不如前。

而对鸟儿和观鸟者而言，这却是心跳加速的激动时刻：风向开始改变，各种有关罕见或出人意料的候鸟的传言也随之而来。许多观鸟者都义无反顾地被吸引至位置偏远的鸟类环志监测站，人们在这里用雾网捕捉鸟类，以便环志。观鸟者徘徊于巨大的网阵周边，或是在附近看起来不错的灌木丛里转悠，希望能碰上一只不走运的过客。在他们的耳语里，来自俄罗斯北部的鸟被称作"西伯"，来自北美的鸟则被叫作"美国佬"，它们都是被大风刮偏了方向，或是背叛自身基因而选择错误迁徙路线的迷鸟。

9 月是两个重要迁徙月份中的第一个，此时的激动心情并不仅仅与罕见鸟种相关，庞大的鸟类数量同样令人着迷。沿着北海边缘南迁的候鸟们会因大雨或强风天气，被迫暂缓行程。出现这样的情况时，我们的东海岸会突然出现大量的候鸟。各种莺、鹂、鸫和鹟们"从天而降"，你也很有可能见到像蓝喉歌鸲、蚁䴕或圃鹀这样的稀客。

然而你不用住在海边，也能见证迁徙的过程。只需走进花园，或是找一个能够扫视天空的制高点，你很快就会发现向着既定目标移动的鸟儿飞过头顶。草地鹨通常在9月初就开始迁离位于高地的繁殖区，向南飞行，成为本月里迁徙大军最早的先头部队之一。 166

如果你住在低海拔地区，在夏季很难见到草地鹨，那么头顶上空传来的第一声"seep, seep"就立刻提醒你秋天已经来临。抬头望天，你会看到一个或更多逆风而行的小点，这是飞越城市或乡村的草地鹨，它们正前往草地和盐沼，准备在那些地方越冬。

你还可能见到跟草地鹨一起赶路的小群云雀或苍头燕雀。找一个好的观察点，发生在眼前的迁徙很快就会令你欲罢不能了。9月里总有机会见证一些真正不凡之物飞越头顶，比如一只正飞往西非的鹗，或是一只南迁的鹃头蜂鹰；就在一周前，后者可能还在斯堪的纳维亚的某座森林里享用着蜂蛹大餐。

家燕和白腹毛脚燕的身影肯定会出现在天空中，9月的迁徙观察中有一个交织着酸楚和欣喜的乐趣，那就是看着它们目标坚定地南飞。但这并非一去不回，而是在下一个春季来临前的暂时别离。在欧洲大陆繁殖的家燕此时也会加入我们的家燕，在旅途中夜栖于芦苇荡或低矮的柳林。白腹毛脚燕和家燕还是此时尚年轻的燕隼所喜爱的猎物，这些幼隼刚刚羽翼丰满，在踏上去往非洲的漫长旅途前，它们正抓紧时间磨砺自己的捕猎技能。

经过整夜的飞行之后，黎明破晓前许多候鸟会落地觅食几个小时，在它们再次启程前会逗留一天左右。扫视你身边的球场或任何有开阔草地的地方，你可能会找到一只掠过草坪的穗䳭，飞行时它那白色的腰部分外耀眼。并非所有的候鸟都这般易见，尝试悄声走近一团黑莓灌木，或是一丛结着浆果的接骨木，你可能会见到在长满黑紫色浆果的枝干间跳动的小莺们。它们也许是黑顶林莺、庭园林莺或灰白喉林莺，甚至是长相干净利落的白喉林莺，后者纯白的胸部可能已经染上了紫色的浆果汁。为眼前的漫长旅程增肥显然至关重要。

167

虽说动身离开是9月的主旋律，但我们也别忘了还有不少候鸟正在迁来。从冰岛来的粉脚雁已经踏上了苏格兰和英格兰北部的土地，这是让我们冬季岁月里回响着鸭鸣雁叫的雁鸭类大聚集的前奏。而自家花园里，留居的欧亚鸲在9月的清晨放声歌唱，赶在它们的欧洲大陆同类随10月迁徙高峰到来之前建立起自己的领域。

## 家燕

聚集在电线上叽叽喳喳叫着的家燕，很像五线谱上的一个个音符。当夏日无可挽回地转向秋天，昆虫的数量随之急速下降，家燕们也开始忙碌地为南迁的长途旅行做准备。家燕的体重约为20克，还不到1盎司，但这种能力了得的小鸟却几乎比我们其他任何夏候鸟都飞得远。有些家燕可远行至非洲最南端的好望角，来回的路程差不多有20 000千米。

家燕成鸟是最光鲜也最优雅的鸟类之一，它有着长而分叉的尾、泛着蓝光的背和两翼，喉部还有一个砖红色区域。有些雄鸟飘逸的外侧尾羽的长度远超同类，现在我们知道雌鸟会认为这很有吸引力，也更愿意与这些尾羽较长的雄鸟交配。

在9月里晴朗的一天，请注意观察混在家燕群里的、夏季刚诞生的幼鸟。比起父母来，它们的尾更短，喉部羽色暗淡，整体羽色也缺乏光泽。有些幼鸟刚刚离开谷仓里或屋檐下的安乐窝。一只雌家燕通常每年会养育2窝小鸟，如果天气晴朗温暖，有足够的昆虫可吃，它甚至有可能抚育第三窝鸟。

168

幼鸟离巢后会和其他家燕集群，有时候也会跟白腹毛脚燕和崖沙燕混群，再开始它们那史诗般的旅程。启程前它们仿佛不知疲倦，四处翻飞且彼此间不停鸣叫，直到再次落地休息为止。它们仿佛是在相互鼓舞士气，最终一起南飞。英语中没有专门的词汇来描述这种迁徙前激动的状态，但在德语里它被称为Zugunruhe（迁徙兴奋）。

有时你会看到一只家燕落在电线上开始鸣叫。一两分钟之内，第二只赶了过来，之后又是一只，再一只，直到几十只聚集在一起。但这些不一定就是本地的家燕，它们当中常常包括在斯堪的纳维亚繁殖、越过北海而来的个体。这些家燕和英国的家燕汇聚在一起，然后再开始那惊人的旅行，飞越地中海、撒哈拉沙漠，最后到达非洲的最南端。

## 粉红燕鸥

作为英国最罕见也最受欢迎的繁殖海鸟之一，粉红燕鸥长得极为精致，但叫声却粗哑而聒噪，与它那优雅的外表很不相符。它的英文名中的roseate意为"满脸粉红"，在夏天的繁殖季，它的前胸也确实染有淡粉色。

　　粉红燕鸥的背部和两翼为耀眼的雪白色，这是从远处将它和近似种类区分开来的最佳辨识特征，这颜色与普通燕鸥、北极燕鸥那样青灰的色调截然不同。若仔细观察，你还会注意到它们的喙是全黑的，而不像其他燕鸥那样呈红色。然而9月间，当许多幼鸟也在南迁时，由于和别的燕鸥十分相似，它们常常会被忽视。

　　粉红燕鸥只在不列颠群岛的少数几个地方繁殖，它们偏好像诺森伯兰郡的科奎特岛这样的小岛。威尔士的安格尔西岛也是其繁殖地，但它们最主要的繁殖地是爱尔兰海另一侧的洛克比尔岛，它距离繁忙的都柏林市仅几英里之遥。

　　粉红燕鸥在全球分布很广，在七大洲中有六个大洲都有它们的身影。它们最主要的分布区位于西太平洋，从日本、中国台湾向南延伸，一直到澳大利亚。它们在东非和印度洋也有大的繁殖地，而美国东部和加勒比地区的繁殖地则相对较小。

　　西欧的粉红燕鸥数量从20世纪60年代开始就急剧下降，我们几乎可以肯定，这是因为它们在越冬地蒙受了不幸。在西非近海，当地人用带饵的鱼钩大量捕捉这种鸟类，有时是为了把它们作为食物，有时纯是为了娱乐，甚至是为了得到燕鸥的脚环。西方科学家用脚环标记来监测燕鸥的迁徙，在当地它们却成了富有吸引力的手镯和项链制作材料。保育工作者在加纳等国的社区成功地开展工作，通过教育使当地人了解粉红燕鸥所受到的威胁。随着当地经济状况的同步改善，这些工作可能会让粉红燕鸥这种雅致的鸟类有一个乐观的未来。

## 青脚鹬

在秋季沿着河口的边缘漫步，你能听到空中回荡着鹬鹬类的叫声：蛎鹬吹起尖厉的口哨，白腰杓鹬幽咽地哀鸣，红脚鹬发出短促的叫声——由于红脚鹬经常做出警戒行为，它们被称作"湿地督察员"。    170

片刻之后，这鹬鹬大合唱中冒出了另一个声音。那是一种响亮的三音节的鸣叫，很像红脚鹬的鸣声，但不知何故，它的音调更优美，也更加悦耳。当那只鸟落在一条细流弯曲的地方，并且紧张地上下摆动时，你能看到它是一只高挑优雅、羽色浅淡的鹬。这是一只青脚鹬。

从它的名字你可能猜到，这种活跃而外向的鸟儿有着青绿色的腿。它那灰色的背部点缀着地衣状的斑点，腹部则是纯白色。飞行时，它那亮白色的后腰像信号灯般闪闪发光，在阴沉的秋日尤其如此。青脚鹬富于变化的笛声有种令人惊奇的能力，它在任何地方都可以激起最大的声学效果，也是秋季迁徙正在如火如荼地进行的确切讯号。

我们在低地池塘及河口见到的青脚鹬，是从斯堪的纳维亚或苏格兰北部的繁殖地迁徙而来的，那些地方已是青脚鹬全球繁殖区的最西缘。在英国，它们的繁殖地位于苏格兰最北端凯斯内斯郡与萨瑟兰郡的湿地泥潭和泥炭沼泽。

雄青脚鹬的领域处在湿地和泥炭沼泽之间，上面有星罗棋布的湖泊与水塘。它们在进行精巧的求偶炫耀飞行时也发出鸣叫，以吸引雌鸟的目光。配对成功后，雌鸟很快会产下4枚米黄色的卵，其上带有棕色的斑驳花纹，这在地衣和干草中是良好的保护色。

在秋季，幼鸟和成年青脚鹬都会南迁至南欧或非洲的越冬地。有些青脚鹬则在靠近繁殖地的地方逗留，英国南部和西部海滨的小河口附近回荡着它们激动人心的叫声。

171

## 柳雷鸟

一阵奇怪的咯咯声在清风拂过的旷野上响起，这是柳雷鸟在此常驻的明显证据。扫视覆盖着石南花的小丘，你可能会看见一个矮胖的棕红色身躯匍匐于一小片烧过的空地，或在紫色的花穗间发现雄鸟醒目的猩红色肉垂。

通常先是它们那好像"go-back, go-back"（回来，回来）的叫声吸引了我们的注意，之后一小群柳雷鸟两翼后弯，飞快地掠过地面。这种体验象征着柳雷鸟这一活跃的猎禽的栖息环境——一幅有关野性和荒野的真实景象。

然而多数柳雷鸟猎场却是你所能想象到的人工痕迹最重的栖息环境。说到柳雷鸟所谓的野性，再没有任何一种英国鸟类像它们这样受到精心的管理和照料。这般待遇几乎从柳雷鸟诞生的那一刻起，一直持续到它们在"猎禽盛典"上遭遇创造这一切的猎人。

柳雷鸟是一种挑剔的鸟类，既需要以鲜嫩的石南为食，又需要成熟的石南丛作为庇护，以躲避捕食者和恶劣天气。这样混杂的环境由一群猎场管理人员创造出来，以满足柳雷鸟的各种需求。

如此操作当然不是出于利他主义。柳雷鸟实际上是英国猎场中最昂贵的猎禽。人为地给柳雷鸟提供最好的营养和保护，目的在于延续价值上百万英镑的柳雷鸟狩猎生意，那些狂热爱好者愿意每天为此花费数千英镑。

172

毫无疑问，柳雷鸟狩猎每年给苏格兰和英格兰北部的高地地区带来了可观的经济收入。但有得必有失，在这个例子里，白尾鹞及其他天敌都被人为地从大面积的柳雷鸟生境中清除。尽管违反法律，对猛禽的这种无情捕杀还是在继续，现在它已成了英国土地所有者和保育工作者之间最为严重的分歧。

矛盾的是，如果不控制天敌并人为干预栖息地，英国的柳雷鸟至少会处于濒危的境地，甚至有可能完全灭绝。那显然事关重大，因为柳雷鸟不仅是一种美丽的鸟儿，而且这一独特的亚种还是英国和爱尔兰所特有的。

现在英国大约有25万只柳雷鸟，它们从生到死都处于人类的监控之下。但正因围绕柳雷鸟的论战，我们可能忽视了这是一种独特且极富吸引力的鸟类的事实，它们早已演化出适应英国最恶劣的自然环境的非凡能力。

## 草地鹨

有些鸟立刻就能用自己的特点吸引你的注意，比如大杜鹃的鸣叫、普通翠鸟的色泽，或是红领绿鹦鹉那充满异域风情的羽饰。另一些鸟，比如草地鹨，却要朴实得多，它们以不那么张扬的方式展现个性。

即便如此，草地鹨也以它的方式呈现了英国的四季变换，甚至比燕子和杜鹃还要显著。从劲风吹拂的海岸到偏僻的农场，从遥远的山坡到嘈杂的都市中心，几乎在英国的每一种栖息环境里都能听见草地鹨那特别的尖细鸣叫。在季节变换的关键节点，离夏入秋或冬去春来之时，天空中常常会传来这种小型鸣禽的声音。

秋季，位于高地的草地鹨繁殖地周边的昆虫变少了，它们开始迁往低处。9月的一个清晨，天空中传来的"seep, seep"的叫声，这是提醒居住在草地鹨繁殖地之外的人们，季节正在变换。你抬头便能见到小群的草地鹨迎着风，努力扇动翅膀向南飞去。这些鸟儿落到地面时几乎毫不起眼，但当它们在草丛中摇摇摆摆地走来走去时，

173

还是有一种安静的魅力。

冬季，在农田、盐沼、高低不平的草地及公地，在英国几乎任何低海拔的地方，你都能见到草地鹨。而到了春夏，它们又回到山区、高地沼泽和草原上；在那里，雄鸟会像牵线木偶一样起起落落，并唱出动人的旋律。乍看起来，草地鹨是典型的"棕色小家伙"，它们像瘦长的麻雀，但又长着细长的喙。但仔细观察你会发现，它们身上带有细微的米黄色、橄榄绿色和赭红色，胸部则有深色的斑点和条纹。

它们在草丛或者石南丛里筑巢，虽尽力掩藏，但还是经常被大杜鹃发现。它们是大杜鹃在英国的三种主要宿主之一，许多草地鹨亲鸟的繁殖努力以白天拼命捕捉昆虫、将其喂到比它们体型还大的杜鹃雏鸟嘴里而告终。

## 白腰草鹬

一只白腰草鹬猛地鸣叫着从池塘中惊起，深色的背和两翼衬托出亮白色的腰，像一只大号的白腹毛脚燕。真假声灵活变换的嗓音，往往是这种有些歇斯底里、难以预料的秋季过客在场的第一个迹象。它会隐藏在最小的池塘或最狭窄的水渠里，受惊扰后从觅食的地方一跃而起，飘然远去。

　　白腰草鹬害羞惧生，当它在泥泞水塘边啪嗒啪嗒走动时，你最好是躲在观鸟掩体里进行观察。它的两腿为深橄榄绿色，除此之外，它的背部是墨绿色，胸腹部是白色，还有一个白色的眼圈。当它飞行时，你会看到耀眼的白色腰部，并听到悦耳的笛音。

　　到了9月，大多数白腰草鹬已经在南迁途中经过了英国，这种优雅的小型鹬鹬类是秋季最早的过客之一。第一只白腰草鹬可能在7月初甚至6月下旬就已现身。对这些鸟儿来说，秋季来得要早些。它们偏爱淡水生境，在这些地方食用水生无脊椎动物和小鱼时，身体总是一上一下地点动，跟体型稍小的亲戚矶鹬一样。

　　作为秋季候鸟迁徙的先锋，白腰草鹬们已经完成了在斯堪的纳维亚广袤森林里繁育后代的重任，正在前往非洲越冬地的路上。在繁殖地的时候，雄鸟会站在高大的冷杉树顶唱起情歌，音调优美得惊人。但最让人感到意外的是，雌鸟并不像别的鹬鹬类那样把卵产在地面，而是产在树上的巢中。它会选择其他鸟废弃的巢或松鼠的窝，其中的松针能为孵卵的雌鸟提供庇护。

　　雏鸟孵化后直接毫发无损地跳到地面上，并由亲鸟护送到安全的觅食场所，直到为生命中第一次向南的长途迁徙做好准备。一小群白腰草鹬也在英国繁殖，但是自从20世纪50年代晚期在苏格兰高地第一次被发现以来，它们还没能像近亲林鹬那样发展成一个稳定的繁殖种群。

## 林鹬

　　9月里一个狂风大作的日子，一种好像玩具哨笛发出的声音在大风拂过的东部海岸边的一片淡水沼泽地里回荡。这是刚从东北方飞来的林鹬，它是我们长相最优雅的中型涉禽之一。

南迁途中，林鹬会在英国的这个地区停栖，通常是在7月到9月末出现。这些过客中有许多是当年出生的幼鸟。它们有着整洁的羽饰，背部有密集的斑点，两腿和成鸟一样，是黄色的。不过，是那尖亮的鸣叫提醒着你，它们就在附近。

林鹬在斯堪的纳维亚北部的森林和沼泽里筑巢繁殖，在苏格兰北部也有一个很小且隐秘的繁殖群体，只有十来对。它们喜欢偏远的沼泽，通常在长着高草或石南灌木的地面营巢，每窝产4枚棕绿色的斑驳鸟卵。林鹬也会利用欧歌鸫、田鸫、喜鹊等鸟类废弃的巢。雏鸟一旦出壳，父母会哺育它们几天，但亲鸟开始南迁的时候，它们就必须自己照顾自己了。

林鹬所生活的两个世界之间的反差几乎不可能再大了，它们会在非洲的湖泊和水塘边度过半年的时间，在火烈鸟的长腿间优美地掠飞，或是在喝水的角马眼皮底下捕食飞蝇。

176

# 大麤

要想寻找大麤，你需要耐心和稳健的双腿，以及不晕船的胃。

很少有别的英国鸟类像大䴗这样难见，这种魅力非凡的公海旅行家确实很少游荡到我们这里来。

最常看到大䴗的地方，是英国西航道入口处锡利群岛之外很远的海上，在起伏的客轮甲板上。夏末和初秋夕阳开始落下的时候是观察大䴗的最好时机，用成桶腐烂的鱼内脏混合物能吸引大群海鸟靠近船只，这油乎乎的诱饵保证能让最有经验的海员也感到恶心。

在更为常见的鸥类和鲣鸟里往往混着旋风般的海燕群、一只鬼鬼祟祟的贼鸥，以及一两只装点门面的燕鸥。之后没有任何先兆，一只体型较大、整体呈流线型的深色鸟儿突然俯冲下来，像空中的鲨鱼般威严。这就是一只被死鱼的腐臭味吸引来的大䴗。

大䴗的翼展超过1米，让体型稍小也更为常见的近亲大西洋䴗相形见绌。它的背部为棕色，翼梢颜色更深，腹部为白色，白色的两颊与深色的顶冠对比鲜明。它的两翼形状独特，显得僵直。

如果你想看到这种特别的鸟儿，时间最为关键。它们并不在英国和欧洲大陆繁殖，事实上也根本不在北半球的任何地方繁殖。大䴗的主要筑巢地位于南大西洋中间的特里斯坦-达库尼亚群岛，在这些遥不可及的火山岛上，约有500万对大䴗将巢建在地下深处的洞穴里。

繁殖结束后，大鹱们便四散开来，其中有许多个体追寻着鱼群和乌贼群北飞。它们会沿着北大西洋飞出一条弧形线路，先是顺着北美的东海岸北上，然后转向南方，经过靠近英国和爱尔兰西南海岸的地方。大鹱数量的年际变化很大，有时一个秋季就有数千只经过，第二年却大大减少，这些都取决于当时盛行的风向及天气状况。

如果坐船出海投饵诱鸟不起作用，你还能去康沃尔郡或者爱尔兰的岬角碰碰运气，在那儿支起高倍单筒望远镜凝神搜寻浪尖。若想近距离遇见这些环球旅行家，目前最佳的选择还是在秋季乘船远航，挺进大西洋。

## 燕隼

燕隼是一种非常漂亮的隼，它有着镰刀形的两翼，臀部和腿部有砖红色羽毛，像是套着红色的裤子，脸颊上有黑色的髭纹。关于它们，还有一个保育成功的暖心故事。回到20世纪70年代，只有不到100对燕隼在英国繁殖，它们主要分布在新森林国家公园以及索尔兹伯里平原，在那儿时常成为不择手段的偷蛋贼的目标。但从那以后，由于我们尚不完全清楚的原因，燕隼的命运发生了好的转变。现在大约有3 000对燕隼在英国繁殖，分布区的北端远至苏格兰高地的斯特拉斯贝。

初秋是在湖面、沼泽以及农田上空寻找这种优美隼类的好时机，新离巢的幼隼此时正在家燕、白腹毛脚燕和各种蜻蜓身上练习捕猎技巧。燕隼是技术娴熟的猎手，能在9月宁静的空中捕捉像大蚊这么小的昆虫，用喙轻轻剥去大蚊的翅膀，再将它们吞下去。

幼隼在9月里通常会和它们的父母待在一起，组成家庭群，共同猎捕鸟类和昆虫；据推测，它们能够从更有经验的父母那里学习捕食技能。你即便只通过轮廓，也可以将燕隼与留居的红隼区分开来：前者的飞行动作更加舒展且更灵活，在迅猛追逐猎物的间隙，它们总会悠然盘旋。比起红隼，燕隼的尾更短，身形看起来更壮实，并且它们从不悬停。

到了10月初，大多数燕隼都已经尾随南迁的燕子们离开。英国的燕隼会到非洲中部和东非的稀树草原上越冬，第二年的4月末或5月初又回来。长途迁徙结束后，它们会在英国南部的湿地上空聚成多达50只的集群，再次享用起家燕、白腹毛脚燕和蜻蜓大餐。

之后它们就会分散开，安定下来筑巢繁殖，行踪也变得更为隐秘。燕隼通常会直接利用乌鸦的旧巢。为了哺育日渐长大的雏鸟，燕隼甚至会做出各种令人窒息的空中特技动作来追逐雨燕。

燕隼的英文名（hobby）来自古法语单词hober，意为"跳起来"，这可能是指它精妙的飞行动作。即使不是观鸟者，你或许也很熟悉燕隼学名里的种本名*subbuteo*，它跟几代人所喜爱的桌面足球游戏是同一个词。

这种游戏的发明者彼得·阿道夫最初就想称它为"燕隼"，但政府不允许把这个词用作商标。作为一名狂热的观鸟者，彼得便选用了燕隼那原意为"小型的鵟"的种本名来作为替代名。

# 翻石鹬

在潮水已经退去的一个秋日，银鸥和大黑背鸥朝海滩俯冲，抓取一切因退潮而留下的能吃的东西。海滩上还有一群体型较小的鸟儿，它们有着带有斑点的棕色羽饰，四处走动觅食时和地面那些亮闪闪的石头完美地混在一起。这就是翻石鹬。

翻石鹬是身材矮小而壮实的鸻鹬类，正如它们的名字所示，这些鸟儿能把石块或卵石翻开，探寻被海草遮住的小型贝类和甲壳类动物。之后它们会用短而有力的喙处死并拆解这些猎物。

沙滩上这些不太起眼的家伙是了不起的环球旅行家之一。它们的旅行始于北极地区的高纬度繁殖地，终于遍布全球海岸的越冬地；从欧洲到南非，从美国到南美，从泰国到澳大利亚，到处都能见到翻石鹬。有些个体在向南迁徙时途经英国，另一些则会在这里度过整个冬天。

翻石鹬冬季的羽饰相当单调，乏善可陈；但在春季和夏季，它则会变得像玳瑁猫一样，遍布杂乱无章的花纹。鲜明的栗色、黑色和白色糅杂在一起，让它变成了一种真正漂亮的鸟儿。

也许是因为繁殖地太过偏远，它们看起来并不怕人，常常出没于游客众多的海滨度假村周围。有人曾发现翻石鹬在康沃尔郡一家仓库的雨水收集渠里觅食，甚至还有翻石鹬乘坐轮渡过河的记录。

但最吸引人的还是翻石鹬的食性。和一般的鸻鹬类不同，翻石鹬的食性非常广泛，它们会尝试所能遇到的一切东西，一次取食腐尸的行为已经成为鸟类学观察领域的经典事例。

《英国鸟类》杂志的一位通讯员曾经报道，1966年2月，他在女格尔西岛的沙滩漫步时发现5只翻石鹬正在进食。起初他以为那是海边一只溺水而亡的猪，翻石鹬们则从其脸部和脖子上撕扯小片的肌肉。而当他靠近之后，他才惊恐地发现这些翻石鹬正在啄食一具人类尸体。

## 欧歌鸫

秋季，英国的大多数繁殖鸟类早已启程，踏上去往非洲的南迁之旅，此时如果你足够幸运，在东海岸地区撞见了一只歌鸫，那么你不妨仔细观察一下。这只鸟的前胸若是有一些淡淡的、好似鸫类的斑，那么它就很有可能是新疆歌鸫那来自北方且罕见得多的亲戚——欧歌鸫。

在英国的北面或东面，如瑞典南部、芬兰和东欧，欧歌鸫取代了近亲新疆歌鸫。在每个春季，它们的歌声成了布拉格、莫斯科和布达佩斯林木茂密的公园的标志。如果你能看到一只，其浅淡的羽色和上翘的尾巴会让你立刻认出它是歌鸲。但它与在英国或西欧、南欧地区繁殖的新疆歌鸲之间还是存有细微的差异。

除了胸部有类似鸫类的图案之外，它的羽色比亲戚新疆歌鸲更灰且少红褐色。尽管两种歌鸲的鸣唱都有多次重复的段落，但欧歌鸲还有些欧歌鸫的腔调。总的来说，欧歌鸲鸣唱中的哨声、噗噗声和呱呱声不如新疆歌鸲那么变化多端，其曲调渐强的趋势也要少一些，此外它歌唱的节奏更为舒缓，音调也较低。两种歌鸲都喜欢浓厚茂密的灌木，当它们藏身于灌木丛深处歌唱时，往往很难被看到。 181

每年春季和秋季都有少量欧歌鸲飞掠过我们的海岸，它们行踪隐秘，一定有更多的个体潜行于海边的灌木丛里而未被人发现。多数个体行色匆匆，向南飞往非洲东部和南部越冬。

## 松鸦

秋日里林间的寂静时不时会被欧亚鸲哀怨的歌声打破。过了片刻，一个好似放大了的撕扯亚麻布的粗粝高音彻底打破了宁静的气氛，这叫声来自松鸦，它是英国色彩最斑斓，也是最羞涩的鸟类之一。无怪乎它在威尔士被叫作"森林的尖叫者"，而在萨默塞特则被称为"魔鬼的哭喊"。

在通常全身乌黑的鸦科鸟类当中，松鸦可称得上是羽色艳丽了；鸦科种族那昂首阔步、派头十足，同时又富于智慧的特质，它们也一点儿不缺。但到了繁殖季，就体型这么大的鸟而言，它们的行为却能够相当隐秘。它们藏在树林深处，通常会在树干分叉的地方用树枝搭建看起来不太整洁的巢。

你一般会在松鸦飞走的时候发现它们，那亮白色的腰部像是幽暗森林里的一盏明灯。它们的羽色相当醒目：全身是略带粉红的棕色，喉部为黑色，头顶有深色纵纹；两翼黑白分明，还带有鲜艳的蓝色斑块。这些蓝色的羽毛镶有乌黑发亮的边缘，是钓鱼者钟爱的材料，可用来制作钓鳟鱼的飞蝇假饵。

松鸦和橡树有着不同寻常的共生关系。9月和10月里，松鸦变得更为活跃了，你常常能见到它们穿梭于森林和开阔地之间，喙和喉里都塞满了橡子。在这秋季的盛宴中，它们消耗不了这么多的食物，于是会把多余的部分埋在地下储藏起来，作为冬季口粮。有一项研究估计，一只松鸦每天可以储藏5 000粒橡子。

但即便是松鸦这样聪明的鸟类也没法记住每一粒橡子的埋藏地点，于是许多橡子都能生根发芽，长为幼苗，松鸦也因此成了全国范围内的植树专家。而且它们会把橡子埋藏在比原来的橡树更高一些的地方，实际上也帮助橡树林逐渐向山坡上发展。

在秋季，来自欧洲大陆的松鸦有时会大规模入侵，使得英国境内的种群数量大增。若大陆上橡子的产量减少，就会有成千上万的松鸦——有时以每群数百只的规模——飞越北海，来到英国度过余下的秋日和冬天。这时它们凄厉的尖叫会将秋冬季节的寒气渲染得更为阴郁。

# 蓝喉歌鸲

我们喜欢把长着橘红色前胸的欧亚鸲看作是英国最漂亮的小型鸣禽之一。但论及颜值，它却不如自己的一个近亲，我们海岸地区的一位稀客——鸟如其名的蓝喉歌鸲。

第一次见到雄性蓝喉歌鸲的感觉可以说无与伦比。从背后看，它活像是一只欧亚鸲，身体圆实，背部为棕灰色，尾部也总是翘起。然后，它转身面朝着你了，胸前光彩夺目的蓝宝石色围兜就凸显于你眼前，其正中还有红色或白色的斑点。你若是极为幸运地看到一只正在鸣叫的雄鸟，它唱出的一连串嗡嗡、咯咯声，以及清脆的铃声，会让你联想起一只牙牙学语的新疆歌鸲。

雄性蓝喉歌鸲偶尔会在英国的某处建立领域，并且鸣唱数天或者数周。1968年，有一对鸟甚至在苏格兰尝试了繁殖，但它们的卵没能孵化成功。之后，20世纪80年代和90年代的几次繁殖尝试进展顺利，并且胸前带有红点的雄鸟和带有白点的雄鸟都参与其中。考虑到其主要繁殖地距离英国如此之近，不久的将来，这种美丽的鸟儿要是成为英国稳定的繁殖鸟类，也毫不奇怪。

蓝喉歌鸲是夏季经过英国的旅鸟，它们的越冬地在非洲，其广袤的繁殖区域从法国大西洋沿岸一直向东、向北延伸，覆盖整个欧洲大陆，进入亚洲，最后直达白令海峡。

春秋两季，在蓝喉歌鸲往返于繁殖地的旅途中，我们在英国的某些角落能见到它们的身影。春天，华丽的雄鸟很容易识别；但到了秋季，幼鸟和一些雌鸟的羽饰中完全没有蓝色，容易发生混淆。你需要凭借乳白色的眼圈和尾基部两侧的锈红色来认出它们。

## 水栖苇莺

有些鸟类在迁徙时很容易见到，比如家燕会在迁徙途中集群，七嘴八舌，嘈杂地觅食。但是有些鸟类却好像红花侠一样，极为低调和神秘，难得一见。水栖苇莺作为欧洲唯一的全球性受胁鸣禽就属于后者，每年秋季会有少量个体经过英格兰南部。

184

水栖苇莺的生活习性与其名字相吻合，它们在东欧的漫水莎草地中繁殖。这一小片区域西起德国东北部，穿过立陶宛和白俄罗斯，东达乌克兰。这种身上纵纹密布的棕色苇莺的全球种群数量很少，仅有约11 000只成年雄鸟，其生存状态容易受到栖息地被抽水排干、用于集约化农业等活动的威胁。20世纪内，它们的数量下降了95%，这一趋势仍在持续。

大多数源自东欧的候鸟在秋季迁徙时都直接南下，并不会途经英国。但水栖苇莺是个明显的例外：繁殖期结束后，它们首先向西飞行，这样的线路最终会使一些个体沿着英国南部海岸移动，之后再向南经过伊比利亚，进入非洲的越冬地。

英国几乎所有被记录到的水栖苇莺都是由环志工作者发现的，他们用雾网捕捉环志个体时会偶遇这种习性隐秘的鸣禽。但每年还是会有几只水栖苇莺出现在像康沃尔郡的马拉宰恩沼泽这样的著名观鸟点。

成年水栖苇莺与它们更为常见的近亲水蒲苇莺非常相似，后背带有米黄色和黑色的纵纹，腹部为浅白色。还好每年经过英国的水栖苇莺大多是幼鸟，它们的羽色比父母更鲜明，也更容易被观察到，这一点与其他鸟类正好相反。请留意有着如复古条纹硬糖般图案的活泼小鸟，它们的背上有着棕黑色和米黄色相间的纵纹，两条轨道似的深色条纹贯穿背部，头顶则有一道清晰的乳白色顶冠纹。

185

直到不久前，水栖苇莺越冬的确切位置仍是个谜，但多亏了国际鸟盟和英国皇家鸟类保护协会的出色工作，现在谜底终于揭开了。世界各地雨水中所含的化学成分比例不同，并且能通过食物进入鸟类的组织。科学家们利用新近抵达欧洲繁殖地的水栖苇莺的羽毛进行分析，并拿样本与西非的同位素地图进行比对。最终他们锁定了位于塞内加尔西北部的一个重要越冬地，约有 5 000 只至 10 000 只个体在那里越冬，该地点显然成了今后保护水栖苇莺的关键所在。

## 歌篱莺

如果你选择在法国南部或西班牙过暑假，那么你会有很多机会聆听歌篱莺名副其实的鸣唱。它的歌声悦耳而富于变化，时而急促，时而舒缓，那令人喘不过气来的音调似乎是在不断努力追赶自己。其旋律感偶尔会变弱，出现喋喋不休的鼻音，像是在模仿家麻雀。

歌篱莺是行事低调的歌唱家，它们只会偶尔站在暴露的栖枝上，给人仔细观察的机会。它们是中等体型的莺类，略微小于黑顶林莺，有着苔绿色的背、淡黄色的腹部，还有着篱莺属特征鲜明的厚重鸟喙。篱莺属被观鸟者昵称为"河马"，这是因为该属名的头五个字母与河马英文名的简称相同。而绿篱莺学名里的种本名*polyglotta*则来自希腊语，意为"有很多声音的"。

歌篱莺是西欧的夏候鸟，繁殖于橄榄园、庭园和大型的公园，分布范围起于比利时，经过法国、意大利、瑞士和西班牙，直到非洲西北角。它们的越冬地在非洲西部，即从塞内加尔向南，一直到喀麦隆。

你或许会奇怪，为什么一本介绍英国鸟类的书中会出现一种南欧的鸟类？但作为候鸟，歌篱莺对人为划定的国境线嗤之以鼻，因此每年平均有30只歌篱莺出现在我们的滨海区域，时间通常是夏末或秋季，地点往往在英国的西南部，而这一点根据它们的繁殖区域不难预料。

如果你运气足够好，遇上一只你认为是歌篱莺的鸟儿，你需要非常仔细地辨认，以将它与其姐妹种绿篱莺区分开来。最好的方法是观察它两翼上最长的飞羽——歌篱莺的飞羽明显短于绿篱莺，因为前者的迁徙距离相对较短。

为什么歌篱莺的繁殖地离我们如此近，却又恰好避开了不列颠群岛，至今仍是一个谜。2013年7月，有一只歌篱莺雄鸟确实在诺丁汉郡建立了领域并连续鸣唱了数天，但很遗憾，它没能吸引到雌鸟。尽管如此，随着这种鸟类的分布渐渐向北、向东拓展，也许十年或二十年后，歌篱莺就会在英国繁殖了。

## 大苇莺

一只像鸫一样大的苇莺，其鸣声听上去却像是装备了扩音器的蛙鸣，这样的鸟儿既值得观察，又值得聆听。大苇莺鸟如其名，它不仅看起来像一只打了激素的芦苇莺，听起来也像。它体重约33克，体长20厘米，体型比芦苇莺大了1倍，体重更是超过了200%，是欧洲莺类当中不折不扣的大块头。

在9月和10月，也就是候鸟迁徙高峰期，从欧洲大陆来的大苇莺幼鸟有时会一头扎进为研究英国迁徙鸟类而安置的雾网里，每次　187

都会给发现者留下深刻印象。

　　大苇莺其实每年春天都会经过英国，有时候还会出现在几天里占据领域的行为。雄鸟鸣唱时发出的音量相对于它的体型而言十分惊人，那声波可以穿透重重芦苇，至少在500米外也能听闻。雄鸟凭此建立并守卫领域，同时也可以吸引配偶。

　　大苇莺鸣唱的节奏感很强，但在旋律上只是吱吱、嘎嘎，以及一些响亮高音的随意组合。这种鸣唱在人类听来并不算悦耳，但是科学家们发现，它对于吸引雌性大苇莺至关重要。雄鸟的鸣唱越是复杂，它繁衍后代的可能性越高。这种相关性非常强大，以至于有时雌鸟会被更善于歌唱的雄鸟所吸引，离开已有的配偶，去组成新的家庭，在同一个繁殖季内哺育第二窝雏鸟。

　　大苇莺遍布欧洲大陆、北非和亚洲，西至葡萄牙，东到日本，北至瑞典和挪威，都有它们的分布。但奇怪的是，这些鸟至今仍是英国的稀客。因此，那些在这里建立领域的雄鸟带着微弱的希望扯开嗓子高歌，期待过路的雌鸟能听到并停留，与其配对繁殖。到目前为止，它们还没有成功过，但谁又能预言将来呢？

188

## 平原鹨

　　很少有鸟名曾经出现在英国电影的片名当中，平原鹨却正是其中之一。尽管它只是英国滨海区域的罕见访客，但它却在一部早被

遗忘的二战电影中亮相；在整个国家面临潜在的亡国危险之时，这部电影强调了自然世界对于英国的重要性。

这部题为《平原鹨》的电影上映于1944年，片中以鸟儿隐喻英国乡村生活的本质——这种生活其时正受到纳粹的威胁。故事围绕一对非常罕见的平原鹨展开，它们决定在宁静的科茨沃尔德村庄边缘的田野里繁殖。一位正在疗养的战斗机飞行员和他的护士发现了这个鸟巢，并立刻意识到，这窝鸟儿正受到附近军事演习和因战争需要开辟耕地种植食物计划的威胁。

带着典型的英国战时精神，村民们站了出来，人们帮助鸟儿消除了包括一个卑鄙的偷蛋贼在内的一系列威胁。结局皆大欢喜，清晰地表达出没有任何事物能够改变英国的传统乡村生活，这也是鼓舞人心的典型战时宣传格调。

讽刺的是，在1945年二战胜利后接下来的几年中，英国大量的低地景观都被施用化学药物的农耕方式所毁坏，这对农田生境中的鸟类造成了任何人在战前都无法想象的毁灭性打击。

在现实中，平原鹨只是偶尔从欧洲大陆飞到英国的访客。它们在大陆上从沙丘到山腰的沙质和多石区域繁殖，体型大且修长，看起来更像是鹨鸰而非鹨。

189

正如其英文名字（tawny pipit）所示，平原鹨的羽色为暗淡的米棕色，带有一些细微的纵纹，与我们熟悉的草地鹨大不相同。让当年的英国首席鸟类摄影师埃里克·霍斯金懊恼的是，他不得不用草地鹨来替代平原鹨，因为战时他不可能冒险越过英吉利海峡，前往德占区拍摄真实的平原鹨。

# 欧洲丝雀

　　从巴黎的林荫大道到马略卡岛的橄榄树林，从罗马的斗兽场到古希腊的神庙废墟，无论你身处欧洲大陆的什么地方，你都有机会听到一只欧洲丝雀的鸣唱。

　　城市中的这种鸟鸣提醒着你，你已经越过了英吉利海峡，而且由于欧洲丝雀依然只是偶尔出现在英国，这种小巧的、像金丝雀的雀类不断撩拨着这里的观鸟者和鸟类学家。它们在海峡两端来来往往，似乎就要成为英国的稳定繁殖鸟类了，却从未真正兑现过。

　　欧洲丝雀体长12厘米，体重仅13克，可以跟黄雀和小朱顶雀并称欧洲最小的雀类。它看上去就像是一只迷你版的金丝雀，脸颊带有灰色和黄色，胸部为纯黄色，背部有纵纹，喙又短又粗。它在飞行中显露出亮黄色的腰部，这是一个有用的野外辨识特征。

　　它的鸣唱非常特别，那叮叮咚咚的旋律介于金翅雀和戴菊之间，又像是音调更高版本的黍鹀。这声音通常由边飞边唱、蜿蜒掠过郊区花园上空的欧洲丝雀发出。

　　欧洲丝雀是英国罕见但稳定的访客，而且如你所料，大多数的记录都来自英国南部。1967年，在著名的"爱之夏"发生的时节，一对欧洲丝雀在多塞特郡的一座花园里筑巢繁殖。接下来的十年或二十年内，在德文郡、汉普郡和萨塞克斯郡附近有过欧洲丝雀繁殖或尝试繁殖的记录。

　　这种欧洲大陆雀类成为英国稳定繁殖鸟类的希望仍然很大，尤其是在我们的气候正在逐渐变得暖和的情况下。然而由于一些还不清楚的原因，它们仍不适应英伦岛屿上的某些东西。不过它们的确喜爱大型公园和庭园，并且常见于英吉利海峡对岸且分布广泛。所以，让耳朵时刻准备聆听它们那如爵士乐般跳动的旋律吧，这将有可能为你赢得鸟类学领域的声誉。

191

雉鸡和燕雀

白颊黑雁

黑腹滨鹬

大天鹅

翘鼻麻鸭

大山雀和青山雀

黑水鸡、骨顶鸡和琵嘴鸭

苍头燕雀、鹪鹩和林岩鹨

红嘴山鸦

反嘴鹬

凤头麦鸡

游隼

凤头䴙䴘和鹊鸭

绿啄木鸟和纵纹腹小鸮

暴风鹱

白眉歌鸫

白眉歌鸫

红腿石鸡

欧绒鸭

圃鹀

粉脚雁

文须雀

雉鸡

燕雀

灰斑鸠

姬鹬

原鸽

## 10 月

短耳鸮

小嘴乌鸦

戴菊

凤头山雀

黄眉柳莺

灰鹱

白腰叉尾海燕

牛背鹭

角百灵

火冠戴菊

刺歌雀

哀鸽

扫码欣赏
图片和鸟鸣

# 引子

对任何观鸟者而言，10月里总有一日或一夜标志着夏季和秋季的转换。在那个时刻，你能听到头顶传来尖锐的呼啸声，抬头便见到一群飞翔的鸫。这是从冰岛或斯堪的纳维亚迁来的白眉歌鸫，每年秋季平均有100万只以上途经英国，就像镂空的南瓜一样守时。夜里走到室外，你能听见它们颇有穿透力的叫声，这是黑暗中看不见彼此的群体间保持联系的方式。

10月中旬往往会出现白眉歌鸫迁徙的高峰，规模可达数千只的鸟群掠过上空，标志着秋季迁徙的鼎盛期已到。伴随白眉歌鸫出现的可能还有田鸫，它们体型更大，腿和尾也更长，会被我们这里的浆果、蠕虫以及更温和的冬季气候吸引过来。

由于仅有少量的个体在英国境内繁殖，这些前来越冬的鸫类颇引人注目。但还有些我们更为熟悉的候鸟会在每年的这个时候出现。在庭园内，你可能会注意到喙为黑色，全身也较暗淡的欧乌鸫，它们常会让园内原住的欧乌鸫紧张不已。有些这样的欧乌鸫是来自欧洲大陆的幼鸟，也是从大陆涌来的歌鸲、苍头燕雀和欧歌鸫大军中的一分子。

最令人惊讶的来客是戴菊，它们看起来弱不禁风，似乎没法跨越北海的开阔水域，但在10月的英国境内却几乎随处可见。适应了它们细微但穿透力十足的鸣叫之后，你会在林地、海滨沙丘或城市公园内找到这些访客，它们在那些地方跟我们的留鸟混在一起。循着每一声高频的"screep"，你也许就能找到一只火冠戴菊，它眼周有着黑白相间的条纹，颈部两侧为金黄色，在它喜欢待着的冬青树和常春藤的幽暗叶子之间就像珠宝般闪耀。

194

两种戴菊是英国最小的鸟类。处于另一个极端的则是我们最重的一些飞禽——不列颠群岛为许多雁鸭类提供了关键的冬季庇护所。巨大的大天鹅结成家庭群，从冰岛和斯堪的纳维亚飞到位于苏格兰、爱尔兰和英格兰北部的传统越冬地。作为它们体型稍小的亲戚，小天鹅则是从更为遥远的西伯利亚苔原来到这里的。在英格兰东部的低地沼泽和牧场里，小天鹅用结实且黄黑相间的喙一口一口吃着谷物及蔬菜根茎，它们发出的响亮号声让周遭变得喧闹而活跃。来自俄罗斯、斯瓦尔巴群岛和加拿大东部的黑雁，以及从格陵兰岛和斯瓦尔巴群岛飞来的白颊黑雁，也正大量抵达。

已经换上整洁冬羽的野鸭们也在此时大批前来。从斯堪的纳维亚或俄罗斯飞来的仪态端庄的赤颈鸭、针尾鸭和绿翅鸭在沼泽与河口中游水，或是在岸上吃草，身边出没着如塍鹬、灰斑鸻和红腹滨鹬这样的鸻鹬类。这些水鸟的上空飞舞着最后一批稀稀拉拉南迁的白腹毛脚燕与家燕，这也是当下与夏日的最后一点联系了。

10月还有其他许多动人之处。不列颠群岛地处广袤的欧亚大陆边缘，又紧邻大西洋，其优越的位置对来自世界各地的迷路或偏航的候鸟而言，有着磁石般的吸引力。东北风引来源自北面和东面的异域鸟种之时，已是强弩之末的美洲飓风则将它们裹挟的小型鸣禽甩过大西洋。

难怪狂热的推鸟者，也就是痴迷于找寻稀有鸟种的人，会把自己10月的日程安排都空出来。此时他们随着候鸟而行，聚集在不列颠的极远之地：爱尔兰西南角的克利尔岛、锡利群岛、外赫布里底群岛和设得兰群岛。他们在这些地方就像《爱丽丝梦游仙境》里的白皇后，能在早餐前相信多达六桩不可能的事情。罕见的鸟儿可遇而不可求。没人敢相信一只红喉歌鸲会跟英国第二次记录到的、来自北美的栗颊林莺在同一周内出现在相同的群岛上。然而，2013年的10月，这样的事真的发生在了设得兰群岛。

195　　　意想不到的新出现的鸟儿，也带来了如何确立有关它们记录有效性的问题。评估一只鸟是否为自然出现的迷鸟，有着各种各样奇怪的规则。一只鸟是否通过搭过往船只的便车而来？若确系如此，那船员或乘客是否喂过它？更糟的是，它是不是从托运的笼子里逃出来的呢？每年秋季都会谣传四起，猜测纷纷，那些没看到罕见鸟的人尤其想找机会证明自己没错过什么。

有些对于英国而言极为罕见的鸟儿在其分布区内可能是常见种类，但是到了这里就会受到隆重欢迎。尽管在老家常见到被人视作"垃圾鸟"的地步，但当一只来自北美的哀鸽现身于此的时候，它却会由于出现在了不该出现的地方而获得很大魅力。但无论稀有迷鸟受到了多么热烈的追捧，资深的推鸟者举起自己的望远镜观察时也清楚，此举同样是对在海上旅途中不幸丧生的无数鸟儿的纪念。

10月里某些罕见鸟儿的到来令人惊讶，它们也许正在形成新的迁徙路线。更妙的是，它们有机会回到原有的繁殖地去。黄眉柳莺是一种黄绿色的候鸟，看起来弱不禁风，可每年秋天会有数百只黄眉柳莺从西伯利亚的繁殖地跨越数千英里来到英国，而它们此刻的越冬地其实应在东南亚。科学家们现在认为，这些个体属于一个独立的种群，它们在返回西伯利亚森林繁殖前，于南欧或西非的某地越冬。不管它们是由于什么原因而来，没人能否认，在一群山雀和莺类当中找出这样一个小精灵时，真正的自豪感会油然而生。

## 白眉歌鸫

白眉歌鸫在夜晚飞过我们头顶时发出又软又细的"seep"声，这叫声如同飘落的黄叶、湿润的人行道和篝火堆升起的袅袅青烟，成了秋日的一部分。有时它们掠过夜空的队形肉眼难见，但即便到处燃放着烟火，空气里充满火药的气味，你仍能听见这种叫声。

从冰岛和斯堪的纳维亚跨海飞来的白眉歌鸫自东面与北面涌入 196
英国，总数超过100万只，它们到这里来寻找一个越冬场所。我们的冬季气候比白眉歌鸫阴沉而寒冷的繁殖地更为温和，它们在这里也更容易找到浆果、无脊椎动物，尤其是像蠕虫这样的食物。

白眉歌鸫比我们所熟悉的欧歌鸫体型更小，也更轻，是英国最小的鸫科鸟类，其英文名（redwing）源自两胁的锈红色斑块。你还能根据它们深棕色的上体和眼睛上方醒目的乳白色眉纹来把它们与其他鸫类区分开。虽有为数不多的几对在苏格兰北部繁殖，白眉歌鸫基本还是秋冬季节出现在不列颠群岛的候鸟，也是每年这个时候我们能观察到的最为常见，分布也最广的来客之一。

和其他许多鸣禽一样，白眉歌鸫在夜间迁徙，我们头顶上空传来的鸣叫是它们彼此间用来保持联系的方式。清晨来临时，这些新到的访客会群集在果园或山楂树的树篱上，跟许多同样渡海而来的田鸫及欧乌鸫混在一起。

如果天气变冷，尤其是当大雪覆盖了它们寻觅蠕虫的田地时，白眉歌鸫会冒险进入公园和庭园，食用浆果和掉落的苹果。若坏天气持续，它们很快就会起程，继续向南和向西寻找更温暖的环境。它们就像游牧民族，头一年在英国越冬的鸟儿，也许第二年冬天就在东欧生活了。

197

## 红腿石鸡

尽管红腿石鸡喷气及喘息的声音像是蒸汽火车，身形矮胖，两腿短小，但它仍是一种非常漂亮的鸟类。很多低地农场里都有它的身影，在英国东部和南部尤其普遍。

自17世纪以来，原本生活在欧洲大陆的红腿石鸡被作为一种猎禽成功地引入英国，它们有时也被叫作"法国石鸡"，好跟本地的"英国石鸡"——灰山鹑相区别。从那以后，红腿石鸡就在我们的乡村兴盛起来，数量逐渐增多，每年还有600万只左右的鸟儿被放到野外，供人狩猎。

它们大多在秋季被放到野外，这就是一年中的这个时节，你在英国较为干燥的环境里能见到小群红腿石鸡的原因。从远处看，它们匍匐在耕地里，就像是干结的土块；但靠近观察，红腿石鸡身上带有花纹的漂亮羽饰便一览无余。

它们的两胁带有如老虎般的新月形条纹，浅灰色、栗色和黑色相间；脸颊多为白色，但有一道像眼罩似的黑色过眼纹。它们的眼圈、喙和双腿都是暗红色的。若你靠得太近，红腿石鸡会飞快地跑开或飞走，同时发出像焦躁不安的小鸡般响亮的咯咯声。

红腿石鸡的鸣唱——如果能算作鸣唱的话——是一种有节奏的嚓嚓声，很像远处蒸汽引擎发出的声音。春天，你能在几英里之外听见站在树桩或篱笆桩上的雄鸟的鸣唱。雌鸟通常每年产2窝卵，每窝有12枚卵，甚至更多。它自己会孵化其中一窝，另一窝则由雄鸟来照料。

198

雏鸟在出壳后不久就离巢了，它们跟在父母身后四处游荡，像一队还不太守纪律的小学生。仅十天之后，幼鸟就会飞了，它们也就可以更好地躲避危险了。

## 欧绒鸭

当你坐在英国北部任意一个海港的防浪堤上时，你可能会惊讶地听到一种声音，它好似童话剧中的女性角色发出的惊慌且令人反感的哭喊，特别像是在模仿已故喜剧演员弗朗基·豪尔德。

朝下方的海里望去，你会发现这独特的声音来自雄性欧绒鸭——一种黑白分明的大型野鸭。它们是属于北方海域的野鸭，广泛分布于北半球的大西洋、北冰洋和太平洋。

欧绒鸭最为出名的是其胸部柔软蓬松的绒毛，它们会将这种绒毛衬垫在自己的巢里，这也是"鸭绒"的最早来源。如今我们使用由家鸭绒填充的羽绒被，绒鸭的鸭绒已经成了明日黄花，大多数人也不会将家居用品跟这种野鸭联系起来。纯正欧绒鸭鸭绒的价格已高达每千克500英镑，这样的产品现在成了富豪专用品，也就毫不奇怪了。

在冰岛仍有收获欧绒鸭鸭绒的活动，按照传统方式，那里的农民要从30个巢里才能收集到1磅鸭绒。他们在欧绒鸭繁殖季开始前就着手收集，留下足够的鸭绒，以防绒鸭卵失温，同时又能刺激雌鸟从胸前拔出更多鸭绒，为孵化中的卵隔热保暖。这个过程会一直持续到雏鸟孵化。离巢后的雏鸟会和其他家庭的宝宝组成一个绒鸭幼儿园，由几只雌鸟共同照看，这样可以更有效地抵御捕食者。

雌绒鸭在巢中孵卵时非常容易接近，它们靠着带有许多横斑的棕色羽饰作为保护色。雄鸟则要引人注目得多，它们身形粗壮，全身黑白相间，脖颈上还带有浅绿色，胸部染有淡淡的粉色。

对于人类来说，欧绒鸭雄鸟的叫声可能太过戏剧化了，也与其壮汉般的外表并不相符，但这声音能给在一旁观察的雌鸟留下好印

199

象。英格兰北部和苏格兰沿海的欧绒鸭繁殖地是英国最有可能听到这种古怪叫声的地方。其中一个主要繁殖地位于诺森伯兰郡外海的霍利岛（也被叫作林迪斯法恩），17世纪，这里曾经住着一位名叫卡思伯特的修道士。

卡思伯特修道士后来被尊奉为圣徒，他是最早开始保护鸟类的人之一，跟欧绒鸭有着特别亲密的关系。如今在当地，欧绒鸭被称作圣卡思伯特鸭或卡迪鸭，在这海风吹拂、风景如画的海岸上，我们仍能听到它们为圣贤保护者而唱的嘹亮赞歌。

## 圃鹀

吃一只小型鸣禽的念头对大多数人而言都显得惊世骇俗，但我们欧洲大陆上的一些邻居可没有这样的禁忌。在他们食用的所有小鸟当中，圃鹀这种相对惧生且外形并不出众的鹀最受追捧。

看起来短小精干的圃鹀是我们黄鹀的亲戚，它的身体为锈棕色，头部为橄榄色，髭纹和喉部都是柠檬黄色，眼圈为黄色。圃鹀并不在英国境内繁殖，但在春秋两季往返于欧洲北部繁殖地时会有少量个体途经英国。它的英文名来自普罗旺斯语，其源头是拉丁文单词hortulanus，意为"属于花园的"。

200

圃鹀是坚韧的小鸟，有些甚至在瑞典北部和芬兰的北极圈以内地区筑巢繁殖，它们的繁殖地也向南经过荷兰、比利时、卢森堡，直至法国和西班牙。圃鹀在非洲越冬，地点位于从塞拉利昂至埃塞俄比亚的带状区域内。

圃鹀在南迁途中经过欧洲时，猎人们正张网以待。按照传统要求，这些不幸的小鸟一旦被抓住，就会被关在暗处并喂以小米。这些鸟喂肥之后会被运到阿马尼亚克地区，在一种古怪而复杂的仪式中被烤熟并整只吃掉。

按照习惯，食客用餐时头上要盖一块布，这样有助于他们仔细品味圃鹀独特的香味。20世纪90年代中期，每年约有5万只圃鹀被捕捉，以满足这种误入歧途的对所谓美食的痴迷，并且加速了这种小鸟数量的衰减。如今圃鹀已经受到了《欧盟鸟类保护指令》的全面保护，禁止捕捉、杀害和贩卖。

尽管如此，吃圃鹀的习俗仍在继续，有些大人物的明知故犯起到了推波助澜的作用。1996年，就在法国前总统弗朗索瓦·密特朗去世前不久，作为他临终盛宴的一部分，他按照传统方式头盖白布吃光了好几只圃鹀，连骨头都不剩。对于头上盖布的行为，也有一种解释称是为了不让上帝看到食客的贪婪。

# 粉脚雁

当大群粉脚雁涌入英国，在英格兰和苏格兰的传统越冬地里享用土豆与甜菜大餐时，空中便充满了仿佛由几百辆自行车的车轮发

出的吱吱声。

看见或听到粉脚雁群从海边泥滩上的夜栖地飞往内陆觅食，是一种令人心潮澎湃的体验。它们排成长列飞过拂晓的天空，那蜿蜒的队形和勾起人回忆的叫声都在宣告秋天已经真正来临了。 201

成千上万的粉脚雁从冰岛或格陵兰东部跨海飞来，它们将在英格兰的西北部、苏格兰的东部和南部，以及东安格利亚地区的宽阔河口三角洲度过秋季和冬天。让人难以置信的是，全球超过80%的粉脚雁都在英国越冬，只有在分布区最北端的斯瓦尔巴群岛繁殖的粉脚雁才会越过北海，到丹麦、荷兰和比利时越冬。

粉脚雁通常会在开阔而泥泞的田地里以谷物秸秆、没收获的土豆或甜菜为食。在这样的环境中，它们棕灰色的羽饰是很好的保护。该种的数量一直在快速增长，尤其是在甜菜种植量同样处于增长阶段的诺福克郡。以家庭群的形式进行迁徙，使得它们能够充分利用这种农业生产上的变化，双亲可以将关于最佳越冬区域的信息传递给后代。

像许多雁类一样，粉脚雁也非常机警，觅食时总会有一些个体充当哨兵，始终昂着头警戒着周围的潜在威胁。在地面活动时，你可凭借粉脚雁那颜色较深的头部和颈部，以及略带粉色的喙，把它们与其他灰色的雁区别开来。而当它们大量起飞，涌入天空时，由频率更高的叫声汇成的合声是粉脚雁最明显的辨识特点，这叫声也是深秋到冬季最典型的声音之一。 202

# 文须雀

在狂风大作的秋日里，当你扫视一片芦苇荡时，一种好像数台微型收银机发出的铃声随风飘散。这种带有金属质感的"ker-ching, ker-ching"声，是由文须雀发出的，它是最适应湿地生活的鸟类之一。

文须雀肯定能赢得"最名不副实的英国鸟类"大奖，因为这种小巧可爱的鸟儿既没有胡子，也不是一种山雀。它的演化起源还是一个谜：它曾被认为是鸦雀，这是一类主要分布于亚洲热带及亚热带地区的鸟类；现在的DNA研究则表明，文须雀与云雀的亲缘关系更近。考虑到它们偏好芦苇生境，"须芦雀"或"芦苇鸡"也许是更为恰当的名称，但是这两个名字从未被广泛采纳。总之，雄性文须雀的短粗鸟喙两边并不是络腮胡，而是连傅满洲大人都要羡慕的招摇长髭。

雄性文须雀羽色漂亮：它的全身为暖色调的浅黄褐色，与头部的灰紫色区别明显；喙为黄色，还有两撇俏皮的髭须。雌鸟没有髭须，羽色也更朴素和暗淡，但雌雄均有一条长尾，它们停在芦苇秆上时，它可以帮助它们保持平衡。当文须雀跳跃着飞过芦苇荡，在它们扎进芦苇丛消失不见之前，这条长尾很容易被我们的眼睛捕捉到。

文须雀热爱芦苇丛。它们几乎在芦苇中度过整个一生，夏季在这里捕捉昆虫，冬季则取食芦苇的种子，还用芦苇秆和花序筑成它们的巢。因此，在英国观察文须雀的最佳区域是东安格利亚地区的广袤滨海芦苇湿地，不过它们最近也在包括萨默塞特平原在内的内陆湿地安了家。

文须雀在秋季通常会进行距离不定的扩散，两只文须雀雌鸟在伦敦海德公园蜿蜒水系中的一小片芦苇滩度过了上一个冬天，令首都的观鸟者和好奇的路人都开心不已。

然而，知道文须雀在哪儿是一回事，能在无数摇曳的芦苇中看到它们则是另一回事。有时候，你能在通往开阔水面的水道附近的芦苇秆基部看到一群文须雀。但多数时候，它们的叫声才是最好的指引，循着声音，你才有机会看到这些身材修长又拖着长尾的小鸟在芦苇丛飞进飞出。

## 雉鸡

雉鸡粗粝的双声短鸣是英国大多数乡间不可或缺的声音，然而，这种外表带着异域风情的鸟类的真正产地，其实远至西南亚高加索山脉。

但拜英国人所赐，雉鸡已经成了遍布世界的生物。作为世界上分布最广泛也最成功的引入种之一，它们已经被引入约50个国家。

除南极之外，如今每个大洲上都有雉鸡的身影。

204        雉鸡如此常见，以至于我们对它们已经视而不见了。然而，雄性雉鸡那带着黄铜色金属光泽的羽毛、红色的脸颊，还有与身体等长的长尾，使它们成为一种非常美丽的鸟儿。人工圈养繁育还使它们产生了一系列的羽色变异，有些个体可能有白色颈圈，有些则没有，有些个体的周身是带有金属光泽的绿色，个别情况下甚至还会出现纯白色的个体。

雉鸡起初由诺曼人带到英国，甚至也许由更早的罗马人带来，它们融入我们乡间的环境已经很久了，如今完全算是一种本地的鸟类了。肉质鲜美显然是雉鸡被引入的原因，而且它们飞行迅疾，可供喜爱狩猎的人炫技。但它们在这里无处不在完全是人为的，每年至少有3 000万只人工圈养繁殖的雉鸡被释放到野外，以维持上百万英镑的狩猎生意。

每年野放如此多的雉鸡，对我们的自然景观也不可避免地造成了巨大影响：在19世纪圈地法案通过后，有组织的狩猎雉鸡活动开始变得流行，大量的树林和灌木丛要么免于被砍伐，要么被有意种植出来，以便为雉鸡提供隐蔽场所。

这些举措，再加上冬季给雉鸡投喂谷物，为诸如燕雀、鸫、麻雀之类的小型食种鸟类提供了栖息环境与额外的食物来源。而另一方面，为了保护野放的雉鸡，乌鸦、狐狸、猛禽等多种捕食者都被人为"控制数量"（比如设置陷阱、下毒或射杀）。据说在20世纪早期，一个猎场管理员甚至曾射杀新疆歌鸲，以免其歌声惊扰到他珍贵的雉鸡雏鸟。

昆虫学家则担心数量如此巨大的雉鸡会影响到昆虫幼虫，尤其是蝴蝶和蛾类毛毛虫的数量。还有证据表明，雉鸡的存在已经降低了蛇蜥和蝰蛇的数量。

从雉鸡藏身躲避天敌的茂密植被中常常会传出雄鸟召集其他家庭成员的粗粝叫声，还往往伴随着一阵响亮而纷乱的振翅声。雉鸡通常会用鸣叫来回应周围的响声或震动，有传言称它们会在地震来袭前发出叫声。二战中，肯特郡的雉鸡甚至会对英吉利海峡另一边传来的枪炮声做出回应。

205

## 燕雀

凉意袭人的秋日，你踩着落叶穿行于一片看似了无生趣的山毛榉树林。不一会儿，从树冠层的某处传来一阵响亮的、带着鼻音的鸟鸣，鸟儿们像是在说"bubble-and-squeak"（意为"泡泡和吱吱"），这意味着燕雀已经回来过冬了。

燕雀像是在英国更常见也更为人所熟悉的苍头燕雀的北方胞亲，它们在斯堪的纳维亚和俄罗斯的广袤土地上繁殖，在桦树林与松林中营巢。

每年秋天，燕雀都飞往南方寻找种子食物越冬，它们尤其喜欢山毛榉结出的小型金字塔状的坚果。若某处结实颇丰，那么大群燕雀就会聚在一起进食、休憩。事实上，有史以来最大的一次单一鸟种集群出现在1951年至1952年的冬季，当时瑞士竟记录到了一群数量达7 000万只的燕雀，占该种全球总数量里相当大的一部分。

作为能聚集如此巨量个体的一种鸟类，燕雀尽管偶尔也会出现在花园的饲鸟台上，我们对它们却不太熟悉。试想一只身披秋装的苍头燕雀，它的头部为深色，体羽染有一些浅浅的桃红色，背部和两胁还有斑驳的鳞纹。你如果对辨认还存有任何疑问，那么就等着观察它们飞走时显露出的亮白色腰部，这便是确凿无疑的特征了。

206

燕雀时常会跟苍头燕雀混群，加以练习的话，当它们从头顶飞过时，你能通过带有更多鼻音的鸣叫将其认出。燕雀几乎只在冬季来访，所以我们并不经常听到它们的鸣唱。尽管也有极少数个体在英国境内繁殖，但都是在苏格兰。到了晴朗的春日，如果足够幸运的话，你也许能够听到燕雀雄鸟那喘息似的歌声，此时它们就要准备离开，飞回北方的森林了。

## 灰斑鸻

秋日阳光洒在河口泥滩上，闪出粼粼的波光，这时你能听到灰斑鸻的叫声在此回荡，那三音节的哨声萦绕在空中，似乎体现出我们滨海区域的辽阔。但你若看到了这只鸟本身，也许会略有些失望。灰斑鸻貌如其名，至少在秋冬季节，它们就是敦实的灰色鸻鹬类，长着短短的双腿和喙，深色的眼睛倒是显得很大。

尽管灰斑鸻的羽色在非繁殖季十分乏味，但在春夏两季，它们却有着完全不同的装扮。到了繁殖季节，它们看起来更加符合其在北美地区的名称——黑腹鸻，从脸颊一直延伸到尾羽下方的黑色，跟闪着斑驳银色细纹的背和两翼形成鲜明对比。我们在英国很少有幸见到完全换上华丽繁殖羽的灰斑鸻，不过每年5月最晚离开的那些落在大部队后面的鸟儿常常已接近换上繁殖羽了。

观察在滩涂上觅食的灰斑鸻，不大能体验到小型鸻鹬类表现出 207 的那种紧张感。灰斑鸻的觅食方法显得更加深思熟虑，它们采用典型的"跑动，停止，啄食"技巧。许多鸻科鸟类都会采取这种方法，用相对短小的喙从淤泥表层啄取蠕虫和虾蟹；而像杓鹬或蛎鹬这样喙长的鸻鹬类却会把喙深深地插入泥中。

灰斑鸻在河口区域并不集群，彼此间反而会隔开一定距离，甚至会连续两个冬季保卫同一片泥滩。尽管样子很像亲戚欧金鸻，但灰斑鸻飞行时会露出腋下的黑色部分，这个部位的羽毛被称作腋羽，并且它们的叫声与欧金鸻也很不相同。

灰斑鸻在北美和西伯利亚的北极圈内繁殖，它们在苔原上的苔藓和地衣之间产下4枚色彩斑驳的卵。一些非繁殖个体偶尔也会在英国度夏，迁来越冬的灰斑鸻则是从7月开始陆续出现，届时它们幽怨的哨音又会传遍闪亮的泥滩了。

## 姬鹬

姬鹬是一种在不同季节里性格迥异的鸟类。在冬季，它安静而

神秘，以至于没几个英国观鸟者能在这个季节好好观察到一只姬
鹬。但到了夏天，它又变得极端外向，雄鸟在潮湿的领域上空做炫
耀飞行，还发出不同凡响的鸣唱，这声音就像是远处有一匹骏马在
沿路慢跑。

208　　　　遗憾的是，如果想听到姬鹬雄鸟的这种歌声，那你必须在仲夏
时节前往斯堪的纳维亚的沼泽和泥潭，因为它们就在那里潮湿的草
丛当中繁殖。

当北方的繁殖地被冰雪所覆盖，姬鹬便向南、向西迁徙，其中
有许多会在不列颠群岛过冬。它们喜欢滋生大量蠕虫，同时又有一
些低矮的青草或灯芯草丛可供藏身的泥泞环境。这些小型鹬类都
是伪装大师，深色的背上带有鲜黄色的条纹，当它们藏在草丛中时，
这些条纹正好打乱了身上的图案，除非它们自己突然从你脚旁跳出
来，否则不大可能被发现。

躲在一个观鸟掩体里，则会有更好的机会观察到觅食的姬鹬。
它们在低矮植被间探寻食物时，常常会做一种上下摆动的奇怪动作，
像是头部被装在了铰链上似的。这种怪异的习性有时候会使人注意
到姬鹬的存在。

姬鹬对自身的伪装非常自信，有的鸟甚至在被人拾起来的时候
还一副无动于衷的样子。

姬鹬英文名（jack snipe）中的jack是形容词"小"的意思，它们也确实比扇尾沙锥小得多。当它们飞行时，你会注意到它们的喙也明显要短得多。因此，过去它们也被叫作"半截嘴沙锥"。

与发出沙哑、刺耳的鸣叫的扇尾沙锥不同，姬鹬飞行时往往会保持沉默，而且在再次降落并隐藏起来之前并不会飞太远。扇尾沙锥则相反，它们的飞行轨迹呈锯齿状，并且每次飞很远才会落下。

## 原鸽

在城市里满是污垢的街道上躲闪着行人，或是在苏格兰最北端回荡着涛声的拱形海蚀洞里哺育后代——这便是原鸽的双重生活，这种鸟在两个完全不同的世界各插一脚（或者说一翅）。

这种曾被伍迪·艾伦戏剧化地描述成"长着翅膀的老鼠"的鸟类，对于很多居民来说是都市生活的灾星。这些被人类驯化了的原鸽又被称作"野化家鸽"，包括前伦敦市长肯·利文斯通在内的各路政客，都试图禁止它们出现在城市街道或广场上，可野化家鸽一如既往地跟我们生活在一起。这些具有代表性的城市鸟类被认为会欺负喂食器上的雀形目小鸟，同时还会传播疾病。

但无论你对这种被鸟类学家埃里克·西姆斯称为"市井鸽子"的鸟儿抱有何种看法，你都不得不钦佩它们超乎寻常的适应能力。在

209

过去超过千年的岁月里，同样由原鸽驯化出的无数品种让鸽子爱好者们着迷，它们曾被用于传递至关重要的战争情报，被繁育为饲养在鸽房里供人观赏的各式白鸽，其粪便还曾被用来制作火药。

但是这种魅力十足的鸟类还有不为人知的另一面。真正野生的原鸽是羞涩而深居简出的生物，它们回避与人类的一切接触，仍然生活在苏格兰西北部的岩洞和海边崖壁之间的原生栖息地。在那里，它们在泼溅的浪花之间飞翔，身上整洁的灰色羽毛、两翼上的两道黑斑以及白色的腰部都一览无余。

对有些观鸟者而言，原鸽是个悖论，他们一方面对市井鸽子嗤之以鼻，另一方面又对其野生的先祖趋之若鹜。但要区分野生的原鸽和野化家鸽真的很难，后者现在已经扩散，进入了原鸽的栖息地，并和野生个体发生了杂交。原鸽的野外种群还能在英国生存多久，这个问题有待商榷；它们的时日似乎已经不多了。但我们怎会知道210 它们最终何时消失呢？

# 短耳鸮

光天化日下见到一只猫头鹰飞来飞去的意外感，只有短耳鸮的优雅和敏捷可与之相配。这是英国最特别的猛禽之一，雄鸟的鸣叫会提醒你注意它那戏剧化的炫耀飞行。

正在捕猎的短耳鸮的羽色看起来出人意料地浅淡，两翼极长，当它在草地或者荒原上空盘旋时，它就像是一只同样喜欢在这种开阔、荒凉的环境里捕食的白尾鹞雌鸟。但如果看得足够真切，你会注意到它的圆形面盘上有一双炯炯有神的黄色眼睛，长长的初级飞羽基部还有明显的浅色区域，这一特征即便在光线不好的情况下依然突出。不过你没法在它飞行时看到它头顶的那对"短耳"，它们其实是两小簇突出的羽毛，并非真正的耳朵。

短耳鸮过着游荡的生活，它们漫游于广阔的乡野，偏好在荒地或高草地中繁衍后代。它们喜好的猎物是小型哺乳动物，尤其是田鼠和小鼠类。但由于猎物数量，特别是田鼠的数量在有的年份会比其他年份更多，所以短耳鸮的数量也会因食物的多寡而产生相应的波动。

对田鼠的依赖迫使短耳鸮为追逐食物而迁徙，每年秋天，许多个体会从斯堪的纳维亚飞越北海，到英国过冬。它们通常随着迁徙的丘鹬一起到达，因此也曾被叫作"丘鹬猫头鹰"。

秋日里，一只短耳鸮从北海飞入陆地，有时候还会被周围的海鸥骚扰，这场景对我们来说颇有点儿超现实的感觉，但对它而言，这只是急着要找寻食物的正常表现。有些年份迁来的短耳鸮在数量上远高于其他年份，它们也会大量涌入往常短耳鸮不太常见的地区，比如英格兰西南部。 211

有些越冬的短耳鸮会留在英国繁衍后代，从而扩大我们这里不算多的留居种群的规模，它们主要分布在英格兰北部和苏格兰。雌鸟通常选择在密实的石南丛或栽种针叶树苗的林场里营巢。雄鸟拍打着长长的两翼向配偶展示炫耀飞行，同时发出鸣叫宣示领域，但如果你靠得太近，它们很快就会发出吠叫表达不满。

# 小嘴乌鸦

　　塞缪尔·约翰逊在他编写的《英语词典》中把小嘴乌鸦定义成"一种吃动物尸体的黑色大鸟"。这种鸟令人毛骨悚然的名声，加上那乌黑的外表与粗粝、急迫的叫声，能让头脑最冷静的人也战栗不已。

　　乌鸦总是预示着凶兆。粗壮有力的喙、闪着寒光的眼睛，还有丧服般的羽色，都暗示着死亡和毁灭，所以，英语把murder（意为"凶手"）作为指代一群乌鸦的集合名词，也就不足为怪了。谁又能忘记希区柯克的惊悚电影《群鸟》中那铺天盖地的乌鸦呢？（尽管在达夫妮·杜穆里埃的原著中袭击人类的并不是乌鸦，而是海鸥。）

　　在英国，小嘴乌鸦是非常成功的鸟类，在城镇和乡村里都极为
212 常见。尽管它们被猎场看守称作鸟巢强盗，但它们也是重要的拾荒者——我们的垃圾堆上除了无处不在的海鸥，还会有黑压压的乌鸦群。它们还是一种令人不得不佩服其智慧与适应能力的鸟类。

　　《伊索寓言》里讲过一只乌鸦的故事，这只鸟把石头丢进水罐，抬高水位，直到自己能喝到水为止。人们还发现小嘴乌鸦能够在石头上把海贝砸碎，甚至还能在飞行中突然从河面叼起鱼来。它们永远会让人感到惊奇。有关乌鸦最奇特的发现之一是有的个体会倒挂

在电话线上，它们这样做，也许只是为了好玩而已。小嘴乌鸦实在是一种不可思议的生物。

在苏格兰北部、爱尔兰以及马恩岛，小嘴乌鸦被它们的近亲——冠小嘴乌鸦所取代，这种乌鸦的头部、两翼和尾是灰色而非黑色。然而，在苏格兰低海拔地区、英格兰和威尔士，想要区分小嘴乌鸦与同属鸦科的渡鸦、寒鸦以及秃鼻乌鸦，并不太容易。和那些鸦科鸟类比起来，小嘴乌鸦是特征最少的一种，它没有寒鸦那样的灰色肩部，也没有秃鼻乌鸦灰白色的喙基部，更没有渡鸦那样大如鸢的块头。不过，你总是能通过急促而不祥的叫声识别出它们。

## 戴菊

戴菊真是撩人的鸟儿，它们有时只是层层针叶林中的一声低语，但有时又会跳到你面前，你甚至不用望远镜就能观察。它们高频的叫声混着有节奏的、忽远忽近的鸣唱，让这些细小的家伙很难被找到，它们的尺寸更是完全帮不上忙。戴菊差点就是英国最小的鸟类了，其身长只有9厘米，体重不过5克，差不多就是一张A4纸或一枚20便士硬币的重量。

这些小毛球是躁动不安的小个子，它们不停地在树枝和树叶间移动，寻觅虫子。若两只戴菊相遇，你也许能看到它们竖起头顶火红的冠羽，以示炫耀或威胁——这对一只基本为橄榄绿色的鸟来说的确是一抹意想不到的亮色。雄鸟的顶冠为橘色，雌鸟的则是黄色。

戴菊用蜘蛛丝、苔藓和羽毛在针叶树上筑巢，从大面积的林场到郊区花园里的独木，都会有它们看似脆弱的巢。它们通常会把巢编织在树枝的最末端，以最大限度地保障卵和雏鸟的安全。

整个春夏两季，戴菊雄鸟都发出频率极高的鸣唱，那声音高到许多岁数较大的人根本就听不见。但到了10月和11月，在花园、树林，甚至海边的山丘上，它们尖锐的叫声就几乎随处都能听到了。每一年的这个时段，大群的戴菊从欧洲大陆，尤其是斯堪的纳维亚涌入英国。

人们曾经认为，体型这么小的鸟不可能完成越过北海的旅程。由于它们到达英国的时间与丘鹬相同，有人曾相信它们是坐在丘鹬的背上迁徙，因此小小的戴菊也就有了"丘鹬飞行员"的雅号。

## 凤头山雀

到苏格兰北部古老的喀里多尼亚针叶林旅行，很有可能听到凤头山雀轻柔的咕咕颤音。

凤头山雀尽管广泛分布于阔叶林和针叶林中，在欧洲大陆相当常见，但在英国却只见于苏格兰高地中部，在那里，它们也只生活在有着厚厚的地表灌丛植被的成熟针叶林里，这些森林中有大量的死树可供它们营巢。

斯佩塞德的凤头山雀种群名气最大。位于当地加腾湖畔的森林因春夏两季有鹗在此筑巢而闻名，也是一个繁盛的凤头山雀种群的家园。

观察凤头山雀令人愉悦，它们像杂技演员般在覆盖着地衣的松枝间跳跃，在一丛丛的松针之间寻觅昆虫。该种最明显的野外特征就写在名字里面，而且它们作为英国唯一有着冠羽的小型鸣禽，辨认起来毫无困难。你如果还存有任何疑问的话，可以查看勾勒出霜灰色脸颊轮廓的黑色纹路。

凤头山雀通常在中空的树桩里筑巢繁殖，不过也有一对凤头山雀被记录到在红松鼠的一个旧巢穴里做窝。4月底到5月初的时候，凤头山雀雌鸟已产下5到6枚卵。到了6月初，幼鸟就能跟着父母在松枝间活动了。

凤头山雀通常并不会长距离移动，这也许能解释它们为什么没出现在苏格兰其他适宜的针叶林环境当中。英国南部很少能见到凤头山雀，仅有的几次记录看到的可能都是来自法国或荷兰、比利时等低地国家的迷鸟，这些地方的凤头山雀比生活在欧洲大陆北方的种群流动性更大。

215

# 黄眉柳莺

10月的海滩上，一棵欧亚槭或黄花柳的叶子卷曲起来，并在大风中摆动，一阵响亮而急促的"soo-ee"声在其间响起，保证能让观鸟者心跳加速。这很可能是一只煤山雀，甚至也像是一只奇怪的叽喳柳莺，但在这鸣叫声中似乎还有一些不熟悉的奇特旋律。

尽管在东北风吹拂下摇摆不定的树叶里很难找到那只鸣叫的小鸟，最终它还是露出了真容。这是个精巧而优雅的小家伙，只比戴菊略大，身体是苔藓般的黄绿色，眼睛上方有一道橙黄色的眉纹，翅膀上还有两道浅黄的翅斑。这就是一只黄眉柳莺，它在英国曾是很罕见的迷鸟，但如今在秋日里已不难见到它的身影和听到它的鸣叫。

值得注意的是，这种繁殖于西伯利亚、到东南亚过冬的小鸟，为什么会在英国年复一年、越来越多地被听到和看到呢？每年秋季，在设得兰群岛和锡利群岛之间的滨海地区会出现几百只甚至更多的黄眉柳莺，不过它们在内陆出现的概率要低很多。2013年秋季则是一个例外，有几天里，黄眉柳莺成了整个东海岸最为常见的候鸟。

为什么能在英国见到这么多黄眉柳莺，仍是一个谜。按照标准理论的解释，它们都是迷鸟，是完全弄错了迁徙方向而从西伯利亚的繁殖地来到这里，该现象被称作"反向迁徙"。这些鸟没有按照正常的路线向东南方迁徙，而是经过斯堪的纳维亚，再顺风跨过北海，最终到达英国，但之后它们再也回不去了。

216　　然而，现在很多科学家认为，这些鸟不是大风带来的迷鸟，而是真正的候鸟：它们作为一支小小的先头部队，利用新的迁徙路线进行扩散，借此发现新的越冬地。

如果有足够多的个体在这样的旅途中存活下来，并能成功返回西伯利亚繁殖，它们就能在西欧建立起一个稳定的越冬种群。事实上，在伊比利亚半岛很有可能已经有了这样的种群。并不是所有的鸟类学家都同意这个观点，然而，伴随着仍在继续的争论，黄眉柳莺每年秋季还是会来到我们的滨海区域。

## 灰鹱

一个狂风大作的秋日里，东海岸的一处海岬正被劲风吹拂。海面上，鲣鸟正在成群飞过，仿佛点缀在金属灰色表面的耀眼白斑。这时，一对颜色更深、体型更小的鸟儿低低地贴着海面，从鲣鸟群后方赶了上来。它们看起来周身都是灰黑色的，直到扭转身体才露出翼下的覆羽上那道耀眼的银白色，现在可以确定它们就是灰鹱了。

灰鹱是伟大的环球旅行家之一，在全世界的各大洋几乎都能见到它们的身影。然而它们离不列颠群岛最近的繁殖地也是在南大西洋当中，比如南美西海岸外的福克兰群岛这样的地方。在英国有规律地出现的鸟类里面，灰鹱迁徙的距离最远。

灰鹱还是世界上最常见的海鸟之一，包括智利和新西兰近海的大型繁殖集群在内，全球种群数量估计有2 000万只。即便如此，由 217

于捕捞过度引起的数量衰减和全球气候变化带来的潜在威胁，它们还是被全球性鸟类保护组织国际鸟盟归入了"近危"鸟种。灰鹱的幼鸟又被称作"羊肉鸟"，在某些繁殖地，它们仍然被作为食物、油脂和羽毛的来源而遭捕杀，每年可达25万只。

灰鹱在地洞中营巢，繁殖结束后会向北飞行上万英里，到达位于北太平洋和北大西洋的觅食地。在所有具有迁徙习性的动物里面，它们所走的路程是最长的之一。人们曾给在新西兰繁殖的灰鹱带上电子信标，发现它们在阿拉斯加、日本或加利福尼亚觅食，再返回新西兰，一次往返旅程就跨越了近64 000千米。这种鸟食性广泛，鱼、乌贼和磷虾都是它们的食物。它们还常常会在捕食的鲸或渔船周围碰运气。

在英国的夏末和秋季，灰鹱有可能出现在任何海岸地区。它们在飞行中是两翼纤长的深色鸟儿，比更为常见的大西洋鹱体型略大，但姿态却同样优雅、利落。看着灰鹱消失在海面的波谷，随后又毫不费力地翱翔至波峰，翼端几乎擦过水面，你很难不为它们在全球旅行中所跨越的海域之广大而赞叹不已。

## 白腰叉尾海燕

夜幕降临到遥远的圣基尔达岛，这已是不列颠群岛最为偏远的

外岛了。当黑暗笼罩巨大的礁石和离滩时，一个声音开始传出，它不同于其他任何音响，只能用游乐场最繁忙时刻所发出的声响加以类比。这叫声来自我们最神秘莫测的海鸟——白腰叉尾海燕。

白腰叉尾海燕只生活在英国西北海岸外最偏远的岛屿，它们也是最难见到的英国繁殖鸟类之一。这并非因为它们数量稀少——该种在英国境内大约有5万个繁殖对——而是因为它们只在不列颠群岛最偏远的四个群岛区域（北罗纳、弗兰南群岛、爱尔兰梅奥郡近海，以及圣基尔达）繁殖，并且还是夜行性的鸟类。

如同它们的近亲暴风海燕一样，白腰叉尾海燕也是体型似椋鸟的小型海鸟，也极其适应海上的生活。它们有着与暴风鹱、鹱相同的"管鼻"，这是上喙两侧的特殊管状结构，能排出它们所喝海水中的盐分。它们还与大多数海鸟一样惊人地长寿，平均寿命达二十年，有些甚至可以活到三十岁。

追逐小鱼和浮游生物的觅食之旅结束后，它们就回到筑巢地，像蝙蝠一样成群地挤在空中，扯着机械般的古怪嗓门呼喊着地下洞穴里的配偶。

初秋时分，白腰叉尾海燕离开繁殖地，飞向公海，在比斯开湾或西非的外海上越冬。当它们南飞后，我们就很难有机会看到这些习性隐秘的鸟儿了。但白腰叉尾海燕也有阿喀琉斯之踵：它们很容易受到海洋风暴的影响，秋季的狂风可能会迫使它们靠近海岸，甚至进入内陆，所以我们偶尔能在水库或湖泊里发现它们。

这一现象被观鸟者叫作"沉船"，对于狂热的观鸟者而言是看到这种小型海鸟的良机，但同时也混杂着对它们状态的担忧。然而，幸运的是，并非所有的个体都会真的沉没，它们中有许多最终能够

重新找到方向，回到公海。在那里，它们就可以安全觅食，度过剩
219　余的秋冬时光了。

## 牛背鹭

　　任何以非洲为背景的野生动物纪录片中，最为常见的场景之一
就是成群的、像海鸥一样大的白色鸟类停栖在非洲水牛或大象的背
上，或集群来到水坑边喝水。

　　所以，2008年，当一群这样的小型白色鹭类出现在格拉斯顿伯
里高岗下的湿地里，漫步于一群奶牛之间时，观鸟者们都震惊了。
牛背鹭在萨默塞特沼泽繁殖，这在英国境内还是头一次。

　　在英国西南部观察到这种适应性很强的鸟类，可能会让人感觉
格格不入，但对于了解情况的内行来说也是有迹可循的。牛背鹭是
世界上分布最广也最成功的鸟类之一，也是仅有的两种在包括南极
在内的世界七大洲都有过记录的鸟类之一（另一种是北极燕鸥）。
2007年的秋冬季节，10多只牛背鹭在英国出现，主要是在英格兰的
西边和南边。这些社会性的鸟类聚集在一起过冬；繁殖季到来时，
它们当中的大部分向南飞回了欧洲大陆，但有两对留在了萨默塞特

的两个鹭类繁殖集群中，和人们更为熟悉的苍鹭及白鹭待在了一起。

与大多数鹭类不同，牛背鹭不完全依赖水生环境。它们的适应性也更广，曾有一只在锡利群岛越冬的牛背鹭每天都在一处开放式温室里夜栖。

220

这种强大的适应能力，再加上喜好游荡的天性，是牛背鹭成功扩散的秘诀。20世纪初，该种还只见于旧大陆，即欧洲、亚洲和非洲的广袤地区，在澳大利亚也有一个规模不大的种群。其后，借着一次巨大风暴的力量，一群牛背鹭越过大西洋，来到了南美洲。接下来的几十年里，它们开始向北扩散，经加勒比海地区进入北美。现在它们已成为北美的常见鸟类。

它们的亲禽白鹭广布于英国，尤其是南部地区，那么怎样才能判断你所看到的是更为少见的牛背鹭呢？白鹭有着纯白色的羽毛、黑色的鸟喙；而牛背鹭偏乳白色，在繁殖季，头和背部还有橘黄色的繁殖羽，并且它们的喙也是橘黄色的。另外，牛背鹭在体型上稍小于白鹭，也更壮实且缺少优雅的气质。

在萨默塞特繁殖的种群几乎可以确定是来自南欧，它们的到来也是这些年牛背鹭从西班牙和法国向北扩散的正常结果。尽管第一年的繁殖取得了成功，每年也还会有小群的牛背鹭扩散到这里，但它们还没能在英国建立起稳定的繁殖种群。不过想想牛背鹭的成功扩散记录，我们可以肯定，过不了多久，它们也会像白鹭一样常见了。

# 角百灵

诺福克北部海岸地区绵延的湿地像磁石一样吸引着观鸟者，尤其是在10月。那时，候鸟还在过境，来自极北之地的首批冬候鸟也陆续抵达。

　　在大群的雁类和天鹅，还有涨潮时四处走动的鸻鹬类之间，有一群体型较小且身形和样貌与云雀相似的鸟儿，它们就是角百灵。

221　　沿着沙丘起伏的海岸线观察角百灵觅食，聆听它们的鸣叫，是秋日里观鸟的亮点。它们长得很是引人注目，羽色比云雀略淡且略黄，最明显的特征是浅柠檬黄色的脸颊、前胸上醒目的黑色横带，以及一个黑色的眼罩。

　　角百灵虽不太常见，却是在英国稳定出现的冬候鸟，主要见于英格兰和苏格兰的东部沿海的盐泽湿地，有时候也会跟雪鹀和铁爪鹀这两种同样来自遥远北方的鸟类混群。尽管脸颊上有着对比鲜明的黑色和黄色图案，但当它们为躲避凛冽的东风而蹲伏下去时，它们就很难被发现。同时，角百灵非常好动，集群规模也小，通常每群的数量不超过20只，这都使得要找到它们实属一种挑战。

　　它们还被称作"角百灵"（horned lark）[*]，原因是繁殖季雄鸟的头顶两侧会翘起一对冠羽，看起来活像是魔鬼的双角。在欧洲大陆，

---

[*]　因为在英国该种多出现在海滨，所以其英文名其实是"岸百灵"（shore lark）。——译注

角百灵繁殖于斯堪的纳维亚的苔原地带，雄鸟会站在雪地里倒伏的树干上高歌，而雌鸟则会将鸥类的白色羽毛衬垫在巢里。

角百灵在全球都有着广泛的分布，繁殖地从北美的大部分地区向南延伸到哥伦比亚境内，也包括亚北极区和各地的一些山脉，比如北非摩洛哥的阿特拉斯山脉。它们极偶尔也在苏格兰高地的山顶上繁殖，但在英国境内还未形成稳定的繁殖种群。

222

## 火冠戴菊

戴菊以英国最小的鸟类而闻名，但它还有一个体型非常相似、只略微大那么一点儿的近亲，这就是火冠戴菊。在街区公园、教堂墓地，甚至是自家花园里与火冠戴菊的相遇，都是足以让人回味的时刻，总之这种色彩斑斓的小鸟可能出现在任何地方。

与更为常见的戴菊相似，火冠戴菊体长也仅有9厘米，体重5到6克。这两种小鸟常常会被混淆，它们都有橄榄绿色的羽毛，头顶是鲜亮的橘色或黄色，但火冠戴菊还有黑色的过眼纹、炫目的白色眉纹，以及颈部两侧青铜色的斑块。这些都使得火冠戴菊更加色彩鲜明，引人注目。

每年秋季，火冠戴菊跨越北海而来，它们中的很多个体会继续飞越英国，前往更靠南的大陆上的越冬地。但有一部分鸟儿会留在这里，找到一个合适的庇护场所。这样的地方通常靠近海岸，在那里，常绿植物——尤其是冬青、常春藤和杜鹃花丛——既提供了藏身之所，又是理想的觅食之处。

　　由于身形娇小又动个不停，要消耗大量能量，有些火冠戴菊会利用都市的热岛效应来到城郊区越冬，公墓或教堂庭院是它们常待的地方。因此，在秋冬季节，很值得到这些地方探寻这种美丽的访客。火冠戴菊的鸣唱和戴菊略有不同，是一连串持续增高的高音节，而缺乏戴菊脉动的节奏和末尾的颤音。要想通过叫声来区分两种鸟，就难得多了。

　　火冠戴菊在英国不算常见，但自20世纪60年代初被发现在这里繁殖以来，其数量在稳定地增长。此前它们很可能是被忽略了，而鸟类学家发现其繁殖行为之后，其他的繁殖地点也迅速被找到了。

　　现在人们认为英国境内有1 000对火冠戴菊繁殖，它们大多生活在英格兰东部和南部的成熟针叶林中，新森林地区及东安格利亚山脉是其核心区域。在繁殖季以外的时间，它们的分布则要广泛得多。阴冷的秋冬季节，找到这么一种光彩夺目的小鸟绝对是一大乐趣。

## 刺歌雀

当冷飕飕的秋风刮起，整个北半球的候鸟都开始南行了，它们

要去能找到足够食物的热带地区越冬,来年春天再向北回归繁殖地。每年这个时候,欧洲的很多鸟类会离开,在大西洋另一侧的北美也是如此。

从加拿大东部以及美国东北各州向南迁徙,最快捷而直接的路线不是经过陆地,而是飞越西大西洋,之后再南下到达加勒比海地区或南美。

这条线路的优点是可以规避鹰这样的捕食者,但也有一个主要的不利之处:如果遇到了飓风或者热带风暴的尾巴,迁徙中的候鸟很有可能被吹离原定路线,被带到大西洋的中间。

这些不幸的鸟儿中的大多数一直飞行,直至力竭坠海。但也有少部分鸟儿能设法维持飞行,一直向东,跨越3 000千米以上,最终抵达陆地。它们就是被人趋之若鹜的"美国佬",它们从美洲流浪而来,出现在从锡利群岛到设得兰群岛的观鸟胜地,总能让英国观鸟者兴奋不已。没人知道它们还能否返回美国,但鉴于大西洋上盛行从西向东的风,这些鸟回家的可能性并不大。

刺歌雀就是来自北美的迷鸟之一。刺歌雀真正的家园是加拿大和美国北方各州的大草原,该鸟种在英国极其罕见,你可能从来就没听说过它。它们看起来像是大型的燕雀类,却属于拟鹂科,在演化关系上与鸦类最为接近。由于雄鸟的繁殖羽黑白相间,它们有时候又被叫作"臭鼬黑鹂"。它们的歌声愉悦欢快,节奏感十足,曾有一位美国博物学家把这歌声描绘成"一种压抑许久后的爆发,带着无可抑制的欢乐"。来到英国的刺歌雀可没有这么炫目,它们往往是带着斑点的幼鸟,或是像亮黄色家麻雀一样的非繁殖羽个体。

1962年的秋天,英国境内记录的第一只刺歌雀在西南角锡利群

224

岛的圣艾格尼丝岛上被发现。之后的五十多年里，一共有30多只刺歌雀被记录到，它们大部分都出现在西南部，出现时间也都是9月和10月。10月是北美鸣禽迷鸟出现在英国的最关键时段，而刺歌雀只是55种飞越大西洋而来的鸟类之一。

　　这当中有许多鸟儿是依靠自己的力量到达这里的，其中有一些是沿着格陵兰岛或冰岛一点点渗透，有一些则是直接飞过大西洋而来。还有一些鸟儿被认为是在东迁途中搭乘了客轮或者货船，它们通常都会被承认是真正的迷鸟。但如果某只鸟在途中被人为饲喂过，那它未受人为帮助而出现在英国的能力就会遭受质疑。这还只是承认或否认某种鸟是迷鸟时需要考虑的方面之一。罕见鸟其实一直是观鸟界的雷区。

225

　　迷鸟的裁定由英国罕见鸟种记录委员会做出。由于自1958年成立以来还没有任何女性成员，该委员会也被称作"罕见十男子"。秋季如潮水般涌来的观鸟记录让委员会成员格外忙碌，谁知道这当中会不会就有一只刺歌雀呢。

## 哀鸽

　　1999年11月的一个夜晚，住在外赫布里底北尤伊斯特岛上的梅

尔·麦克费尔透过自家的窗户，看到一只长相奇怪的鸽子蹲坐在花园的围栏上。这只鸟看上去累极了，事实也的确如此，它是第二只自己飞到不列颠群岛来的哀鸽。

哀鸽的体型比我们所熟悉的灰斑鸠略小，它们有着棕灰色的背部和略带粉色的胸腹，两翼上有黑色的斑点，还有一条又长又尖的尾。它们的名字源自其咕咕的哀鸣声。它们是北美最常见，分布也最广的鸟类之一，据估计总数量可达5亿只；其分布区北起加拿大南部，穿过整个美国，南至巴拿马及西印度群岛。

无论最初源自何处，眼尖的麦克费尔夫人发现的这只鸟一定是历经了史诗般的旅程，横跨大西洋，才抵达了欧洲的边缘。它混在赫布里底群岛的一个鸡舍里，狼吞虎咽地吃着谷物饲料。当地的几位观鸟者慕名而来，也见到了它，可这只鸟仅多逗留了一天，这让大批摩拳擦掌的推鸟者非常失望。他们已经谋划着要前往不列颠群岛中最偏远的岛屿，好给自己的英国鸟类目击名录加上重要的一笔。

十年前，也就是1989年10月31日，一只哀鸽出现在马恩群岛最南端的卡夫曼岛的环礁上，这是在英国被记录到的第一只哀鸽，但这只鸟一天后就力竭而死。第三只哀鸽的记录出现在2007年，很神奇地同样是在北尤伊斯特岛。这一次，它幸运地存活下来，并在当地停留了一周的时间。这让那些骨灰级的推鸟者有充足的时间从不列颠主岛上赶到赫布里底群岛来看它。

过去推鸟者超速驾驶，乘坐轮船、班机和直升机，再连续跑上几英里，为的只是看到一只罕见的鸟儿，特别是之前几乎没有在英国出现过的鸟类。但说到哀鸽，为什么人们会耗费如此大的精力来追逐它呢？要知道，他们只需要买上一张飞越大西洋的机票，就能在哀鸽的原生地北美洲轻松地见到它了。

　　毕竟，在大西洋的这一边见到哀鸽，就相当于我们最熟悉的斑尾林鸽出现在了纽约的中央公园一样。推鸟者的反应说明，即使是最常见的鸟，若出现在了超出预期的地方，也会受到如罕见鸟般的追捧。所以，当你等待下一只哀鸽到来的时候，何不好好欣赏一下我们最漂亮的鸟类之一——斑尾林鸽呢？

227

寒鸦

白颊黑雁

斑尾塍鹬

黄雀

红嘴鸥

欧金鸻

灰鹤

赤胸朱顶雀

白鹡鸰

✳ **11月** ✳

黑腹滨鹬

沼泽山雀

褐头山雀

锡嘴雀

黑尾塍鹬

麻雀

黄嘴朱顶雀

苍鹰

侏海雀

# 引子

烟花将夜空照亮，寒风从树上卷走了最后的残叶，对于许多鸟类来说，11月是蛰伏的季节。来自斯堪的纳维亚的欧乌鸫在跨越北海的严酷旅行之后，忙着用浆果填饱肚子，跟本地的同族时有小冲突。白眉歌鸫和田鸫扫荡乡间，寻找正在发酵的水果：果园里满地是被风刮落的苹果，这里总是充满了聒噪的鸫类，早霜之后更是如此，因为冻结让水果变软，更易食用。

更多的鸟儿仍在陆续迁来。欧洲大陆的斑尾林鸽和紫翅椋鸟不断涌入，壮大了我们这里居民的数量。在林地和荒地上，有时甚至就在城镇的花园里，可能来自遥远西伯利亚的赤褐色丘鹬从你脚下被惊起，张开横纹密布的两翼，摇摆着呼呼飞走。在东海岸地区，短耳鸮从草地上空低飞而过的景象是一种真正的款待。你如果极为幸运的话，还能见证它们飞越北海、进入海滨的草地隐蔽处之前被鸥类袭扰的场景。

我们见到的鸟类并非全都来自域外。田地里杂乱的一角，或是一块崎岖的荒地，就足以容纳一对黑喉石䳭，它们从高地荒野上下撤到更容易找寻食物的这里。在11月和暖的日子里观察这些富有魅力的小鸟，令人感到愉悦，它们在栅栏桩或浇灌喷头上起起落落，飞捕虫子。在黑喉石䳭身后的开阔田野里，你可能会见到欧金鸻。

尽管它们身上的金色只在秋季的阳光下闪耀，但它们成群飞入空中
时仍颇为壮观，它们在逐渐压低的云层下方以整齐的队形翻飞，身
上的色彩随之发生变化，先是显出一片耀眼的白色，然后又变暗。
源自本地的和来自斯堪的纳维亚的个体会混在一起，组成这摇曳的
鸟群。

　　掉落了的树叶使得观察某些鸟类稍微容易了一些。夏日里的锡　　230
嘴雀以行踪隐匿而著称，但在10月末和11月间，留居本地的小群锡
嘴雀因大陆来客的加入而规模大增。你在紫杉树和鹅耳枥附近仔细
观察，可能会发现一只锡嘴雀从地面飞到树上，或是在树顶大声发
出"tick"的声音。而在发出呼呼声响的飞行中，它们看起来身形粗
短，尾也短，两翼上还有透光的白色区域。在没有树叶遮挡的情况
下，你可以尝试捕捉沼泽山雀与褐头山雀的身影。这两种鸟都是今
天少见的林地鸟类，不过它们的种群衰减呈现地域性，在有些地方
它们可能只是被忽略了。

　　在一年中的这个时间，很值得去本地的湖泊和砾石坑扫视一番。
夏天的主要鸟种不过是些绿头鸭、骨顶鸡和偶尔出现的凤头潜鸭，
现在却总有机会见到一些更有异国情调而足以点亮短暂白昼的种类：
带有斑马状条纹的雄鹊鸭，或是长相滑稽的琵嘴鸭，后者贪婪地用
喙在水面滤食细小的水生生物。

　　河流两侧的河漫滩上，赤颈鸭和针尾鸭的数量日渐增多，它们
中间可能会有来自俄罗斯的小天鹅或源于冰岛的大天鹅。在苏格兰
西部，尤其是索尔韦湾，从斯瓦尔巴群岛而来的数千只白颊黑雁在
碱草地上吃草。从格陵兰岛来的白颊黑雁则在爱尔兰西部和赫布里
底群岛中的艾莱岛越冬。它们鸣叫着从空中向草地下降时，像红酒

开瓶器一般来回翻转，使用这一被称作"摇转"的技能可以快速降低高度。

很明显，并非所有南迁来的鸟儿都源自斯瓦尔巴群岛。当11月的风吹拂北海的浪尖时，海面的泡沫间穿行着小黑影，这是在逃离北极寒冬的侏海雀。这些袖珍的海鸟数以百万计地在北极高纬度地区的悬崖上繁殖，现在正朝公海上的越冬区域进发。

当你发现海鸟观察并不适合自己——这是一种需要后天培养的爱好，尤其是在寒风中的时候——那么相对平静的河口可能是一个容易接受的备选项。满是食物的泥滩上有成群的红腹滨鹬、黑腹滨鹬和红脚鹬，一旁还有个头更大的白腰杓鹬和塍鹬，大家都在软泥中探寻蠕虫和细小的贝类。秋天的一个下午，潮水涌来，将滩涂渐渐淹没；觅食场所消失时，你能看到这些鸻鹬类在天空中集群飞舞。当它们在高潮位的停栖地再次集结时，它们发出的颤音、哨音和笛音组成管乐合奏，为11月下旬的一天画上了恰当的休止符。

231

## 寒鸦

11月的一个寒冷的傍晚，暮色已经开始在城市、村庄和农田降临，这时你会听到一阵欢快而熟悉的声音，像是一段对话在大地上反复回荡。抬头望天，你能看到纷乱的寒鸦群，它们正沿着祖先已

经使用了几百年的路线，飞回林地中的夜栖之处。它们飞过头顶时羽色比昏暗的天空略黑，每一只都发出尖厉的叫声，很像寒鸦英文名（jackdaw）里"杰克"的发音。这是寒鸦彼此之间联系的方式。

寒鸦是英国8种鸦科鸟类中体型最小的一种，大概只有原鸽那么大。除了体型差异以外，寒鸦与其他那些黑漆漆的鸦科成员（包括渡鸦、秃鼻乌鸦、小嘴乌鸦）的区别还在于它们有着醒目的灰色后颈、更加粗短的喙，以及带着凌厉眼神的浅灰蓝色眼睛。

跟其他鸦科鸟类一样，寒鸦也是趾高气扬，又有街头智慧的食腐者，就像是鸟类世界里的"逮不着的机灵鬼"*，它们甚至会用偷窃来的亮闪闪的东西装点鸟巢。而雏鸟也因此常被刮伤，受伤以后它们被人所照料，往往成为最棒的"异宠"，直至伤愈回到野外。

寒鸦主要生活在低海拔地区的乡村，教堂的尖顶和家里的烟囱是它们最喜欢的高处。在秋冬季节，它们就成了社会性的鸟类，常常和秃鼻乌鸦、小嘴乌鸦混群，一起在地面觅食，翻开牛粪，在草皮下面寻找蛆虫。它们也和其他鸟类一起在垃圾堆上觅食，和那些灰色及白色的海鸥一起飞到空中时，看起来像雪暴一样。可能因为寒鸦的集群性和欢快的叫声，不少人都觉得它们比其他鸦科鸟类更招人喜欢。

232

但寒鸦的一种行为让它们不大受欢迎。这种出了名的坏习惯就是向烟囱里丢树枝，寒鸦希望以此来构筑一个平台，最终可以在上面筑巢繁殖。繁殖季结束后许久，当房屋的主人尝试生起秋天的第一炉火的时候，他们常常会糟心地发现起居室因为烟道堵塞而灌满

---

* 《雾都孤儿》中的人物。——译注

了浓烟。经过一番艰难的清理，取出几大垃圾袋的树枝，烟囱才得以疏通，而这一切都是拜一对勤劳的寒鸦所赐。

## 白颊黑雁

当苏格兰和英格兰边界地区还笼罩在微红的晨曦之中，一大群白颊黑雁便飞入了空中。这群身形紧凑的雁像躁动的小猎狗一样叫个不停，它们正在离开泥滩上安全的夜宿地，飞往内陆的开阔田地觅食。

白颊黑雁有着黑色、白色和珍珠灰色的怡人外表，它们从我们这个星球上最遥远的北方——格陵兰、斯瓦尔巴群岛以及俄罗斯的北极地区飞来越冬。每年秋季，北极圈内的大地完全为黑夜所包围，它们也飞离繁殖地，开始南迁。白颊黑雁告别那荒凉偏僻之地，来到苏格兰西部和爱尔兰的丰饶农场，尤其偏好盛产威士忌的艾莱岛，以及将苏格兰和英格兰分开的索尔韦湾的三角洲。它们的数量超过30 000只，聚集在一起时，远远看去，整个大地像是覆盖了一层柔软的灰色斗篷。

这些白颊黑雁每年秋季到达英国，而在来年春天又神秘消失，它们与藤壶之间的奇怪联系便由此产生。*威尔士的杰拉德教士在12

233

---

*　藤壶是白颊黑雁的英文名barnacle goose的来源。——译注

世纪写道，他目睹了1 000只以上的白颊黑雁靠喙附在海上的漂木上，之后它们就沉入海中或是飞走。

那个时候，人们还远远没有认识到迁徙背后的科学原理，于是产生了各种奇怪的理论来解释鸟类的这种季节性旅行。今天我们知道，当年那个好奇的教士看到的根本不是白颊黑雁，而是一种叫鹅颈藤壶的大型软体动物。它们的壳长得像鸟喙，而身体又通过长长的、像脖子似的茎支撑。这种藤壶常常随着漂木被冲到海滩上。

尽管听上去很古怪，鹅颈藤壶长成或变成白颊黑雁的传说还是流传了五百年以上，直到被另一种听上去同样怪异的理论所取代，后者认为鸟类沿着地球表面进行超长距离的迁徙。这样的解释怪异吗？是的，但它的确是真实的。

## 斑尾塍鹬

在各种装点了我们秋季海滩的鹬鹬类里面，斑尾塍鹬的色彩不是最绚丽的，歌声不是最动听的，身上的斑纹也不是最醒目的。但它们确实名声在外：斑尾塍鹬的单次不停歇飞行距离能超过11 000千米，约合近7 000英里，这是所有迁徙鸟类里最远的记录。

它们的英文名（godwit）很特别，这个跟其体型稍大的近亲黑

234　尾塍鹬共享的称呼或许源自叫声，但也有观点认为该名字指塍鹬们肉质鲜美，"god-wit"其实就是"好吃的生物"的意思。17世纪的剧作家本·琼森在《炼金术士》中提到了用塍鹬做成的美食，书里的伊壁鸠·马蒙爵士声称，如果他能得到更多的财富，那么就连他的仆人"也要吃野鸡、炖鲑鱼、红腹滨鹬、塍鹬和七鳃鳗"。这句话显示了当时这些野味所代表的奢华。

　　两种塍鹬非常相似，它们都是体大腿长的鸻鹬类，体羽在春夏季都为锈橙色，而在秋冬季则换成暗淡的棕色。就像两者的名称显示的那样，我们的确可以根据尾部的图案把它们区分开来，但更好的识别方法是观察飞行中的个体：黑尾塍鹬两翼带有黑白相间的纹路，而斑尾塍鹬两翼颜色较为均一。另外，斑尾塍鹬要更显矮壮一些，腿也略短，喙略微上翘，并且偏好咸水而非淡水栖息地。

　　斑尾塍鹬在北极高纬度地区繁殖，南迁过冬。它们会在英国各地的沙滩及河口三角洲聚集，其中有一些会留下来，其他的则继续南飞，直至西非沿岸。

　　但在地球的另一边，它们很难在辽阔的太平洋上找到停歇的陆地，因此这里的斑尾塍鹬会经受鸟类世界中最不同寻常的体能测试。在阿拉斯加度过繁殖季后，它们大吃特吃蠕虫和软体动物，极力增肥，在体重几乎翻倍之后才飞向大海。科学家们过去就发现，斑尾塍鹬一路南迁，直至新西兰；但那时他们认为，它们是沿着太平洋

235　边缘飞行，并在沿途的小岛上停歇，以补充体能。

　　2007年，科学家们给一只斑尾塍鹬戴上了卫星追踪器，从而发现这只鸟连续飞行了九天九夜，跨越了浩瀚的大洋，路程达11 000千米。在这次史诗般的飞行中，这只塍鹬的体重减轻了一半，它在

途中唯一的休息方式是每次关闭半个大脑的功能，以便在飞行中睡觉，这是它能熬过九天旅程的原因所在。最终，它和它的同伴到达了新西兰，并在那里度过整个冬天。来年春天，它们又要出发，踏上返回阿拉斯加的同样壮丽的征程。

## 黄雀

　　带着两翼上闪亮的黄斑和带有鼻音的合鸣，黄雀以前所未有的态势出现在了我们的花园里。它们曾主要生活在英国北部偏远的松林里，现在却已成了花园里的常客。黄雀比其他任何鸟类都更为成功，它命运的改变，缘于其特质恰好契合了我们对鸟类的喜爱。

　　时间回到20世纪60年代，那时，在庭园里投喂鸟类首次开始流行起来。悬挂装满花生的红色网兜是当时的一种流行做法，从本地五金店和宠物店里能买到这两样东西。这样的网兜跟黄雀在野外食用的榿木球果隐隐有些类似，对于这种小巧的、带斑点的黄绿色鸟儿来说似乎具有很强的吸引力。它们很快就出现在整个英国南部的花园里，为郊野的景观增加了新的怡人元素。

　　黄雀在针叶林筑巢繁殖，因此，随着大量商业化种植的落叶松、冷杉、云杉和松树在20世纪后期的逐渐成熟，这种鸟类的繁殖区域也向南扩展了。

236

　　第一次见到黄雀，你很容易联想到小巧而紧凑的欧金翅雀，但前者带有更多的斑纹。雄鸟的顶冠和喉部为黑色，脸颊为黄色，雌鸟和幼鸟的羽色更浅。雌鸟和雄鸟都有宽而明显的黄色翅斑，以及柠檬黄色的腰部和尾部图案。这些特征在它们飞行时很容易辨认。当它们不在花园里活动的时候，你还常常能在河流和溪水边见到它们，它们通常会和另一种小型的雀类——小朱顶雀混在一起食用桤果。它们也喜欢落叶松和冷杉的果实，在食物充足的地方会聚成上百只甚至更大的集群。

当它们在树枝间杂耍般地跳跃时，你很难直接观察它们，在秋季铅灰色的天空背景下更是如此，但你可以通过带鼻音的叫声来识别它们。冬去春来的时节，你有时能听到它们群集在树顶上齐声合唱，那是吱吱喳喳和独特的咩咩声交织在一起的声音。繁殖季到来时，黄雀会回到它们喜爱的针叶林中，这时的歌声又成了美妙的求偶炫耀的一部分。这种求偶炫耀包括一段蝴蝶般的飞舞——为了吸引心仪的异性，雄鸟会尽力张开两翼，缓慢地围着它的领域飞行。

## 红嘴鸥

在本地公园的湖泊或池塘边拿出一袋陈面包，你很快就会被如潮水般的、尖叫着的红嘴鸥包围起来。当它们在野鸭、雁类和天鹅头顶飞舞和争吵时，它们很容易被人视作平淡无奇的鸟儿，但红嘴

鸥其实是我们所熟悉的鸟类中最优雅也最善于飞行的鸟儿之一。有   237
个测试它们空中灵活性的方法颇为有趣，那就是将一片面包向上抛
到空中，然后观察它们在半空里抢夺食物，而那些挤在水面上的雁
鸭类则只能眼馋了。

这种鸥英文名中的"黑头"（black-headed）二字在一年中的任
何时期都有误导人的嫌疑。在春夏季节，它们的头部是棕巧克力色；
在非繁殖季，它们则会完全褪去头部的深色，只留下一两道污迹般
的印迹，仿佛这种鸟忘记了洗脸。

红嘴鸥是目前英国最常见的小型鸥类，在全年当中，你都能凭
借优美的飞行动作、红色的双腿和棱角分明的两翼前缘的亮白色认
出它们来。红嘴鸥的叫声也非常特别，曾促使理查德·亚当斯在《海
底沉舟》中把它们叫作"柯阿"（Kehaar）。

尽管我们今天已经对红嘴鸥出现在城市和集镇习以为常，但它
们并非一直如此。维多利亚时代的博物作家威廉·亨利·赫德森在20
世纪之初写道，红嘴鸥在伦敦并不常见。即便是现在，红嘴鸥也主
要在秋冬季节来到我们的城区，它们在湿地、高原草地以及海边的
沙丘上繁殖，而这些地方大多位于英国的北部。

如果你走入这样的集群繁殖地，成群的鸟会气势汹汹地飞起来，
邻里间彼此提醒着入侵者的存在。但这种方法并不能阻止偷鸟卵的
人，过去他们曾采集大量的鸟卵和雏鸟，将它们出售。维多利亚女
王刚开始当政时，诺福克的一处集群繁殖地一年就可以收获40 000
枚以上的鸟蛋。

你在公园的湖边所见到的，或是正从你们当地球场草皮里叨出
虫子的一些红嘴鸥，可能刚刚经历了长途跋涉，前来越冬。环志记

录显示，在芬兰和波兰繁殖的红嘴鸥有规律地在英国过冬。它们的头部在新年伊始又长出深色羽毛，之后它们会向东迁徙，返回繁殖地。

## 欧金鸻

11月里暗淡的一天，一群凤头麦鸡在犁过的耕地上盘旋几圈后降落下来觅食。当它们落地时，你会发现其中有一群体型更小的鸟
238　类，其两翼像刀锋一样凸出，不停发出铃铛般的叫声"pee-wit, pee-wit"。它们就是凤头麦鸡在秋冬季节的老搭档——欧金鸻。

每年的这个时候，欧金鸻很容易被忽略掉，因为它们的羽色跟其觅食地的地面颜色相似。但到了晴朗的日子，它们就变身为有着修长翅膀的空中精灵，快速扇动的两翼将正反两面的金色和白色都暴露在了阳光之下。

尽管在我们这里越冬的许多欧金鸻是从冰岛和斯堪的纳维亚而来，但有些也在英格兰北部、威尔士中北部以及苏格兰的荒原和高地上繁殖。换上春季的羽毛后，它们几乎完全变成了另外的一种鸟：雌雄都有黑色的胸部，脸颊边缘则是白色，背部布满了金色的斑纹。黎明时分，一只欧金鸻鸣叫着飞行，它发出的叫声回荡在覆盖着石南丛的荒地上，这是关于春天即将抵达这片寒风凛冽的荒凉大地的最早启示之一。

作为一本世界级畅销书的鲜为人知的发端，欧金鸻也有一个看似微小却影响深远的名声。1951年，吉尼斯啤酒厂的总经理休·比弗爵士参加爱尔兰东南部的韦克斯福德郡的狩猎聚会。他跟参与的另一位成员争论起不列颠飞行速度最快的猎禽究竟是欧金鸻还是柳雷鸟。

休爵士发现没有任何一本参考书可以给这样的难题提供答案，他决定编写一本包括这一答案乃至其他很多有关"之最"和极限问题的书。四年以后，即1955年，《吉尼斯世界纪录大全》诞生了。

239

这段插曲已经过去了五十多年，有关飞行速度最快的英国猎禽的争论，至今仍在继续。据估计，欧金鸻和柳雷鸟的速度都超过了每小时100千米，但在一项真正的相关科学实验完成之前，我们还是不能确定究竟谁更快。

## 灰鹤

萨默塞特的上空，一种自都铎时代以来久违了的声音再次在宽广的湿地上回响，这是鹤的鸣叫。在你听到这声音后不久，灰鹤扇动着宽大的、有着明显翼指的翅膀飞入了视野，像是一群巨大且身

形拉长了的雁，脖颈和腿都显得特别长。它们在湿地上空低低地盘旋，身影倒映在被洪水充盈的池塘里。这些鹤最终停在了干枯的莎草丛中，经过了将近五百年的等待，英国最高大的鸟儿回来了。

它们的再次出现是科学、意志和希望共同取得的胜利。这一切并非自然的恢复，眼前的湿地也不是天然形成，而由人工建造，就连灰鹤本身也是经人带到此处。"大鹤计划"是现代保护事业的化身，牵扯到各种各样的辩论和争议。

240　　灰鹤的身姿庄严肃穆，一簇灰色的尾羽像是维多利亚时代妇女的装束，头上带有红、黑、白三色，令人印象深刻。灰鹤曾广泛分布于英国的低海拔地区，但在农业灌溉、垦殖以及捕猎（据说灰鹤是一种美味）的共同影响下，到16世纪末，英国境内的繁殖种群完全消失了。它们如幽灵般地依然出现在克兰菲尔德（Cranefield）、克兰布鲁克（Cranbrook）这样的地名当中，毫无疑问也是虚构地名克兰福德（Cranford）的灵感来源，但在英国只能见到从欧洲大陆偶尔漂荡过来的灰鹤个体了。

20世纪70年代末，一小群灰鹤在从西班牙或者法国向北迁回斯堪的纳维亚繁殖地的过程中偏离了路线，降落到英国最东端诺福克郡的湖泊地区。幸运的是，它们发现那里的栖息地很符合它们的需求，于是逐步建立了一个数量不大但稳定增长的繁殖群体，这也是四百多年来灰鹤首次回到英国营巢。

这个小的核心种群逐渐壮大，在英国东部的其他地方也拓展了领地。不过最显著的扩展是由"大鹤计划"所推动的，该计划由多家保护机构通力协作，致力于在英国全境的湿地恢复灰鹤的繁殖种群。计划的目标是在五年之内将100只灰鹤放归野外，并在萨默塞特湿地建立一个核心的繁殖群。

任何鸟类的再引入计划都不容易，对于灰鹤这样性格羞涩的种类来说更是如此。首先，要从有着兴旺灰鹤种群的德国取来鹤卵，然后在位于格洛斯特郡斯利姆布里奇镇的野禽与湿地基金会总部孵化它们。雏鸟孵化后，由戴着特殊的鹤形手套、扮成它们的父母的员工来饲喂。这样做可以确保雏鸟不会对人类产生依赖，而这种依赖有可能在它们最终被放归野外后造成危险。

也有人反对这个项目。有些人认为，以这种方式抚养并放归灰鹤是对自然的干扰，因此不应这么做。但考虑到许多英国湿地野生动物的悲惨境遇，以及我们已经对自然遗产所造成的伤害，大多数人还是拥护放归计划。

现在每年春天都有一些灰鹤飞过不列颠群岛，它们在东安格利 241 亚沼泽、约克郡，最近又在苏格兰东北部留下来营巢繁殖了。如今在萨默塞特和格洛斯特，野生鹤与放归鹤结伴而行。在模糊的地平线上，一群如此壮美的鸟儿齐声鸣叫、飞入空中，真是值得欢庆的一幕。

## 赤胸朱顶雀

成群的赤胸朱顶雀沿着绿篱飞翔和跳跃时，发出金属般的尖锐声音，很少再有别的视听场景能带来如此浓郁的乡村气息了。但是很遗憾，这样的场景已经变得越来越少了，就像我们其他很多农田鸟类一样，赤胸朱顶雀的命运也在沿着陡坡走低。

尽管如此，在秋末和冬季的傍晚，你还是能听到这种纤瘦小鸟的合唱，此刻的它们正聚在浓密的灌木丛中，抱团度过夜晚。

赤胸朱顶雀是一种整洁而有吸引力的小鸟，在北部边境又被叫作"棉絮雀"。它们将巢筑在农田的绿篱或灌木丛中，尤其喜欢荒野与公地上的金雀花和山楂丛。雌雄都有纤瘦的身形，身上被棕色羽，两翼和尾有着亮色的浅纹，飞行时很是显眼。春夏时节，雄鸟摇身一变，成为一个俊俏的家伙，前胸和前额都染上了玫瑰红色。

242

它似乎也知道自己突然间变得艳丽了，于是站上金雀花或绿篱的高枝，唱出甜美又富于乐感的情歌来吸引配偶。不幸的是，赤胸朱顶雀的嗓音和容貌也同样吸引了我们的祖先。在维多利亚时代，它们成了人们喜爱的笼养鸟，从那首著名的诙谐歌曲《老头喊，跟上车》就能看出来：

> 下了装满行李的大车，
> 我提着那只老赤胸朱顶雀跟在后面。

欢快的曲调和诙谐的歌词背后却掩藏着一个邪恶的事实：在维多利亚时代，包括赤胸朱顶雀在内的许多笼养鸣禽都被故意刺瞎了双眼，只因那时的人迷信看不见东西的鸟儿能唱出更甜美的歌。

繁殖季过后，赤胸朱顶雀聚成大群，数量常常达到上百只。它们以收割之后散落的干草籽、油菜籽和亚麻籽为食。事实上，赤胸朱顶雀的英文名（linnet）源自法语linette，后者的词源是亚麻的学名*Linum*。

## 白鹡鸰

距圣诞节只有几周的时间了，急切的消费者挤满了市中心的街道，搜刮着节日礼物。但在收银机的哗哗声和孩童的吵闹声之上，还有一种更甜美的声音，这就是白鹡鸰尖细的双音节叫声。

白鹡鸰太过常见了，以至于我们往往会忽视它。这是一种形如   243
其名的鸟儿，它的身上黑白相间，觅食的时候总是上下摆动着尾巴。诗人约翰·克莱尔注意到它漫步时故作姿态，于是将其称作"踱步小鹡鸰"。

白鹡鸰从头顶飞过时，像提线木偶般一起一落，还发出标志性的鸣叫"chis-ick"，重音会落在第二个音节。伦敦的观鸟者因此称它为"奇斯威克飞行物"，不过这种叫声在首都以外的英国大部分地区都能听到。

春天和夏天，大部分白鹡鸰都独自生活或配对繁殖，很少群聚。但当秋季来临，天黑得越来越早，温度也持续下降，它们就变成了具有高度社会性的鸟类，每天傍晚都聚成大群，在一起过夜。

它们在具有热岛效应的城市里比较安全，而且结群过夜这种行为可以提供额外的共同警戒；当它们聚集在购物中心或高速服务区这样照明充足的地方时，霓虹灯光足以吓退捕食者。但这并不总是像它们希望的那样有效：20世纪80年代，在英格兰中部地区一家玻璃加工厂夜宿的一群白鹡鸰就碰上了一只前来捕食的灰林鸮，在这一大群鹡鸰里猎食，对这只灰林鸮来说无异于探囊取物。

白天你常常能看到白鹡鸰在田野里捕食昆虫，但它们在街道上也同样自如，会在人行道及公路表面寻找猎物。它们似乎喜欢停车场，繁殖季里我们常能看见雄性白鹡鸰攻击汽车后视镜里自己的镜像，它一定误以为那是一只闯入自己领域的雄鸟。

但它们在冬季里群聚时才是它们最有魅力、最为神奇的时刻。它们挤在夜栖的枝头欢快交谈，好像圣诞树上发出声响的装饰品，
244　这似乎在提醒我们，大自然也有适应人工环境的能力。

## 黑腹滨鹬

午夜时分，当河口沙滩上的潮水开始退去时，响起了一种像是足球裁判哨声的鸣叫，这表明并非所有的鸟儿都进入了梦乡。跟所有的鹬鹬类一样，黑腹滨鹬的取食也依赖于合适的潮位，因此，在

夜幕的笼罩下，这些小鸟开始在辽阔的滩涂淤泥上觅食了。

潮水在清晨又涨了回来，大群的黑腹滨鹬聚集在一起，以紧凑的队形飞入空中，扭转、盘旋着，寻找着可以栖身的地方。远远看去，鸟群活像一团旋转的烟雾。

黑腹滨鹬是冬日里常见的鸻鹬类，在其觅食的河口滩涂上是观鸟者的保底鸟种。它属于美国观鸟者统称为"唧唧叫鸟"的一大类小型鸻鹬中的一员，这些鸟因带有颤音的叫声而得名。

黑腹滨鹬的体型跟椋鸟相仿，有着长而弯曲的喙。在泥滩上四处跑动时，它们高速地点着头触探地面，看起来好像是要用喙来缝合泥滩的裂口。它们寻觅的是遍地的微小螺类和蠕虫，这丰富的食物资源也是鸻鹬类和雁鸭类会来到我们这里越冬的原因所在。在更为高大和典雅的白腰杓鹬及塍鹬的腿间窜来窜去时，这些不起眼的小鸟就像老鼠一样。秋冬季节，黑腹滨鹬羽色灰白；但当春季来临时，它们就会换上繁殖羽，茶色背部与黑色腹部的独特搭配跟其他任何鸻鹬都不会混淆。

整个北半球的温带地区都有黑腹滨鹬的身影。每年大约有35万只黑腹滨鹬从斯堪的纳维亚和俄罗斯的繁殖地迁往英国越冬。

245

尽管数量比冬季来客少很多，但黑腹滨鹬确实在不列颠群岛繁殖。人们常在欧金鸻也喜欢的高沼荒野里发现黑腹滨鹬的巢。它们与欧金鸻共享同样的栖息环境，并且春季在相近的时间到来，所以它们也被称作"鸻伴侣"。然而，要想见识最壮观的黑腹滨鹬群，还是得前往外赫布里底群岛那些开满野花的沙滩草地。每年晚春时节，大群的黑腹滨鹬会在这里的三叶草、毛茛和兰花的上空飞舞起落，地面上则充斥着凤头麦鸡和蛎鹬此起彼伏的叫声。

# 沼泽山雀

就像波纹林莺、白嘴端凤头燕鸥和庭园林莺一样，沼泽山雀也有些名不副实。它们并不栖息于沼泽地，而是常常出现在阔叶林里，因此"橡树山雀"也许是一个更为恰当的名字。

沼泽山雀并没有青山雀或大山雀那样艳丽的色彩及醒目的条纹，所以很容易被人忽视。辨认它们的秘诀在于聆听很像是轻声的喷嚏的叫声，通过这声音，你便可以在它们飞越枝头的瞬间认出它们来。

深秋和冬季是熟悉这种文静而动人的小鸟的好时机，这时它们会暂时加入其他游荡的森林鸟类，与这些鸟儿一起寻觅昆虫和蜘蛛。而当其他鸟类继续前进后，沼泽山雀还会留在自己的领域里面。冬季里，在一些显然了无生气的橡树林中，唯一的声音可能就是一对沼泽山雀发出的"pit-choo"声了。

如果它们站着不动，你就能看清楚它们那精致的灰色羽毛、白色的脸颊，以及黑色的顶冠和喉部。但是要当心，它们的近亲褐头山雀也具有这些特征，因此最好依靠沼泽山雀独特的声音来辨认它们。

在整个英格兰和威尔士的成熟橡树林中都能找到沼泽山雀，但作为繁殖鸟，它们却在爱尔兰完全缺失，并且直到最近才出现在苏格兰的最南端。不过即便是在它们南方的分布区，有很多地方的种群数量也在持续下降，其原因尚未完全明朗，但也许是树林的地面

246

植被遭鹿过度啃食所致。

像多数山雀科的鸟类一样，沼泽山雀并不做长途迁徙。事实上，它们是英国最恋家的鸟类之一，在整个冬季都会守卫自己林间的领域。春季到来时，雄鸟一边歌唱，一边搜寻大树上的树洞，它的配偶会适时地在洞里产下一窝带锈斑的白色卵。

## 褐头山雀

英国的一种常见繁殖鸟居然直到维多利亚时代末期才被发现，这一点简直让人难以置信。更让英国鸟类学家感到懊丧的是，做出这一发现的还是两个德国人。

奥托·克莱因施密特与他的同事恩斯特·哈特尔特在检查大英博物馆特灵分馆的一批鸟类标本时得到了这个发现。尽管那些标本都被记作沼泽山雀，但两人还是立刻意识到，其中两件属于他们在德国老家非常熟悉的褐头山雀。标本签上的细节还记载着这些山雀是在伦敦北部郊区被"采集"（即射杀）的。

而在此之前，人们认为这两种外形相似、亲缘相近的山雀里，只有沼泽山雀分布于英国。三年后，褐头山雀终于被确认在此繁殖，也在英国鸟类名录中赢得了一席之地，成为英国常见鸟类中最后被确认的一种。

说句公道话，这两种山雀非常相似，它们都有着灰褐色的羽毛、

247

浅色的脸颊，以及黑色的顶冠和喉部。真正仔细观察的话，褐头山雀看起来要更壮实一些，脖颈也略粗，两翼上有浅色的区域，人们一般还认为它的顶冠是黝黑色而非亮黑色。不过这些特征很难辨识，所以综合看来，目前区分两者的最佳方式还是通过鸣声。沼泽山雀会发出像喷嚏一样的"pit-choo"声，而褐头山雀的鸣叫则是带有嗡嗡的鼻音"chay, chay"，后者的鸣唱是一串响亮的"see-u"。即便如此，要想准确地识别任意的个体，仍然需要充分了解两种山雀。最新发现的从外观上区分它们的办法是沼泽山雀的上喙基部有浅灰色的圆点。可这招在野外真的管用吗？不见得！

如今在野外遇上一只褐头山雀是一种特别的经历，这种鸟的数量在迅速减少，尤其是在英国南部它们过去常常栖息的许多地方，褐头山雀原因不明地消失了。由于是自己在树上凿洞，褐头山雀比沼泽山雀更喜欢潮湿的栖息环境，它们偏好湿润的针叶林或有着柳树、桤木和灌木丛的落叶林。对任何一位观鸟者来说，在阴霾的11月听到褐头山雀的鼻音，都是外出观鸟的日子里的一大亮点。

## 锡嘴雀

从树顶传来一声尖锐的"tik"，或是白色的尾端钻进浓密的树冠，都意味着锡嘴雀就在附近了。

它们的体长是欧金翅雀的1倍，体重则是后者的3倍。尽管它们体型颇大，但除非你知道确切的地点，否则这种鸟并不容易见到。寻找它们的最好办法是聆听从鹅耳枥或樱桃树树顶传来的那种好似欧亚鸲般的响亮声音。耐心等待，它们也许就会呼扇着翅膀出现了。在冬季更容易遇到锡嘴雀，这不仅是因为它们会聚成小群，出现在像诺福克郡林福德树木园或肯特郡贝奇伯里松园这样的固定地点，而且从欧洲大陆迁来的个体也大大扩充了在英国本土繁殖的小种群。

248

如果你见到一只锡嘴雀，你会发现它是一种俊俏的鸟儿，身上有着锈红、米黄和浅黄褐色交织的柔和色彩，还有一个巨大的、鹦鹉般的喙。飞行时它们看上去很是雍肿，尾很短，有一道宽大的白色翅斑，尾端也是白色的。

锡嘴雀很喜欢鹅耳枥、紫杉和樱桃树之类的植物的种子。很少有鸟能强力嗑开坚硬的樱桃核，吃到里面柔软的种子，但对我们体型最大的雀鸟来说，这就是小菜一碟了。它们的喙能够产生每平方厘米12千克或每平方英寸180磅的压强，可以轻松压碎坚硬的种子。环志工作人员总是小心翼翼地握持锡嘴雀，也就不奇怪了——它们那可怕的喙能咬断手指。

如今锡嘴雀的数量也在迅速减少，目前只有500对在英国繁殖。它们最核心的栖息地包括新森林和迪安森林，你在那里依然有机会听到尖锐的、闹钟般的叫声，或是瞥见在高高的树顶短暂停留，然后飞走的身影。

## 黑尾塍鹬

黑尾塍鹬的头和肩都高于大部分春季可见的鸻鹬类，它们不仅在身材上如此，在相貌上也同样出众，很少有鹬鹬类比身着繁殖羽的它们更加漂亮了。它们全身呈锈橙色，配有一只橘色和黑色的修长鸟喙，飞行时两翼上显出黑白相间的图案。

你在春季能见到经由不列颠群岛北迁的身着繁殖羽的黑尾塍鹬，但仅有不到100只会留在英国繁殖。它们大多生活在彼得伯勒附近宁河湿地的湿润沼泽里，这里是东部大沼泽所剩无几的碎片之一，历史上巨大的沼泽曾经覆盖英国东部的大片土地。

在中世纪，上百万只水鸟曾在这片沼泽地繁衍生息，黑尾塍鹬也曾常见到成为皇家宴会常备菜肴的程度，这种肥美的鹬鹬类在那时被认为是一种美食（详见斑尾塍鹬）。

如今黑尾塍鹬在每年秋季还是很常见，大约有5万只会在这个时节从冰岛迁来。它们停下来，在盐沼、淡水沼泽和英国低海拔地区的湿地补充能量。但当冬季来临时，大部分黑尾塍鹬都会继续南飞，前往法国和地中海地区越冬。

繁殖季一过，雌雄黑尾塍鹬就会不寻常地分开，它们的越冬地也相隔几百英里之远。而到了春季，雌鸟和雄鸟在北迁返回冰岛繁殖地的途中都会在英国停留，而且几乎同时到达。不过行动迟缓的雄鸟要当心：如果不能及时返回繁殖地，它们的配偶就会"离婚"并主动选择一个新的伴侣。

250

# 麻雀

　　我们不把家麻雀当一回事，很少会多看它们一眼。但在某些乡村，还是值得仔细观察每群家麻雀的，因为当中可能会混有它们罕见的近亲——麻雀。当然，你也要竖起耳朵，搜寻绿篱里麻雀传出的那种干涩的"tek, tek"声。

　　麻雀有着栗色的顶冠、亮白的两颊、整体上更为整洁的外貌，看上去就像是为了特别的场合而收拾利落的家麻雀。家麻雀的雌雄之间差异很大，而麻雀则长得完全一样。与城市生活相比，它们更喜欢乡间的生活环境，而正是这一习性在近年来导致其数量下降。

　　人们清除了绿篱和树林，在田间喷洒杀虫剂，全年都将土地用于耕种；这样的管理方式剥夺了麻雀的食物和巢址，大大减少了它们的数量。而在它们能幸存下来的地方，它们往往又是得到了人类的帮助，人工巢箱为它们提供了繁殖场所，投喂的种子食物可以帮助它们度过寒冬。

　　尽管麻雀在英国的数量持续下降，但它们仍广泛分布在欧亚大陆。在分布区的东部，它们取代了家麻雀，成为最主要的城镇鸟类。由于取食谷物和种子，过去它们曾被认为是一种严重的害鸟，这种

251　观念催生出漫长的人鸟关系中最不同寻常的一段插曲。

　　20世纪50年代末，在中国的"大跃进"运动中，麻雀受到与人类争夺粮食的指控，因此成为国民公敌。老百姓被发动起来敲锣打鼓，吹哨子放鞭炮，惊吓麻雀，防止它们落地喘息。上百万人参与了这一行动，据说有数千万的麻雀因此精疲力竭而死。

　　之后麻烦就来了。因为杀死了太多的麻雀，中国人从乡村和城市的生态系统中移除了一个关键的物种。麻雀不仅吃种子，它们也捕食无脊椎动物。结果，昆虫——尤其是蝗虫——的数量大爆发，导致庄稼遭受巨大的破坏。这一切进而造成了1959年到1961年的大灾荒。这个惨痛的教训告诫人们，随意干预自然界会造成多么大的灾难。

## 黄嘴朱顶雀

　　黄嘴朱顶雀又被称作"山区的赤胸朱顶雀"，在苏格兰还有"石南中的赤胸朱顶雀"的称谓。它们的确是近亲赤胸朱顶雀在高地上的对应鸟种。与赤胸朱顶雀相似，它们也身材娇小，羽色淡棕。你能通过沙色羽毛上点缀的深棕色纵纹、短小的黄色喙和飞行时露出

的粉红色腰部辨认出黄嘴朱顶雀。

　　黄嘴朱顶雀冬季南迁到盐沼和沙滩上觅食，尤其是在英国东部和北部海滨，在那里人们可以通过响亮的"twa-it"叫声从大群的雀类中将其分辨出来，它们的英文名（twite）也正是由此而来。

　　如果想在不列颠群岛的夏季见到它们，你需要去风景最宜人的一些地方：苏格兰的西部群岛、英格兰北部的高沼地，或是爱尔兰的西海岸。黄嘴朱顶雀是属于石南荒野和传统耕地的鸟类，它们将巢筑在一丛丛松软的石南里，以农田作物周围的杂草种子为食。并非所有的高沼地都适合筑巢，小块农田与粗糙的高地灌丛相间的区域才是它们的最爱。这也就解释了为何随着此类栖息地的消失，黄嘴朱顶雀正在迅速减少。

252

　　失去黄嘴朱顶雀，也就意味着英国失去了唯一的西藏鸟类区系代表。它们演化自亚洲中部的山区，在英国北部和斯堪的纳维亚繁殖的小种群与亚洲大陆西南部最近的同类之间的距离也超过了2 500千米。

## 苍鹰

　　针叶林深处传出了响亮的短鸣，英国最罕见也最为特别的猛禽——苍鹰就这样暴露了踪迹。在附近森林里的观景台等上一会儿，

如果你足够幸运，你会看到这只猛禽贴着树冠飞行，就像一只鲨鱼在珊瑚礁之间游弋。

长久以来，苍鹰在英国大地上的分布情况一直笼罩在迷雾之中。1976年，莱斯利·布朗出版了权威著作《英国猛禽》，他认为，对于一种只是据传在这里偶有繁殖的种类，没有必要长篇大论地介绍。而如今苍鹰已在很多森林中扎根，其中包括格洛斯特郡的迪安森林及诺森伯兰郡的基尔德森林。不过，即便我们对它们的了解增多了，

253　这种阴郁的猛禽还是保持了一种神秘感。

比起分布广泛的亲戚雀鹰，苍鹰体型更大，也更为强壮。它的英文名（goshawk）来自"雁鹰"（goose-hawk），也许是源于中世纪驯鹰人训练它们追猎雁类的典故。野生的苍鹰其实更偏好斑尾林鸽、野兔和松鼠。

雌性苍鹰像个壮汉，体重达1.5千克，身材和欧亚鵟差不多，比它那瘦小的配偶要重得多，也壮实得多。两性体型的这种差异与雀鹰类似，它可以让一对苍鹰适应更为广泛的食谱。它们的外形也和雀鹰相似，背部为灰色，胸腹部为浅色，细密的深色横纹遍布胸腹。它们凌厉的黄色眼睛上方有一道宽阔的白色眉纹。苍鹰飞行时，你可以通过相对较大的体型、胸部的横纹及更为凸出的翼尖来识别它们。

截至目前，观察苍鹰的最佳时节是早春，此时它们会在自己的林地领域上空高高地盘旋。如果兼具耐心和运气，你还有可能见证苍鹰惊人的炫耀飞行，这时它们会收拢翅膀，陡然下坠，然后又突然张开双翼，向上急转。

苍鹰在很多类型的森林里都能繁殖，但它们最爱针叶林，会在其中用树枝搭建起巨大的鸟巢。在繁殖季里，苍鹰变得十分隐秘，

它们也必须如此，原因是少数担心自己猎禽安全的猎场看守仍会非法射杀苍鹰，一小撮顽固的鸟卵收集者也对它们虎视眈眈。

历史上也正是同样的迫害导致苍鹰在维多利亚时代末期从英国消失，今天在这里繁殖的个体大多是被圈养后又放归野外的苍鹰的后代，在整个20世纪里，这样的放归进行了多次。无论它们从何而来，注视一只苍鹰在林间空地上翱翔，总是一段激动人心的经历。   254

# 侏海雀

深秋的大风在我们的海岸肆掠时，只有神经最坚韧的人才会到海边去观鸟，以期见到那些在大洋上栖息的鸟儿经过英国海滨。

小群的崖海鸦、刀嘴海雀和北极海鹦混迹在鸥与鲣鸟之中，它们高速扇动着翅膀，贴着海面低飞。这些鸟与大型海鸟相比已经够小了，但它们之中还有一群更小的黑白分明的鸟儿。这种鸟体型实在太小，看上去很难在如此严酷的环境下存活。这就是侏海雀，其身长仅有18厘米（甚至比紫翅椋鸟还要小），它们也是所有英国常见海鸟中体型最小的一员。

当侏海雀从位于北极高纬度地区的繁殖地南迁时，它们通常会远离陆地。但有时海上的风暴会迫使它们靠近岸边，那时候人们就能看到大群侏海雀。当它们经过诸如约克郡法利布里格和弗兰伯乐角之类的东海岸观鸟点时，人们偶尔能统计出成千上万的集群侏海雀。不幸遇到大风和浓雾的鸟儿有时会飞入内陆，挣扎着落到田野中。有些侏海雀甚至会混入紫翅椋鸟群，被后者带得晕头转向。

侏海雀是世界上数量最多的海鸟之一，约有1 200万对侏海雀在北极高纬度地区的崖壁和山地繁殖。它们的分布区从加拿大开始，经过格陵兰，向东一直延伸到斯瓦尔巴群岛及俄罗斯。黑压压的海雀群结束海上捕鱼之旅，将食物带回拥挤的繁殖地时，那景象令人眼花缭乱。它们将捕到的食物带回来，喂养那些藏在崖缝和洞穴里的幼鸟。

255 在格陵兰，人们用长柄鸟网捕捉侏海雀，并把它们做成一种名叫"基围亚"（Kiviaq）的传统食物。准备这道菜时，人们会将几百只侏海雀塞入一只海豹皮里，再用海豹脂肪将其密封好，然后任其自然发酵几个月。只有那些品味独特、胃口极好的人才敢品尝这款
256 美食。

大天鹅

田鹨

绿翅鸭

长尾鸭

赤膀鸭

西方秧鸡

疣鼻天鹅

黑雁

翘鼻麻鸭

岩雷鸟

# 🍂 12 月 🍂

三趾滨鹬

雪鸮

紫滨鹬

小朱顶雀

河乌

欧亚鸲

赤鸢

红腹滨鹬

紫翅椋鸟

欧歌鸫

扫码欣赏
图片和鸟鸣

# 引子

12月短暂且昏暗的时日并非一直有益于观鸟。如果天气保持温和，并且有充足的食物，多数鸟类在这个月里乐于守在原地，抓紧不多的白昼时光觅食。

对于小型鸟类而言，由于它们的体表面积相对于体型来说较大，因此更容易损失热量。冬季成了一段真正的考验，所以我们人类提供的食物往往能决定它们的生死。北长尾山雀的家庭群鱼贯穿过我们的庭园，直奔油脂食球而来。煤山雀在鸟食台上来回奔走，啄取瓜子和花生，然后把这些食物带到它们的藏食处，以备不时之需。红额金翅雀以其明艳的羽色点亮了灰暗的冬日。傍晚时分，街灯初上，欧乌鸫在灌木丛中吵闹着，直到进入夜宿地才安静下来。

果园里，被风吹落的苹果引来田鸫的喋喋不休。树枝间球状的芥末黄色槲寄生就像是一蓬蓬搁浅了的海草。其间，你可能会见到一只保持戒备的槲鸫，它发出嘎嘎的叫声，警告任何企图偷走它宝贵的槲寄生浆果的家伙。这一防御手段对于大多数鸟类都有效，但狡猾的黑顶林莺往往能悄悄潜入，夺取那营养丰富的果实。如今越冬的黑顶林莺在英国的许多地方都很常见，它们是在秋季从中欧地区迁来的。这些鸟儿很喜欢槲寄生的浆果，取食过后会在枝条上刮擦自己的喙，以去掉槲寄生黏性很强的种子。如此一来，黑顶林莺传播槲寄生种子的效率可能比鸫类还要高。

12月鸟类所组成的稳定状况会被糟糕天气的来临所打破，这种情况下，为了寻找食物，许多鸟类都被迫迁移。那时你就会见到成群的越冬鸫类从头顶奋力飞过，往往还有欧金鸻、凤头麦鸡和云雀与之相伴。这些鸟儿都飞向英国南部和西部，前往更为暖和且觅食场所没有封冻的地方。如果邻近的欧洲大陆上出现持续的恶劣天气，那里的雁鸭类就会向西飞到我们相对温暖的水库、河口和泥沼来。

并非所有的鸟类都那么容易让步。不列颠群岛的大部分地区在圣诞节期间从来不保证会有降雪，但凯恩戈姆斯的山顶上一定会下雪。到了12月，当寒风在山顶巨石间呼啸，将积雪刮进深谷的时候，几乎所有在此繁殖的鸟类都下到低海拔地区去了。但岩雷鸟作为英国最为坚韧的鸟儿，依然在这荒凉的冬日栖息地中谋生，此时它们的羽毛已不再是棕色或地衣般的灰色，而几乎变为纯白。有些在山顶繁殖的雪鹀依靠啄食人们在滑雪场周围留下的食物，也幸存下来；但大多数雪鹀已经迁至海滨，加入了从斯堪的纳维亚和冰岛迁来的同类的队伍，在海滩上以种子为食。

尽管冬季的寒气愈发凛冽，可即便在圣诞节前夕也有着春天的迹象。在北部和西部湍急的溪流边，有一种富于变化且甜美的歌声穿透了激流的咆哮。隆冬时节，河乌沿着水流宣示领域。你能见到它们在溪流中的大石头上展示胸前的白色，并且不停地上下摆动，就像从盒子里自动弹出的玩偶。

河乌并不是唯一在冬日里歌唱的鸟儿。如果气候条件较为温和，大山雀也会在12月中旬就开始鸣唱，它们"tea-cher, tea-cher"的歌声带来了春天到来的希望。气温上升的话，欧歌鸫也会在隆冬歌唱。在一个暖和的12月末，它们会加入无处不在的欧亚鸲，一同为第一朵蜡一般的雪滴花的出现而歌。然而这只是春季要开始了的假象，更为严酷的冬季考验几乎不可避免地即将到来。

　　随着12月的消逝，当我们回首过去的一年时，一些景象就有了别样的意味。逐渐冻结的水面上，天鹅在发出哨音的赤颈鸭和发出笛音的绿翅鸭之间高声叫着。在少数几个著名的地点，黄昏降临时，大量的紫翅椋鸟在芦苇荡上空翻飞扭转，形成奇特的、如细胞质般的形状。昏暗的下午，赤鸢从四面八方聚集，在长满树林的山坡上空盘旋，它们将在此集群夜栖。

259

　　当鸟类的鸣唱式微，一年也快走到尽头的时候，最好的景致是一个浅色的、形如蛾子的身影从远处的草地上空飞过，它先是转来转去，随后贴着一道绿篱低飞。亲眼看见一只仓鸮在祖祖辈辈的猎场上狩猎，能让人忘却阴冷潮湿带来的所有不快。当仓鸮的身影亦被夜幕掩盖，你也该拖着沉重的脚步回家了。你嘎吱嘎吱地踩着因霜冻而变硬的落叶，准备庆祝又一个新年。

## 大天鹅

　　英国人对于在公园池塘或河中游弋的天鹅已经习以为常了。这些都是本地的疣鼻天鹅，它们的高贵气质有时会因糟糕的脾气而受

损。此外，它们对在那些最肮脏的池塘或人工运河中繁衍也毫不在意，这对维持高雅的姿态并无帮助。那些迁来越冬的野性十足的天鹅则完全不同，冬日里出现的小天鹅和大天鹅只给我们带来优雅的印象。大天鹅体型更大，实际上它的体型和疣鼻天鹅不相上下，两者都称得上是英国最大的鸟类。

一群影影绰绰的大天鹅引颈高歌，降落在因霜冻而泛着蓝光的草地上，这是给冬日里英国北部的湖泊和水漫滩带来些许生机的令人珍视的景象。这些高雅的鸟儿从冰岛和斯堪的纳维亚的繁殖地飞来，在那里它们习惯的食物是水草、青草和牧草，这些植物现在要么完全被埋在雪下，要么被厚厚的冰层封冻。

所以它们向南迁徙，来到我们丰饶的乡间，这儿受温暖的墨西哥湾洋流影响而常年不冻，能够提供它们所需的牧草。少数大天鹅　260
也会留在英国繁殖，大多数是在苏格兰北部，也有几对在北爱尔兰。

大天鹅以家庭为单位进行迁徙，灰色的幼鸟从它们纯白色的父母那里学习迁徙的线路，以及沿途最佳的觅食和栖息地点。它们能够飞得很高，1967年12月，北爱尔兰的雷达操作员记录下了一群飞至8 200米高空的天鹅——几乎可以肯定它们就是大天鹅——这个高度已经快赶上珠穆朗玛峰了。

英国最大的大天鹅越冬种群分布于苏格兰、北爱尔兰和英格兰北部，此外还有几千只大天鹅每个傍晚都聚集在东安格利亚的乌斯湿地，游客可以借助泛光灯的照明观赏它们晚间进食的样子。在这里，你能很容易地对比大天鹅和它们体型更小的近亲。大天鹅不仅明显大于小天鹅，脖颈也更长。

喙上的图案则是另一个识别特征：最容易记住的区别是大天

鹅的喙主要为黄色，只在尖端有楔形的黑色，而小天鹅的喙在整体上以黑色为主，在基部才带有黄色。疣鼻天鹅的喙则是黑色和橘色的。

天鹅的美高雅而纯洁，几百年来一直激发着作家和作曲家的灵感。由于大天鹅是俄罗斯最大、最常见的天鹅，它最有可能是柴可夫斯基著名芭蕾舞曲《天鹅湖》中角色的原型。

## 田鸫

我们路边的绿篱突然之间就充满了生机，因为田鸫迁来了。这群冬日里出现的鸫类色彩斑斓，叽叽喳喳叫个不停。它们横行于不列颠群岛的各处，劫掠果园，挤满绿篱。

田鸫是我们体型最大的鸫之一，长得也是相貌堂堂。它们的头部为青灰色，背部为深栗色，尾是黑色的，浅黄色的腹部装点着箭形的深色花纹。它们那震颤的哨音和高频的尖叫，就是在提醒你有一群田鸫正从头顶飞过，通常它们会和体型稍小的近亲白眉歌鸫混在一起。

261

田鸫是我们最为常见的冬候鸟之一。它们可能大部分都来自斯堪的纳维亚，在那里有着松散分布的繁殖巢。田鸫绝不好惹，它们会合力攻击冠小嘴乌鸦之类的捕食者。进攻时，它们会纷纷朝着敌人喷射排泄物。这种火暴脾气在冬季也是一样。田鸫经常驱赶花园喂鸟器上的其他鸟类，天气恶劣的时候更是如此。在争抢食物的战斗中，它们甚至有过多次袭击乃至杀死同类的记录。

一座满是霜冻苹果的果园能吸引方圆几英里内的田鸫和其他鸫类。它们吵吵嚷嚷，蜂拥而来，狼吞虎咽。有时这样一个集群中鸟儿的数量能多达数千只。浆果则是田鸫在冬日里最爱的食物之一，但你也能见到它们成群结队地站在低矮的草坪上寻找蠕虫。

尽管食物充足的时候田鸫会逗留不前，但它们还是擅长游荡。如果天气变得太冷，它们通常就会继续向南和向西前进。它们并不固守同一块越冬地，因此今年冬天和我们相伴的那些田鸫，到了第二年冬天也许就远在几百千米之外了。

## 绿翅鸭

当你穿过一片沼泽地，尽量不把双脚弄湿时，你也许会突然被吓一跳。在你周围的沟渠或水道里藏着一群鸟儿，它们越来越躁动不安，直到某个瞬间，它们再也无法抑制内心的紧张。这些鸟几乎是垂直地跃入空中，一边高声鸣叫，一边快速向远方飞去，随后降落到湿地中另一块无人打扰的地方。

262

这就是绿翅鸭的典型行为，难怪这样一群小型野鸭又被叫作"弹簧"（spring）。它们的体重只有330克（还不到绿头鸭的三分之一），是我们最小的野鸭，也是长相最为出众的鸟儿之一。雄性绿翅鸭可以说是小而美的典范，它那栗色的头部带有翡翠般的深绿色贯眼纹，而这粗大的贯眼纹周围还镶着一圈细细的黄边。它的身体是灰色的，带着被称作"蠹状斑"（vermiculations，源自拉丁语"蠕虫"）的波浪般的鳞纹，翅膀下方有一条白色的条带，靠近尾部的两侧装点着乳黄色的亮斑，尾部下方则是纯黑色的。

　　雌性绿翅鸭就和大多数野鸭一样，外表朴素了很多，这让它可以逃过捕食者的视线而安全地孵卵。飞行时，雌雄两性都会露出翅上耀眼的翠绿色斑块，它被称作"翼镜"，这个名称源于拉丁语中的"镜子"，因为它能在阳光下闪耀。当雄性绿翅鸭在夏季逐渐褪去亮眼的羽毛时，观察翼镜是识别它们的有效方法。

　　在冬季，你会发现几乎所有水域里都有绿翅鸭，从开阔的河口三角洲到淡水沼泽，都能见到它们在浅水区游动的身影。随着春季临近，雄性绿翅鸭开始求偶炫耀，它们翘起尾部，露出引人注目的黄色斑块。与此同时，它们开始鸣叫，轻柔的哨声汇成尖亮的合唱，远远听上去仿佛是在敲打小巧的铃铛。雄鸭的这种叫声也许就是它们英文名（teal）的由来。英国的常见鸟种里面，只有绿翅鸭不同寻263　常地没有别称。

## 长尾鸭

苏格兰东部一处幽僻的海湾里，成群的野鸭在海浪间嬉戏。在

黑白相间的欧绒鸭和炭黑色的海番鸭之中，有几只小巧且羽色暗淡的鸟儿，它们有着如鞭子般细长的尾，发出的鸣叫乐感十足。这就是长尾鸭，它们因为叫声而在苏格兰被称作"卡鲁"，以及更为形象的"炭黑和烛光"。

身披冬羽的雄性长尾鸭让人赏心悦目，黑色、棕色和白色相间，还有着修长的尾羽，也难怪这种鸟有时候会被人叫作"海雉鸡"。在繁殖季节，它们头部的白色会变深，深色的背部也会长出栗色的羽毛。雄鸭的喙终年都是黑中带粉，像是吃了草莓冰激凌而沾上了颜色。雌鸭自有一种沉静的魅力，似乎有意避开了雄鸭的绚丽羽色，这种低调实用的羽饰是它们孵卵期间的重要伪装。

长尾鸭的繁殖地位于北冰洋沿岸，从加拿大哈德孙湾南部开始，跨越格陵兰和冰岛，直至斯堪的纳维亚。秋季里，它们向海上迁徙，越冬地覆盖了北半球的广袤区域，西至美国太平洋沿岸，东到贝加尔湖地区。在英国，它们结成大群，在苏格兰和英格兰北部的海岸越冬，会潜入深达60米的海里捕食甲壳类动物。春季北飞之前，雄鸭常会对周围的雌鸭做出求偶表演，但至今它们还没显出留在英国繁殖的迹象。

长尾鸭可能是唯一出于"政治正确"的缘由而改名的鸟类。不久以前，它们在北美还被叫作"印第安老妇"（Old Squaw）。这个名称源自对雄鸭叫声的印象，这饶舌的声音让人联想到喋喋不休的老年妇女。但美国鱼类和野生动植物管理局的一群生物学家担心"印第安女人"（Squaw）这个词会冒犯美洲原住民，因此他们特地向美国鸟类学会提交申请，把这个鸟名改成了其他英语区使用的名字"长尾鸭"。

264

# 赤膀鸭

外表并不意味着一切。过去，当羽色平凡而朴素的赤膀鸭出现时，英国观鸟者总会激动无比。不久以前，在那些色彩艳丽的绿头鸭或琵嘴鸭群中看到和听到这种相貌平平的野鸭，绝对是冬季观鸟日的意外之喜。雄性赤膀鸭发出的粗粝声音可能不是太有吸引力，但一想到直到几十年前它们在英国还十分罕见，人们又乐于听到这种声音了。

在英国繁殖的赤膀鸭大多源自维多利亚时代在诺福克放归的个体。20世纪初，利文湖有了赤膀鸭在苏格兰的首次繁殖记录。这一对鸟儿有可能是当年放归个体的后代，也可能是从欧洲大陆自然迁徙而来的，毕竟赤膀鸭在大陆上比较常见且广泛分布。

265　　　冬季里，我们的1 600对左右的繁殖个体被淹没在从遥远北方或东方迁来的约25 000只赤膀鸭之中。跟其他野鸭一样，它们飞到英国，是因为这里即使在冬季也有温和的气候及充足的食物。

无论来自何方，赤膀鸭都是相当有吸引力的鸟类。雄鸭周身混合着灰色和棕色，每一片羽毛都有精细的蠹状斑。雌赤膀鸭的外形与雌性绿头鸭相似，但体型略小，它像雄鸭一样有着白色的翼镜，而绿头鸭的翼镜则是亮紫色的。

赤膀鸭尽管看起来与世无争，但却可以是狡猾的窃贼，科学家将它们的行为称作"偷窃寄生"。赤膀鸭喜欢食用水中的植物，但又不愿自己潜入湖水中收集它们。赤膀鸭会等骨顶鸡之类的鸟儿将它们自己接触不到的植物带出水面，然后再精准地从这些毫无戒心的受害者嘴里把植物抢夺过来。

## 西方秧鸡

许多耳熟能详的谚语的起源已经消失在历史的迷雾中，无法考证了，但是我们确切地知道"瘦如秧鸡"的来源，它所说的正是我们最神秘也最隐匿的鸟类之一——西方秧鸡。与亲戚长脚秧鸡（也被称作"陆秧鸡"*）一样，西方秧鸡有着纤瘦的身体，这能帮助它们在茂密的芦苇秆之间自由穿行，它们一生中的大部分时间都在芦苇荡里度过。

在冬季，来自欧洲大陆的西方秧鸡大大扩充了我们本土的种群数量，它们可能出现在任何地方。曾有一只迷途的秧鸡现身于伍斯特郡一所学校的食堂，人们拍下了它沿着窗帘盒潜行的照片，它也因此不可避免地被称作"窗帘秧鸡"。

通常情况下，表明西方秧鸡存在的唯一线索就是它们那种很有

266

---

\*　西方秧鸡英文名water rail的字面意思是"水秧鸡"。——译注

穿透力的奇特叫声，它常被比作痛苦的小猪发出的惨叫。这种令人难以忍受的叫声有时候被形容成"尖啸"，它往往意味着两只雄鸟正在对峙。

西方秧鸡生性隐秘，它们居住在散布于英国和爱尔兰的低海拔地区、长着浓密植被的沼泽。当它们迈着碎步沿着芦苇边缘疾走时，你就能发现它们其实比黑水鸡瘦小很多，背部有黑色和栗色的花纹，胸腹部灰中带蓝，两胁有明显的斑马似的条纹。

如果你在湿地里的沟渠边惊扰到一只西方秧鸡，当它挣扎着飞起时，你就能看到它尾下的羽毛形成一个浅色的三角形，或是看到它垂在身下的一双长腿。但西方秧鸡最醒目的特征还是那血红色的长喙，它用这只喙来捕捉昆虫、蛙类和鱼。

西方秧鸡的喙在其他方面也很惊人。平时羞涩的西方秧鸡在冬季里有时能用喙做出意想不到的举动。它们的沼泽栖息地封冻后，很多西方秧鸡为寻找替代的食物来源而四散开去。其中一些进入我们的花园，潜伏在喂食器附近的植被中，等待着无辜的小鸟落下来取食，然后它们会猛冲出来，用镐头一样的喙刺穿不幸的受害者。

## 疣鼻天鹅

疣鼻天鹅是英国体型最大也最重的繁殖鸟，没有人不认识这种

庄严而宁静，能给看似暗淡的环境带来些许魅力的大鸟。别的鸟类很少会牵扯出如此之多的传说，当然其中的大多数都荒唐可笑。比如"天鹅能折断男人的胳膊"的错误论调就是酒馆里人们最爱的谈资；类似的信念还包括"英国所有的天鹅都归属女王"，它将这些高贵的鸟儿降为皇室宠物。

267

事实上，与其称天鹅会弄断你的胳膊，倒不如说它们折断自己翅膀的可能性更大；即便它们有时候表现出很强的攻击性，那也是人过于靠近它们所致。此外，尽管理论上王权确实保留了开放水域中所有无标记疣鼻天鹅的所有权，但实际上它们是不折不扣的英国野生鸟类。

另一种说法是疣鼻天鹅不会发声。事实上它们可以发出没有旋律感的鼻音和嘶嘶声，旅行作家保罗·索鲁还曾经把它们飞过头顶时扇动翅膀的声音比作吊床上男欢女爱的声响。

想要看到状态最好的疣鼻天鹅，就要去天鹅饲养场，多塞特郡的阿伯茨伯里就有一个。七百年前，那里的僧侣最早开始饲喂疣鼻天鹅，当时养天鹅主要是为了食用。现在人们看重的不再是天鹅的食用价值，而是它们的观赏价值了；天鹅群扇动翅膀从头顶飞过，绝对算是壮观的景象。

跟许多大型的雁鸭类一样，疣鼻天鹅身材丰硕，适于食用，因此15世纪后期专门通过了一部《天鹅法案》，规范对它们的管理，同时限制普通人获取这种充足而又易得的食物来源。

为确保天鹅种群能够被仔细监测，皇家天鹅官负责每年统计它们的数量，该习俗一直延续至今，并且演变成了每年夏季都会在泰晤士河上举行的"天鹅计数"仪式。

268

# 黑雁

很少有鸟类能够阻止一座机场的修建，但黑雁就是为数不多的一种。20世纪70年代，埃塞克斯郡海边的福尔内斯地区沼泽地被定为伦敦第三座机场的建设地点。福尔内斯的字面意思不甚体面*，但它却是冬候鸟的天堂。这些候鸟当中就包括了罕见的黑雁，它们以一种名叫鳗草的植物为食。

保育工作者最终赢得了胜利，那块沼泽也被留给了鸟类。从那以后，黑雁的数量稳步上升，如今已有10万只以上的黑雁在英国过冬。但在过去十年间，它们的数量再次开始下降。

黑雁身形紧凑，是英国体型最小的雁，跟绿头鸭差不多大。它们是坚韧的鸟类，在北极苔原上繁殖，之后南迁到英国和爱尔兰海滨的咸水沼泽度过秋冬。它们最大的集群出现在英格兰南部和东安格利亚地区。

它们肃穆的外表很易辨认：头部和颈部为黑色，背部为灰色，颈部两侧还有一缕白色。在英国能见到黑雁的三个亚种，其中来自北美的叫作"黑色黑雁"（*Branta bernicla nigricans*，*nigricans*意

---

* 福尔内斯的英文名Foulness意为"污秽"。——编注

为"黑色的"），是少见的访客。腹部颜色深的指名亚种（*Branta bernicla bernicla*）最为常见，它们在俄罗斯的北极地区繁殖，冬季来到英格兰东南部和威尔士南部的沿海滩涂。而腹部颜色浅的亚种（*Branta bernicla hrota*）在格陵兰与加拿大的北极地区繁殖，主要在爱尔兰，尤其是斯特兰福德湾附近的海滨越冬。

黑雁的两个亚种都喜欢鳗草那多汁的叶片，这种草也是少数在海水中生长的开花植物之一。鳗草被吃光后，黑雁就飞往农场、海边高尔夫球场或者运动场，用短粗的喙啃食草皮。尽管它们在遥远而荒凉的北极地区繁殖，但它们能容忍与人相处，常常聚集在人类建筑周边吃草。随着夜幕降临，此起彼伏的雁鸣声响起，它们开始飞离觅食地，前往远离捕食者的沙丘和滩涂夜栖。

269

## 翘鼻麻鸭

翘鼻麻鸭既不是雁，也不算鸭，而是一种介于雁和鸭之间的鸟儿，也是外观最引人注意、最易识别的雁鸭类之一。当它们混迹于散布在河口滩涂上的大群鸻鹬类之中时，远远看去就是大个儿的黑白相间的鸟儿。事实上，它们的英文名（shelduck）中的"sheld"就源于古代形容黑白相间的一个词。上涨的潮水将它们赶到岸边时，你就能看清它们墨绿色的头部、环绕胸腹部的宽大的栗色条带，以及鲜红色的喙，雄鸟喙基部还有个明显的突起。雌鸟响亮的咯咯鸣叫，传遍了它们觅食的整个滩涂。

翘鼻麻鸭一生中的大部分时间都在泥滩或沙滩上度过，它们在泥沙中滤食螺类和其他小型海洋生物。它们主要栖息在海边，却会

270 飞往内陆繁殖，寻找又可以觅食又适合筑巢的浅水区域。

尽管体型很大，但它们却在洞里面营巢。翘鼻麻鸭最喜欢利用废弃的野兔洞穴，也会在树洞、棚子、小屋甚至干草垛里繁殖。雏鸟孵出以后，父母就领着毛茸茸的小家伙们前往集中育雏的地点，几个不同的家庭会组成托儿所，多达100只或者更多的雏鸭会在几只成鸟的看护下进食。

跟喜爱群居的雏鸟一样，翘鼻麻鸭成鸟在夏末换羽时也聚集在一起。它们的传统换羽地在瓦登海，那是位于德国北海海岸的一块巨大滩涂，每年有多达20万只翘鼻麻鸭聚在此地换上冬羽。最近几年，英国的一些翘鼻麻鸭也会选择留在家乡，在沃什湾、亨伯河口三角洲及萨默塞特郡的布里奇沃特湾等地换羽。

# 岩雷鸟

隆冬时节，凯恩戈姆高原最高处的气温已骤降到0摄氏度以下，暴虐的狂风可达每小时300千米的速度，当你在那里蹒跚而行时，几乎看不到生命存在的迹象。那里可能只有少数骨灰级的高山徒步者和山地滑雪者，但是还有一种鸟，它们不仅在这冰天雪地的高山上顽强生存着，而且堪称鸟丁兴旺，它们就是岩雷鸟。

如果要评选英国生命力最顽强的一种鸟儿，岩雷鸟一定会赢得易如反掌。除了它们之外，没有任何鸟类能在我们最为严苛的环境  271 下度过一生。只有这种独一无二、光芒四射的鸟类才能应对如此的环境。

这些性格坚韧的小型松鸡是真正适应寒冷气候的专家，从加拿大到俄罗斯的整个北极地区都能发现它们的身影。在像斯瓦尔巴群岛这样的地方，它们能够忍受长达三个月的几乎完全黑暗的极夜，以及低至零下45摄氏度的酷寒。

岩雷鸟在英国只见于苏格兰高地。它们是英国唯一一种在冬季变成纯白色的鸟类，而放眼所有的英国动物，也仅有三种能做到这一点（另外两种分别是雪兔和白鼬）。

其他的山地鸟类都在秋冬季节向低海拔地区迁徙，而岩雷鸟则全年留在环境最严酷的地方，以石南和越橘为食。为了抵御严寒，它们的鼻孔、脚趾和脚底都长着羽毛，这样可以减少热量的流失。它们还能用强壮的爪子挖出掩埋在雪下的植物枝条和叶子，同时也可以挖掘雪洞以躲避大风。除黑色的尾部之外，它们全身几乎都是纯白的，这在躲避盘旋的金雕之类的捕食者时是最好的伪装。

岩雷鸟在夏季会褪去大部分的白色冬羽，变为棕色，这样它们就能混入斑驳的植被背景。到了秋季，它们再次换羽，变成像觅食地的砾石一般的灰色。即便如此，你还是能通过咯咯的叫声找出它们，那是雄性岩雷鸟在吸引隐藏起来的雌鸟。

## 三趾滨鹬

冬天沿着被风吹拂的海岸漫步，最让人愉快的事就是观察三趾滨鹬了，它们轻快地在潮汐线上跑动，速度快到双腿都已成了一片模糊的光影。这些善于奔跑的小鸟是袖珍的鸻鹬类，体型比紫翅椋鸟还小，银灰色的背部以下是纯白色，肩部有一道深色纹路，两只黑眼睛又小又圆。

272　　　三趾滨鹬最吸引人的地方是它们那种急速的转弯。每当一波浪花退去，它们都紧随其后，疯狂地在沙滩上找寻食物，又在下一波浪潮涌上来前急急地躲开。

在冬季里，节约能量尤为重要，而三趾滨鹬这种迅疾的来回冲刺看起来是白费功夫，但其实它们自有策略。每一波破碎的浪花都给沙滩下的无脊椎动物送来了食物，它们会钻到地表来进食，三趾滨鹬在此时探索刚被冲刷过的沙石，从而提高了自己的捕食成功率。

三趾滨鹬看起来很是可爱，常被比作孩子的发条玩具，然而它们也是十分坚韧的小鸟。尽管它们的繁殖地遍布全球，但我们在冬季看到的个体通常都在西伯利亚位于北极圈边缘的苔原地带繁殖。

在繁殖地，三趾滨鹬不再身披泛白的冬羽，它们的背部、两翼、头部和前胸都变成了深茶色，其中夹杂着黑斑，仅在下腹部还留有一些白色。它们在近水的石滩上哺育后代，那里有丰富的昆虫，尤其是飞蝇和蛆虫。

夏末，当三趾滨鹬向南飞到英国海滨的时候，你偶尔也有机会见识它们捕捉飞蝇的行为。它们中的一些个体这时还带着繁殖羽的华美痕迹，之后才会完全换上幽灵般的冬装。

## 雪鹀

冬季迎着呼啸的寒风在荒芜的沙滩上艰难跋涉时，你如果足够幸运，就会惊起一阵"雪花"，或者用它们正式的名字来说是"雪鹀"。在地上时，这些小型的食籽鸟类看起来不过是又一群棕色小鸟。然而一旦飞入空中，它们就会绽放出夺目的雪白色。这些雪鹀一边在潮位线上飞舞，一边发出轻柔的鸣叫。

雪鹀主要是英国的冬季访客，常常与别的鹀类和雀类混成大群，来到我们北部和东部海滨的咸水沼泽或海滩。在更靠北的苏格兰高地上，它们也会在春夏时节出现。有不到100对这种坚韧的小鸟在那里繁殖。它们在凯恩戈姆高原那些高出海平面千米以上的冰渍坑和漂砾间筑巢。在这样恶劣的环境下研究过雪鹀的鸟类学家兼作家德斯蒙德·内瑟索尔-汤普森曾这样描述雪鹀："或许是不列颠群岛上最浪漫也最特别的鸟类，当然也是世界上最顽强的小鸟。"

在苏格兰的高地上，雪鹀那甜美而又富于旋律感的歌声还会伴随着岩雷鸟的打嗝声以及驯鹿的咕噜声。这里的山巅已经是雪鹀最靠南的繁殖地。它们是真正意义上的北极鸟类，在阿拉斯加、西伯利亚和斯瓦尔巴群岛的北极地区繁殖。在大部分繁殖地，雪鹀都不在高山而在接近海平面的低处营巢；在冰岛的雷克雅未克机场，走下飞机后，你甚至立刻就能听到雪鹀正在停车场里鸣唱。

在繁殖季，雄鸟身着白羽，但翼尖却是形成鲜明对比的黑色。到了秋冬季节，它们脱下了这身斑驳的制服，羽色变得更加偏近棕

274 色，也更像雌鸟了。有些雪鹀会留在凯恩戈姆过冬，它们盘踞在滑雪场索道最上方的餐厅周围，从过路的滑雪者、徒步客和登山家那里获取一些面包碎屑，以补充日常的草籽主食。

## 紫滨鹬

有些鸟比较外向，它们要么用鲜艳的羽色，要么用响亮的叫声吸引我们的注意。另一些鸟则更为羞涩，它们只愿意面对自己。除了带有色彩的名字以外，紫滨鹬显然属于后者。

紫滨鹬以海陆之间的交界地带为家，在这里，海浪在覆盖着海草的礁石上碎成点点浪花。它们的名字远比外貌更具有异国情调：

名字所指的是它们胸部和背部的羽毛带有紫色光泽，但只有当它们身着繁殖羽并且光线良好时，你才能看出这一点来。紫滨鹬几乎毫无例外地只在秋冬季节到访英国，因此它们通常留给人的印象就是一种相当朴素的灰棕色短腿鹬。

你在越冬地见到的紫滨鹬羽色暗淡，自有一番道理，这种羽色可以帮助它们在灰暗又光滑的礁石上获得很好的伪装。它们很容易被忽略，因为它们总是安安静静又不动声色，直到人走得很近时才会突然飞离。观察紫滨鹬的最好方法，是扫视那些更加鲜艳也更为活泼的翻石鹬集群，它们通常会混在里面。

当你终于能仔细观察一只紫滨鹬时，那些精细的特征就突显出来，比如喙有着黄色的基部，眼睛附近也有白色痕迹。它们还有浅色的腹部和黄色的腿。

如你所料，作为一种在礁石上觅食的鹬鹬类，紫滨鹬在英国东南部并不常见，不过它们会在那里的海港墙与防浪堤周围觅食。迁徙途中它们还会很罕见地现身内陆，但并不会长久停留。

冬季出现在英国的紫滨鹬来自更远的北方，它们是从斯堪的纳维亚甚至加拿大飞来的。不过这种小巧而低调的鹬鹬也是英国最为稀少的繁殖鸟类之一。1978年以来，每年都有一个非常小的繁殖种群在海拔千米以上的、人迹罕至的苏格兰山地营巢，数量通常在1对到5对之间。

## 小朱顶雀

一个冬日的下午，一条小溪在缓缓流动，两岸光秃秃的桤木上挂满易碎的球果。一小群鸟儿正在最高处的树枝上勤奋地觅食，像玩杂耍的小鹦鹉般在纤细的树枝间翻腾跳跃。受到惊吓时，它们会立刻结成紧密的集群飞离，同时发出叮叮当当的鸣叫，像是一堆硬币在相互碰撞。这就是英国最小的雀鸟——小朱顶雀。

过去小朱顶雀曾被称作"红头的赤胸朱顶雀"，它们看起来很像是体型更大，分布也更广的近亲。但它们在体型和体态上也很像黄雀，这两种鸟常常结伴在河边的桤木上觅食。

276

仔细观察这些在树冠层活动的鸟儿，会让你脖子酸痛，但也非常值得。它们的身体主要呈带有斑点的棕色，喉部有一块精细的黑色斑块，深红色的前额即是其名字的由来。雄鸟的胸部常常染有淡粉红色，这为它们增添了魅力。小朱顶雀是轻快活泼的小鸟，有时候会任由你靠得很近，然后又毫无缘由地突然全体起飞，前往别处觅食。

整个北半球分布着多种朱顶雀，它们到底可以划分为几种，一直是鸟类学家们的难题。出现在英国以及从英吉利海峡法国沿岸直到挪威的这条狭长区域内的鸟儿，在所有朱顶雀中体型最小，色彩也最偏近棕色。现在它们被称为小朱顶雀，以便跟名字更加让人迷惑的白腰朱顶雀*相区分；后者在英国只是冬季罕见的访客，体型略

---

\* 白腰朱顶雀英文名的字面意思是"普通朱顶雀"。——译注

大，羽色更浅。

再往北，林线边缘的苔原上还有体型更大、羽色全白的极北朱顶雀顶着冰雪顽强地生存。这些坚韧的小鸟偶尔也会出现在英国，通常会和小朱顶雀、白腰朱顶雀混群。

少量的小朱顶雀就在英国繁殖，主要是在威尔士、苏格兰边境地区、东安格利亚地区和肯特郡。它们偏好桦树林和年轻的针叶林，尤其是高沼地和荒野边缘的植被。

20世纪60年代，小朱顶雀在英国一度有过种群爆发，尤其是在英格兰南部，它们经常在郊区的花园里表演炫耀飞行。但在那以后它们的数量就下降了，这或许是因为我们森林中桦树的比例下降了，而且针叶林也渐渐被阔叶林取代——这样的变化对大多数鸟类都有益，但是看起来对小朱顶雀却并非如此。

277

## 河乌

12月一个寒冷的日子里，几乎没有什么鸟儿鸣唱了，这时河乌那舒缓而嘹亮的歌声总是让人愉悦。对于这样一种小型鸟类来说，它们的声音之响亮远远超出你的预期；然而这又是必要的，因为河乌终身生活在奔腾的河水边，它们的鸣声只有足够响亮才能被听到。

河乌在冬季歌唱是因为它们很早便开始繁殖了，雄鸟在新年到来之前就开始宣示它所占据的河段。雄鸟站在水珠四溅的岩石或树根上，唱出自己的歌，它的音量和激情仿佛出自一只注射了类固醇的鹪鹩——这是一种奇特的巧合，因为河乌的外形也跟鹪鹩很像。

河乌在岩石上跳上跳下时，从背后看去，它那棕黑色的羽毛和粗短且翘起的尾确实会让人联想到一只巨型的鹪鹩。但当它转过身来，那醒目的白色前胸和栗色的下腹，又明白无误地表明了它的身份。

在我们这片群岛上，没有任何其他的雀形目鸟类能像河乌这样适应水生生活。它们在水流湍急、富含氧气的溪流和河道边繁殖，主要见于英国的北部和西部。在那里，你能见到河乌立在水流中央的岩石上，肥胖的身躯神经质地上下摆动，就像装了铰链一般。同时，你肯定能听到它们尖锐的、带有金属质感的叫声，那是一种高频的声音，与它们的鸣唱一样，即便在哗哗的流水声中也能轻易听到。

278　　河乌以水生无脊椎动物为食，会迎着水流而上并潜水觅食，这对一只比麻雀大不了多少，浮力还很好的鸟儿来说无疑是一件壮举。河乌划动两翼让自己潜入河床底部，以爪子用力抓着石头在河底行走，以此来搜寻昆虫的幼虫和河虾。需要上浮的时候，它们就松开爪子，借助浮力回到水面。春季里捕获的猎物被它们带回巢中，喂养饥肠辘辘的后代，这些雏鸟紧紧挤在桥洞下或树根间足球般大小的鸟巢里面。

## 欧亚鸲

"欧亚鸲站在光秃秃的大树枝上，天哪，歌声竟如此曼妙！"诗人 W. H. 戴维斯是赞美欧亚鸲冬之歌的许多作家中的一位。但在这个季节，欧亚鸲的真实数量要远远少于印着它们图像的圣诞贺卡。

这种整洁的小鸟又常常被称作"红胸脯"，它或许是英国最为人所熟知的鸟儿，在我们的民间传说中也反复出现。被麻雀的箭头所射杀的是雄性欧亚鸲，而林间无助的人据说也会被欧亚鸲用树叶掩盖。但在节庆之时，我们名义上的国鸟才真正占据了舞台的中央。

圣诞贺卡于 1860 年左右兴起，衔着信函或叼着门环的欧亚鸲形象从一开始就是卡片上的主角。它们经常被视作小邮递员，因为直到那时邮递员还穿着红色的制服，并且有着"红胸脯"或者"罗宾斯"（robins）的外号。由此，这种冬日里常见的小鸟就与传递圣诞祝福的人不可抗拒地联系了起来。

甚至当邮递员的制服变成了海军蓝，只带点红色的装饰时，我们依然将欧亚鸲和圣诞节联系在一起。这或许是因为它们出了名地温驯，在寒冬里常常会来到我们门前的台阶上觅食。出于这样的原因以及它们可人的外表，我们总是将欧亚鸲选作英国最受欢迎的鸟类，尽管坦白地讲，它们也有十分暴力的行为。

欧亚鸲看上去可爱，却特别好斗，它们精力十足地守卫领域，毫不留情地用翅膀和爪子攻击任何的入侵者。有时它们甚至会打斗

279

至死，可我们还是故意忽略了这些事实，只偏爱那些更为积极、温馨的画面。

　　我们喜爱欧亚鸲的另一个原因是其美妙的歌声，尤其是它们不同寻常的全年歌唱的习性。和所有的鸣禽一样，当春季来临，雄鸟需要吸引配偶、排斥同性的时候，欧亚鸲会鸣唱。但它们在秋冬季节也会歌唱，那是对渐渐缩短的白昼、日益聚集的迷雾以及正在成熟的果实的礼赞。

　　欧亚鸲的秋日之歌带着一种别样的气质，空灵缥缈又引人遐思。那声音以一串响亮的音符开启，泛着点点涟漪，之后渐渐变低，仿佛化成一缕青烟，消散在雾蒙蒙的空气中。此时，我们情不自禁地将自身的感受归咎于这一纯粹的生物学过程。尽管这歌声就像此刻的天气一样让人感到忧伤，但对鸟儿本身来说，它只有一个简单的目的，那就是在换羽之后继续捍卫雄鸟和雌鸟建立的领域。在英国的鸟类当中，这是不同寻常的行为，因为我们的大部分鸣禽在繁殖季结束之后都不再守卫领域，而且只有欧亚鸲的雌鸟才会参与到鸣唱中来。

　　在1943年出版的经典论著《欧亚鸲的生活》当中，鸟类学家戴维·拉克曾描述说，"英格兰的所有林地、公园和灌木篱墙都被划分成了一系列小块的区域"，每一块都代表着一只欧亚鸲的领域。可能这280就是人们如此喜欢欧亚鸲的另一个原因：它让我们联想到了自己。

## 赤鸢

　　冬季寒冷的黄昏，夜幕即将降临，深色的幽灵在树林上方盘旋，在越聚越浓的黑暗中发出尖叫，这是赤鸢要回到夜栖地了。这些优雅、修长的鸟类毫不费力地飘在空中，它们的两翼朝着逐渐褪色的落日倾斜，闪出红褐色和金色的光泽，不久后就极速下落到视野之外了。

不久以前，要想看到这样的景象，你需要前往威尔士中部那些覆盖着森林的偏远山谷，这种优雅猛禽中的最后几对就坚守在那里。连续几个世纪以来，赤鸢一直被当作害鸟清除，人们悬赏捕杀这种鸟类，后来猎场管理员和偷蛋者又进一步加速了对它们的清洗。结果，作为繁殖鸟类，赤鸢从英国消失了。20世纪的头几十年里，赤鸢的数量可能已经下降到仅有四只，其中仅一只是具有繁殖能力的雌鸟。它们在不列颠群岛上的前途一度十分暗淡。

感谢当地社区和保育工作者的通力合作，人们守护了仅剩的赤鸢巢，赤鸢无论如何都避免了白尾海雕和鹗的厄运，后两种猛禽被人为地在英国赶尽杀绝了。到了20世纪下半叶，赤鸢的数量逐渐回升，但它们的栖息地仍然局限在威尔士林区的一小片区域，这只是它们以往分布范围的极小一部分。

为了加快它们恢复的进程，到了20世纪80年代后期，人们做出了一项大胆而有远见的决定：要在英格兰和苏格兰的部分适宜栖息地重新引入赤鸢，首先就从伦敦西北部的奇尔特恩丘陵开始。然而

281　这样的计划也不缺反对者，一些保护界人士认为这在某种程度上是"干涉自然"。

　　随着再引入计划的进行，来自瑞典和西班牙的赤鸢幼鸟被引到英国，事实很快证明质疑者是多虑了，赤鸢数量增长很快，并且迅速扩展了分布范围。从第一只赤鸢被放归野外算起，至今才过去四分之一个世纪，它们就已经在英国许多地区成功地定居，接下来东米德兰兹、英格兰的东北部、苏格兰和北爱尔兰会实施进一步的再引入计划。最有名的再引入区域还是奇尔特恩丘陵，它位于连接伦敦和牛津的M40高速公路的北侧，现在那里有多达上百只的赤鸢集群在天空中翱翔，已然成为当地的常见景观。

　　令人感到讽刺的是，现在赤鸢的分布已经相当广泛了，而对有些人来说它们却失去了往常的吸引力。我们似乎只会偏爱那些罕见的鸟类；一旦某种鸟再次变得常见，不知怎么回事，人们就不再认为它特别了。

　　然而，赤鸢曾经也是人们非常熟悉的鸟类：都铎王朝时期，它们在城镇里食用各种垃圾，从排水沟和街道上抢夺各种哪怕跟能吃只沾点儿边的东西。甚至不能吃的东西也一样：赤鸢有着偷窃衣物和内衣来装点鸟巢的名声。因此，莎士比亚在《冬天的故事》里警告道："当赤鸢开始筑巢，一定要看紧内衣……"近年来，赤鸢似乎拓展了它们偷窃的范围，泰迪熊、古怪的鞋子，乃至玩具长颈鹿都出现在巢中，陪伴雏鸟成长。

　　赤鸢的公众形象一直都在改变——从街道清洁工到头号公敌，原因只是它们长着锋利的爪和钩子一样的喙。一旦它们的数量下降，它们就会变成偷蛋者的目标，之后又变成招揽游客的噱头，最后成为保护行动取得胜利的象征。将来，随着赤鸢数量的增多，它们又会渐渐被轻视，那种保护方面的胜利或许会再次踩上公众意见的钢丝绳。

但当我们在冬季的傍晚，驻足凝视几十只甚至上百只在森林上空盘旋的赤鸢时，我们不应忘记自己差点永远失去它们，也应该感谢所有具有远见卓识并付出艰苦的努力才将赤鸢拯救回来的人。

282

## 红腹滨鹬

在隆冬时节眺望河口滩涂，似乎什么也看不到，很难想象有多少生命聚集在那里。但这些看上去荒凉而广阔的泥滩却是数十万只鸻鹬的生命线。在短暂的黄金时刻，或者说低潮位出现前后，它们会散布在整个泥滩上觅食，在潮水再一次上涨之前，尽一切可能疯狂地啄食贝类、蠕虫和虾蟹。

潮水涨起来时，你就能发现鸟儿开始在远处聚集。起初仅有几十只，之后是上百只，接下来有成千上万只红腹滨鹬挤在一起。随着潮水的上涨，越来越多的鸟儿飞离正在被淹没的泥滩，跃入空中。

渐渐地，潮水涌了上来，聚集在空中的鸟群中的鸟儿已经数不胜数，它们紧密抱团，在空中飞舞，每一只都尽力避免掉队，以免成为过路的灰背隼或猎隼的美餐。远远看去，巨大的鸟群像是空中的一团烟雾，那些鸟儿有规律地闪现深灰和浅灰的色泽，让人不禁想知道，在如此令人惊叹的空中表演里，它们是如何避免相互碰撞的呢？

283　　　　海水最终淹没了最后的一点泥滩，红腹滨鹬直直地飞向海岸线，在沙滩或砾石滩上以密集的队形落下。它们彼此之间紧紧挨着，以至于没有任何一寸地面能露出来。

　　它们来到陆地时会发出阵阵低沉的单音节叫声，听起来像是"knut"，这也是其英文名字（knot）的由来。红腹滨鹬的学名是*Calidris canutus*，据说源自11世纪的英国国王卡努特。他著名的事迹是曾经充满期待地命令潮水停止上涨，但他的王权并不足以抗拒涨潮。另一种说法则与美食有关：卡努特国王认为用面包和牛奶催肥的红腹滨鹬是人间美味。

　　红腹滨鹬的身长与欧乌鸫相仿，但更加壮硕，体重也更重。在冬季，它们就是一种让人感到乏味的鸻鹬类，短腿短喙，灰背白腹，没有什么值得大书特书。但到了春夏，它们摇身一变，有了细节丰富的栗色羽毛，红腹滨鹬的英文正式名 red knot 也因此而来。但在英国，这种靓丽的羽毛只会出现在晚春时节的逗留者或途经这里的过客身上，它们最终要到北极的高纬度地区繁殖。

　　据估计，红腹滨鹬的全球数量超过100万只，它们遍布于全球七大洲里面六个大洲的海岸地区，是一种了不起的环球旅行家。但看起来丰富的数量可能是一种误导：几乎所有的红腹滨鹬都只在北极圈内繁殖，那里最容易受到气候变化的影响。脆弱的极地生态系统已经开始迅速地改变，一旦苔原环境不再适合红腹滨鹬，它们的全球数量就会直线下降，使其成为全球变暖的第一批殉葬者之一。

# 紫翅椋鸟

在并不久远的过去，一个非常奇特的现象会在冬季的傍晚发生，它出现在我们的城市、村镇和乡间。那是紫翅椋鸟的聚会，这种被称作"低语"（murmurations）的椋鸟群出现在一切寻常之处——从维多利亚时代的火车站到市政广场，从郊外的树林到海边的防浪堤。

它们在渐浓的夜色中聚到一起，推推搡搡地寻找着最好的夜栖点，像饶舌的老奶奶一样说个不停，直到完全沉入梦乡。密密匝匝的鸟群在某些城镇的夜栖地上空盘旋飞舞，所发出的巨大响声甚至淹没了下面街道上车辆的轰鸣。

但是到了20世纪的最后几十年，椋鸟群的规模渐渐缩小，直至彻底消失。由于会带来大量的排泄物，许多城市里的夜栖地一直被人为干扰着，再加上整个欧洲紫翅椋鸟数量的急剧下降，如今仅有几处冬季夜栖地保留了下来。不过，这些仅剩的夜栖地依然是所有自然景观中最让人期待的部分之一。

这看起来有些怪异，因为紫翅椋鸟通常确实并不算我们所喜欢的鸟类。它们的外貌也许有些魅力，油光锃亮的羽毛在夏季闪着绿色和紫色的光泽，在冬季则多了白色的点缀。但它们常常成为喂

284

食器上的恶霸，成群结队、毫无顾忌地把别的小鸟推出去，仿佛六年级的学生在校园操场上宣示权威。不过，正如我们对于卑微的家麻雀也给予尊重一样，随着椋鸟数量的急剧减少，那些越来越少的夜栖地给它们笼罩了一层特殊的光环，而这正是紫翅椋鸟之前所缺少的。

285          事实上，这些椋鸟中的大部分都不是来自英国，它们是从远至俄罗斯的地方飞来越冬的。这些从东方来的移民补充了我们日益减少的本地种群。过去的几十年里，本土紫翅椋鸟的数量已经下降了70%，尽管原因还没完全搞清，但可以肯定其中包括了可供椋鸟觅食的牧场的减少。得益于外来的移民，冬季里的椋鸟群才能在每年夜晚最长的时节，继续成为让我们惊叹的景观。

紫翅椋鸟为什么会聚集成这么庞大的鸟群，这一问题十分复杂。表面上看，这是一个躲避捕食者的好方法，毫无疑问，一只落单的椋鸟很容易成为过路的游隼或雀鹰的猎物，而由数千只椋鸟组成的不断扭转翻折的鸟群，会让捕食者很难选出一只鸟进行攻击。椋鸟停栖时聚在一起——尤其是在芦苇荡之中——还能防御狐狸之类的地面捕食者，同时也能帮助它们抵御冬夜的寒冷。

但这些理由并不能解释为什么数量如此多的鸟要聚集在同一个地方，有些鸟会为了这样的聚集从30千米以外飞来，而它们本可以在各自的觅食地组成较小的群体夜栖。有一种理论认为，通过这样的群聚方式，那些较弱的个体可以跟较强的待在一起，到了第二天早上离开夜栖地时，前者就能跟随后者前往质量更好的觅食地。

无论这样非同寻常的鸟群因何而生，它们确实吸引着越来越多的人从不同的地方长途跋涉赶来观赏。著名的观赏地点包括萨默塞特湿地，那里有着全英国最大的椋鸟群，从每年11月到次年3月，会有超过100万只椋鸟在此聚集。布赖顿海岸以及位于威尔士西部阿伯里斯特威斯的防浪堤也吸引了大量观鸟者和好奇的过路人。

这些椋鸟观光客是一种现代产物，他们每天都会和鸟儿一样如期而至，观看鸟群在空中的表演，直至鸟儿最后前往夜栖地。如果幸运的话，人们还能看到巨大的鸟群在空中变幻，一会儿像热气球，一会儿像巨型的阿米巴虫。

这种表演可以一直持续到最后一缕阳光消失，到那时，鸟群仿佛收到了某种看不见的信号，突然像沙漏中的流沙般全体落下，消失在人们的视野之外。当所有的椋鸟都降落之后，它们的鸣叫才开始，那是一阵低沉的窃窃私语，会随着夜幕的降临慢慢地安静下来。

286

## 欧歌鸫

我倚在以树丛作篱的门边，

寒霜像幽灵般发灰，

冬的沉渣使那白日之眼

在苍白中更添憔悴。

……

突然间，头顶上有个声音
在细枝萧瑟间升起，
一曲黄昏之歌满腔热情
唱出了无限欣喜。[*]

　　这是托马斯·哈代的诗歌《黑暗中的鸫》，他在诗中描绘了纷乱的19世纪的最后几个小时，也写出了将要到来的新世纪的种种不确定。借助象征的手法，他期待在一年中最灰暗的时刻也有鸟儿的歌声带来希望。

　　那么哈代听到的是哪一种鸫的歌声呢？传统的解读认为"黑暗中的鸫"就是槲鸫，这是英国最大的鸫类，它常常顶着冬日的寒风在树顶歌唱，因而得到了"暴风公鸡"的名号。但哈代在诗中把这种特别的鸟描绘成"这是一只鸫鸟，瘦弱、老衰"，这些形容词通常不会用在硕大而强壮的槲鸫身上。

　　欧歌鸫确实体型更小，但是它们在冬季鸣唱的频率如何呢？1991年到2001年间，鸟类学家戴维·斯诺坚持在他位于白金汉郡的家乡记录欧歌鸫的鸣唱。对这种鸟的调查并不容易，他想知道有多少鸟在冬季还守卫着领域，而这种领域与春季的繁殖点又有怎样的相关性。

---

[*]　译文转引自［英］托马斯·哈代：《哈代诗选》，飞白译，外语教学与研究出版社2014年版。——编注

他的研究表明，有一些欧歌鸫确实在冬季歌唱，它们的鸣唱从10月末持续到第二年春天，但是鸣唱的鸟儿的数量与气温相关，且 287 每年都在波动。在严苛的寒冬，它们就安静下来。英国的其他地区也可能会出现这种情况，不过无论你住在哪里，能在寒冬之中听到欧歌鸫的歌声，总是令人愉悦。

1845年4月，即哈代诗歌出现的半个多世纪前，另一位诗人罗伯特·勃朗宁在《海外乡思》里也写到了欧歌鸫：

聪明的鸫鸟在那儿唱，把每支歌都唱两遍，

为了免得你猜想：它不可能重新捕捉

第一遍即兴唱出的美妙欢乐！*

勃朗宁完美地捕捉到这种鸟的歌声的独特之处，尤其是它将每一个乐句都重复两到三遍才会吟唱下一句的习性。尽管有这种重复，但它的歌声毫不单调；欧歌鸫的雄鸟可以鸣唱上百种不同的乐句，这让它能持续不停地吟唱下去。这也意味着在一个繁殖季里，它总共能唱出100万句以上的乐句。 288

---

* 译文转引自［英］勃朗宁：《勃朗宁诗选》，飞白、汪晴译，外语教学与研究出版社2013年版。——编注

灰林鸮

渡鸦

喜鹊

红交嘴雀

槲鸫

大山雀

红领绿鹦鹉

灰斑鸠

小天鹅

大白鹭

灰雁

# ❈ 1月 ❈

黑颈鸊鷉

彩鹬

鸳鸯

小白额雁

骨顶鸡

黑水鸡

灰背隼

琵嘴鸭

青山雀

灰鹤鸰

白尾鹞

普通潜鸟

扫码欣赏
图片和鸟鸣

# 引子

　　一年已经过去，尽管手套、围巾和防水外套仍必不可少，但在变长的白昼中已经潜伏了一丝春天的气息：你只需聆听日渐增多的鸟鸣，并在绿篱中和路边寻找野海芋开始舒展的叶子。如果天气暖和，大山雀、欧歌鸫、欧亚鸲、鹪鹩和林岩鹨就会开始试音，你可能还有机会听到欧乌鸫早早献上的一首歌。槲鸫甚至都不用气温的鼓励，你总能听见它从树顶唱出的狂野之歌，1月的大风将这歌声吹向高空。

　　对于这些鸟儿来说，真正的繁殖季还要在许多周后才会开始。但对有的鸟类而言，繁衍生息已迫在眉睫。在苏格兰北部，积雪压弯了欧洲赤松满含树脂的枝条，即便是在那里，红交嘴雀也已经开始筑巢了。事实上，有的红交嘴雀可能在1月就产卵了。它们的自然周期取决于松果的产量；如果食物丰富，红交嘴雀能在一年之中的任何时间，在不列颠群岛的任何地方筑巢繁殖。

　　渡鸦也开始在海边的悬崖、峭壁和树顶聚集，你能看到它们成对地飞舞、追逐，凄凉而冷峻的景致中回荡着它们粗哑的叫声。我们的花园里，雄性灰斑鸠情不自禁地咕咕叫着，它的配偶可能已经在附近一棵冷杉中隐蔽的巢里孵卵了。夜晚也因声音而活跃起来。晚秋至冬天，灰林鸮以二重奏宣示着领域，雄鸟颤抖的低鸣与雌鸟的"kee-wick"相呼应，在安静的夜里最容易听清。

对许多观鸟者来说，1月是制订下一年赏鸟计划的时间。有的人希望以在元旦当天看到尽可能多的种类来开启新的一年。有的人则更热心公益，会参加英国鸟类学基金会组织的常规调查。无论调查对象是雁鸭类还是越冬的鹬类，这都是在令人困惑的旅鸟到来之前的绝佳学习时机。

当冰雪覆盖欧洲大陆的时候，我们这里的湿地成了雁鸭类的避难所，这些鸟儿包括小天鹅、粉脚雁、白额雁和各种野鸭，如成群的赤颈鸭、琵嘴鸭和优雅的长尾鸭，以及普通秋沙鸭、鹊鸭之类的潜鸭。即便是像带有混凝土堤坝的水库这样看似没什么吸引力的水体，也值得扫视一番，找找有着威严战舰般形状的普通潜鸟。这一切无关审美，潜鸟需要的只是不冻的水面和其中的鱼类。

如果你邻近一片咸水沼泽或是海边的芦苇地，那么值得尝试冒着严寒去看看夜栖的猛禽，尤其是各种鹞。白头鹞和白尾鹞向它们夜栖的地点聚集是冬日里的一大奇景。鹞们缓慢拍打着长长的且有着明显翼指的两翼，低飞着掠过草地，在逐渐消逝的暮光中摇摆和翻转。当它们落下时，有着钝圆翼型的影子在逐渐逼近的黑暗中划过——这是与鹞完成交接的短耳鸮开始夜间捕猎了。

在暮色中待在田野里，直到最后一缕日光流逝，你就会得到别的奖励。在东南部地区，身形纤细、有着长尾的鹦鹉飞越郊外的住宅，飞向它们位于树顶的夜栖地。白天，在伦敦公园中光秃秃的树枝间，这些令人难以置信的外来鸟种依然能够以它们翡翠般的艳绿色和喧闹的尖叫声让我们惊叹。

隆冬时节的其他鸟类也能让人惊讶，这通常是在意想不到之处。

天气最为寒冷的时候，你可以造访本地的污水处理厂，扫视一下过滤池。由于比周遭的乡野要温暖，这些地方是昆虫活动的温床，也是观察白鹡鸰、灰鹡鸰、草地鹨和戴菊的好地方。而在较为暖和的南部和西部，你可能会找到小巧的叽喳柳莺，它们当中的一些个体选择留下而不是迁走，想在我们难以预测的冬季天气里碰碰运气。对这些脆弱的食虫鸟类来说，风险确实存在，但似乎常有回报。

291　　　　火冠戴菊是1月里罕见的珍宝，它会出现在污水处理厂、枝叶繁茂的墓地及少数花园里。它头顶有一道火红的冠纹，上背为苔绿色，脸颊还有着黑白相间的条纹，是英国最美丽的鸟儿之一。当它在冬青树和常春藤之间觅食的时候，它常常会无视观察者的存在。即便在最黑暗的冬日里，火冠戴菊也总会是令人愉悦的发现。

## 灰林鸮

漫长的冬夜通常是寂静的，但新年伊始，某些夜行性鸟类已经开始宣示自己的领域了。雌雄灰林鸮采用的方式是表演二重唱，它们一道谱写出英国最为人熟知的自然之声。

莎士比亚就很熟悉这种鸟类，但他明显不知道灰林鸮的声音是

由两只鸟而不是由一只鸟发出的。在他早期的戏剧《爱的徒劳》中，
他写道：

> 这时节猫头鹰瞪着眼夜夜唱，
>
> "吐唿唔，吐呼！"欢乐的鸣啼……

　　我们听到的并不是一只鸟的叫声，而是雄鸟悠长的颤鸣和雌鸟
尖厉的回应。这是在向其他所有聆听的灰林鸮宣示，这块领域已经
被一对繁殖鸟占据了。

292

　　灰林鸮在产卵之前很早就会宣示领域，这种行为有着重要的原
因。它们是英国最恋家的鸟类之一，很少在出生地1千米以外的地方
活动。到了深秋，前一年出壳的幼鸟已经真正成熟了，它们开始抢
占父母的领域。而已经占据此处的父母则会在整个冬季不停地鸣叫，
宣示仍然保有主权。

　　灰林鸮是鸱鸮科在英国最为常见的代表，大约有50 000对繁殖
鸟生活在北起凯斯内斯郡，南至康沃尔郡的森林之中。但如同其他一
些留居鸟类一样，它们并不愿飞越开阔的海域，前往爱尔兰繁育后代。

　　灰林鸮也是我们最适应都市生活的猫头鹰，只要附近有可以筑
巢的中空大树或老旧的建筑，它们就常常会在距离城镇中心不远的
地方定居。灰林鸮是严格意义上的夜行动物，通常它们出现的唯一
迹象就是夜间的鸣叫。

　　但也会有其他线索：受惊扰的小鸟常常会泄露灰林鸮的踪迹，
因此，当你在浓密的常绿林旁边或成熟的阔叶林之中听到欧歌鸫、
欧乌鸫和其他鸣禽叫个不停的时候，灰林鸮很有可能就蹲坐在周

围。有时候小鸟的惊叫确实会起到作用，你能见到一只长有一对圆翼、体色棕红的大鸟从树冠上飞起，一言不发地去寻找安宁的地方。尽管灰林鸮有时确实会以鸟类为食，但它们主要捕食小型哺乳动物，以及蛙类、蚯蚓和大昆虫，有时我们甚至能在灰林鸮吐出的食茧中发现鱼的残渣。

　　灰林鸮的繁殖季开始得很早，所以，到了4月或5月，值得去找找蹲在树枝上的、像是漂白褪色了的鸡毛掸子似的东西。那是仍然身披稚羽的灰林鸮幼鸟，它们从安全而黑暗的巢中第一次钻出来，享受着外面的世界。在黄昏时它们大声地喊饿，那声音听起来就像

293　成年的灰林鸮得了严重的喉炎。

## 渡鸦

　　一种如同野猪发出的咕哝声在头顶上空回荡，这声音低沉到不像是任何鸟类所能发出的。抬头向上看去，一只巨大的黑鸟正在飞行，它有着长长的两翼，翼尖的羽毛像手指一样张开，楔形的尾拖在身后。它看起来很像一只乌鸦，但考虑到它那骇人的十字形身形，以及那种特殊的叫声，你便会明白，这是一种完全不同的鸟类——渡鸦。

　　不久以前，要想听到渡鸦深厚而低沉的呱呱声，你需要前往苏

格兰、威尔士和英格兰北部偏远的高地，或是西南部的达特穆尔、埃克斯穆尔荒原。现在这种声音已经在英国低海拔地区的空中回荡了：在最东南端的多佛白崖，消失了很久的渡鸦再次筑巢了。

我们可能以为渡鸦是高原鸟类，因而常将它们的名字用在诸如雷文斯克雷格（Ravenscraig）、雷文斯卡（Ravenscar）这样的地名当中，其含义是"渡鸦停栖的岩石"。但它们曾经的分布区遍及整个英国，在中世纪，它们也曾像赤鸢一样担任城里的清道夫。然而从那以后，它们就被残酷地捕杀，结果和其他清道夫鸟类或猛禽一样，被驱赶到了我们群岛上最荒无人烟的地区。

随着迫害的减少，渡鸦再次回到了它们曾经丢失的领地，现在其分布范围比过去几个世纪内都要广。它们甚至已经出现在我们的首都周围，要知道，此前野生渡鸦最后一次出现在伦敦地区是在维多利亚时代，从那以后，首都的渡鸦仅剩伦敦塔里饲养的那一群了。

294

渡鸦是世界上最大的鸣禽，甚至比欧亚鵟还大，也更重。它们两翼和喙的尺寸也超过英国其他所有的鸦科鸟类。它们也是全球分布最为广泛的鸟类之一，从北极的苔原到热带的沙漠都有它们的身影。渡鸦能发出非常复杂的声音，包括哼哧哼哧的猪叫声、鸭子似的嘎嘎声，以及铃铛般的乐声。

与其他鸦科鸟类相似，渡鸦也很聪明，人们观察到它们沉迷于只能用"玩"这个词才能很好形容的行为。有人见过渡鸦一次又一次地从雪坡上脊背着地脚朝天地滚下来，很明显是为了取乐。飞行时它们也爱炫耀技巧，其中一个动作类似皮划艇运动中的半滚翻。做这个动作时，渡鸦收起翅膀，突然变换成腹部朝天的姿势，然后又转回正常的飞行姿态。

由于体型与外观令人印象深刻，渡鸦与各种神话传说牢牢地连在一起。北欧神话中的主神奥丁就养着两只渡鸦，一只叫福金（意为"思考"），另一只叫雾宁（意为"记忆"），这两只鸟每天都在奥丁的大地上巡查，然后向主神报告它们所看到的一切。凯尔特人的传说把渡鸦和战场联系在一起，这种长着邪恶深色喙的食尸徒总是在残酷的战斗之后最先来到经历了屠杀的战场。当你沿着登山步道或海边悬崖走得精疲力竭时，要记得在头顶盘旋的渡鸦对你的兴趣并不仅限于你的下一步迈向何方。

## 喜鹊

有些鸟类一直是花园里受欢迎的客人，比如欧歌鸫和青山雀。而另一些则不然。在花园恶棍的名单上，排在最前面的毫无疑问是喜鹊，因为它们有猎食花园里其他鸟类的卵和雏鸟的恶习。这种外形时髦的鸦科鸟类却不像图鉴上画的那样黑。仔细观察，你会发现295    这种鸟的羽毛并非只是黑白两色，而是泛着虹彩的绿色、蓝色和紫色，并且颜色会随着光线的角度时时变换。

喜鹊总给人以街头混混的印象。20世纪80年代电视上的反盗窃公益节目就把心存侥幸的扒手塑造成了喜鹊的样子。很久以前，19世纪的意大利作曲家罗西尼将它们的偷盗癖好写进了歌剧《鹊贼》。更近的例子则有菲利普·普尔曼的《黑质三部曲》，作者把盗取灵魂的幽灵城命名为西塔盖茨（Cittagazze），意为"喜鹊之城"。

尽管有这么多负面的联想，人类与喜鹊的关系也包含着让人愉快的部分。如今，即使21世纪已经到来，我们中的许多人还是保留着向落单的喜鹊致意的习惯，路过一只孤零零的喜鹊时，也还都记得那首儿歌："一只是悲伤，两只是喜悦，三只是女孩，四只是男孩。"对那一代人来说，这句话还能让他们记起20世纪70年代的儿童电视节目《喜鹊》的开场白，该节目相当于BBC的《蓝彼得》在ITV（独立电视公司）更为通俗的版本。

现在向喜鹊致意已经变得不太容易了，因为它们无疑比过去多了不少。部分原因是我们对喜鹊的迫害减少了，另外道路上撞死的动物以及街头丢弃的食物也增多了，而喜鹊恰好扮演了清道夫的角色。结果，我们动不动就能看见上百只喜鹊聚集在一起，像吐着火舌的机关枪一样叽叽喳喳个不停。

除了具有劫掠鸟巢的习性以及在街头捡食垃圾的能力以外，喜鹊还以无脊椎动物为食，尤其偏好甲虫。早期它们的名字是"maggot-pie"（蛆虫鹊），这也许是指它们喜欢在腐肉上寻找蛆虫的习性；但另一些人认为这个名字来自法语中的"margot-pie"（意思是"玛戈特鹊"），该昵称就像"珍妮鹪鹩"、"汤姆山雀"以及"红胸脯鸲"一样，说明人们对这种有吸引力的鸟儿还是有感情的。

296

## 红交嘴雀

公元1251年，一位名叫马修·帕里斯的僧侣透过他位于圣奥尔本斯的修道院窗户向外张望，看到了令人震惊的一幕。一大群鸟聚集在僧侣种植的苹果园里抢夺着果实，帕里斯写道，他从没有见过这样的鸟类："在今年，出现了……一些从来没有在英格兰见过的奇特的鸟类，它们比云雀略大……鸟喙是相互交错的……"这些肆掠成性的强盗当然就是红交嘴雀了，它们是最不同寻常的英国鸟类之一。它们的喙形状特殊，上缘与下缘正好交错在一起。

后来这种鸟类日渐出名，有关它的神话也就传开了。传说中耶稣基督在十字架上受刑，红交嘴雀试图将钉在他四肢上的钉子拔下来，因而上下嘴扭曲了。雄鸟的身体也因沾染了基督的鲜血而具有了鲜艳的砖红色。

真实的原因要平凡得多，但吸引力却并不逊色。红交嘴雀以欧
**297** 洲赤松和落叶松之类的针叶树的果实为食。为了破开松果，它们演化出了结构特殊的喙，交错的喙尖能让它们撬开松果的鳞片，吃到里面薄如纸片的种子。

尽管针叶树全年都能结果，但就像庄稼有时会歉收一样，结果周期很难预测。因此，红交嘴雀演化出了复杂的游牧式生活方式。它们每年营巢的时间比其他任何英国鸣禽都早，常常在1月就已开始，孵卵时雌鸟的背上可能还会落有雪花。

一旦幼鸟安全地离巢，它们通常会随着父母待上几周时间。仲

夏时节，集群的红交嘴雀可能就会发现繁殖地周边的食物不够了，从这时起，它们就转入游牧状态，有时候会游荡很长的距离来寻找新的觅食地。这种季节性的移动叫作"爆发式迁移"，有时候会有成千上万只鸟聚在一起，13世纪的那位僧侣在自己的苹果园里见到的正是这种情况。

红交嘴雀生性害羞，它们在针叶树高高的树冠上觅食，如果不发出鸣叫，它们很难被人发现。有时候你会注意到有松果碎片持续地从树上落下，这也是一种确定红交嘴雀位置的方法。但暴露红交嘴雀行踪的通常是它们的叫声：当一群交嘴雀从森林的一个区域飞到另一个区域时，你常常能听到连贯而嘹亮的"clip, clip"的鸣叫。

如果仔细观察，你会发现红交嘴雀是一种很漂亮的鸟儿：雄鸟为砖红色，雌鸟是橄榄绿色，幼鸟的羽色则更淡且带有斑点。我们可以通过喙的形状识别刚离巢的幼鸟，它们那种明显交叠的喙才刚刚开始发育。

红交嘴雀很擅长在树枝间腾挪跳跃，当它们从木质松果上撬下松子时，会像微型的鹦鹉一样悬挂在松枝之间。它们的食物非常干燥，这样的饮食习惯也给了我们更好的观察机会。为了解渴，红交嘴雀常常会飞到林间的水坑或水塘里，把喙埋进水中，然后仰起头，让水流入喉咙。

298

# 槲鸫

怒吼的北风横扫过乡间的旷野，此时很难想象还会有鸟儿在寒风中歌唱而不是躲避起来。但有一种鸟在最恶劣的天气面前也毫不屈服，大声唱出充满野性的高音。这就是槲鸫，它还有一个恰如其分的名字——"暴风公鸡"。

　　槲鸫是最早在新年歌唱的鸟类之一，这时春天还没有任何要来的迹象。槲鸫歌唱时总是会站在当地最高的树顶，它们的歌声包含了像欧乌鸫那样丰富的旋律，又混合着一些带有欧歌鸫气质的重复乐句。

　　我们的两种留居的鸫类很容易被混淆，但槲鸫以其更大的体型和更灰的羽色而不难被辨认出来，欧歌鸫则带有一些暖棕的色调。槲鸫飞行时显得相当吃力，它们总是快速扇动几下两翼，然后将其合拢，由着身体向前一冲，这样才完成一次有力的移动。飞行时，它们也常常会发出鸣叫，那是一种响亮的哨声，很像梳子刮过木头的声音，又像老式足球比赛的哨音。若能观察到它们白色的尾端，那就更能确定你的判断了。

　　一年的大部分时间里，槲鸫都是独处或成双成对地出入，但从仲夏到初秋，它们会成群地出现在乡野之间，在开阔的牧场、荒地和运动场上觅食。这是槲鸫组成的家庭群，它们在繁殖之后就会和别的家庭一起结伴同行，而这种状态会一直持续到冬季到来。

299　　到了秋季，槲鸫开始名副其实地守卫成簇的槲寄生，这是一种长在大树上的寄生植物。一只单独的槲鸫就可以保卫整株槲寄生和上面的黏性白色浆果。它用喙、爪子以及急促的尖叫对抗包括其他鸫在内的一切入侵者。但当一大群白眉歌鸫或太平鸟落在树上时，槲鸫偶尔也会屈服于敌人的数量。

我们在1月里听到其歌唱的雄鸟已占据大块的领域，那里有高大的树木可供筑巢，有开阔的草地或公园绿地为它们提供蚯蚓及其他无脊椎动物。它们通常会在树杈上建造编织得很精美的鸟巢，但有时候也会在奇怪的地方营巢。曾有一只槲鸫把鸟巢安在了索尔福德市中心环岛边的一个交通信号灯上。

## 大山雀

城市交通的噪声和都市水泥森林无尽的轰鸣都掩盖不住我们最熟悉的一种鸟叫——大山雀"tea-cher, tea-cher"的鸣唱。这种有节律的、金属般的声音立刻就能被认出来，每年12月中旬以后，在温和的冬日里，在我们的城市、乡镇和村庄，你都能听到这种声音。古老的乡下俗名"锯子磨石"和"木工鸟"都来源于这种声音，它还曾被比作自行车打气筒发出的吱吱声。

大山雀的叫声可不止这一种，这尽人皆知的歌声只是它们所能发出的40多种声音中的一种，而每一只鸟儿的歌本里都有多达8首不同的曲目。因此，经验丰富的观鸟者听到不能确定的鸟鸣，最终

300　往往会发现那不过是又一只大山雀而已。

关于它们为何会有如此繁多的歌声，有一种被称作"虚张声势假说"（Beau Geste Hypothesis）的解释，这个词语来自雷恩于1924年发表的小说《法国外籍军团》。小说里，英雄博·热斯特（Beau Geste）沿着被包围的要塞的墙壁，把士兵的尸体排成一圈，好让敌人以为防御力量比实际情况更强。大山雀的情况与之类似，它那繁多的曲目能迷惑竞争对手，让其觉得这片领域被不止一只鸟守卫着，从而促使对手去其他地方碰运气。

大山雀的外表与其清澈的声音相配，黑色的顶冠、黄色的腹部和白色的脸颊使它不会被错认。它也很常见，在我们的花园里是最适应与人共同生活的物种之一。作为通常在树洞里筑巢的鸟类，它们也适应人工巢箱，而喂食器只要一挂出去，它们就迫不及待地前来享用食物了。

现在大山雀已经成了我们的邻居，我们也就能仔细地观察它们复杂的求偶行为了。比如，大山雀雄鸟为了吸引经过其巢穴的雌鸟，会将头部探出巢穴洞口，不停地前后移动，由此闪动的白色脸颊像是旗语信号。如果这样做没有效果，那它们还能尝试放声高歌……

## 红领绿鹦鹉

闭上眼睛，由于红领绿鹦鹉那充满异域风情的鸣叫，伦敦的海德公园现在听起来更像印度的孟买或新德里，而不像我们的首都。

红领绿鹦鹉全身翠绿，尾羽修长，雄鸟颈部有一圈明显的粉红色。
它们原本生活在亚洲，也是那里最常见、最为人熟知的鸟类之一。　　301

　　红领绿鹦鹉（常常也被叫作环颈鹦鹉）最早于1969年在英国建
立了野外种群，不过在此之前也有一些关于奇怪鸟类的可靠记录，
并且至少有一笔繁殖记录可追溯到维多利亚时代。

　　红领绿鹦鹉的来历比其他任何英国引入鸟种都要出人意料。最
早的一群出现在伦敦西郊的谢珀顿，由此产生了它们是从《非洲女
王号》剧组逃逸出来的流言；除了最明显的非洲场景以外，那部电
影主要是在谢珀顿的摄影棚里拍摄的。但该说法有一个关键疑点：
这部由鲍嘉和赫本主演的电影拍摄于1951年，很难解释为什么这种
亮眼的绿色鸟类在销声匿迹了近二十年之后才又被人发现。

　　另一种经典的都市传说与20世纪60年代的老牌摇滚吉他手吉
米·亨德里克斯有关，他在位于伦敦市中心的公寓里养着一对名叫亚
当和夏娃的鹦鹉。也许是服用迷幻药后精神恍惚之故，他将这两只
鸟放归了野外，以便为首都增加些许"迷幻色彩"。那个时间点正好
是1969年，但并没有证据表明此事确实发生过。

　　最为平凡但也最有可能的解释是，它们是自己逃逸或被宠物
商人放生的——这种鹦鹉在那时和在今天一样，都是平常的宠物。
这种看似产于热带的鸟儿来到英国后，并未像很多人以为的那样
死于寒冷或饥饿。它们原本生活在喜马拉雅山脚下，那里的温度
会降到远比伦敦郊区低的状态。同时，它们也正好出现在花园喂
食器大量涌现的时候。这些身手敏捷的鸟类很轻松地就学会使用
花生喂食器了，它们鲜艳的外表和巨大的噪声常常能把其他小鸟
赶走。

　　自从它们到来以后，人们对它们的看法也在发生变化。20世纪70年代，卓越的鸟类学家德里克·英格兰强烈要求清除这种鸟类，用他的原话来说就是"结束这种荒唐吧"，英国鸟类名录里面不应该出现鹦鹉。但即便曾有过彻底移除这些鹦鹉的窗口期，它也早已消失了。经过半个世纪的繁衍，它们已经扩散到英格兰东南部的很多地区，在其他地区也有零星分布。英国现在已经有近10 000对繁殖鸟。它们也许并非人见人爱，但现在许多伦敦人已经接纳了它们，将它们视为这个具有多元文化的都市的一分子，尽管冬季光秃秃的树枝间闪现的那抹翠绿色还是显得有些怪异。

302

## 灰斑鸠

　　你很难想象英国郊野的花园里没有灰斑鸠单调的鸣叫，这种声音像是无聊的球迷在毫无激情地为主队加油："曼——联，曼——联……"（U-NI-TED，UN-I-TED）。但直到二战结束——在人们依然拥有鲜活记忆的时间段内——这种带着白上加黑的醒目领纹的沙色斑鸠还从未出现在英国，哪怕作为罕见迷鸟也没有过。

　　现在，当灰斑鸠挤在喂食器边，或是从房顶飞下时，它们看上去已经平淡无奇了，但它们却有着英国所有鸟类里最不同寻常的身世之一。灰斑鸠最早的目击记录是1952年出现在林肯郡的孤零零的一只鸟，那一年伊丽莎白女王正式继承了王位。由于那时已经有人在饲养灰斑鸠，所以野外的这一只在当时被广泛认为是逃逸的笼养鸟。到了1955年春季，有一对灰斑鸠不仅出现在了诺福克郡北部海岸的一座花园里，而且当年还成功繁殖了。

当时这对鸟出现的地点被严加保密，这对于今天这种三音节叫声已经遍布英国的鸟儿来说，似乎有点怪异。即便如此，消息还是泄露出去，很多观鸟者朝圣般地前往诺福克郡。当时还是少年的比尔·奥迪就是其中一员，在他的回忆中，他曾经隔着花园的围墙，努力地想瞥见这对繁殖的灰斑鸠。

303

之后的一年里来了更多的灰斑鸠。这种三音节鸣叫很快汇成了大潮。十年内，灰斑鸠到达了威尔士和爱尔兰。英国鸟类学基金会制作第一版《英国繁殖鸟类地图》时，于1968年到1972年之间开展了一次全国范围内的鸟类调查。灰斑鸠的分布范围已经扩展至锡利群岛到设得兰群岛的乡野之间，甚至在最偏远的岛屿上也出现了它们的身影。

灰斑鸠最早出现在乡村、小镇和城市郊区，因为有站在电视天线上的习惯，它们在德国又被叫作"电视斑鸠"。20世纪70年代，灰斑鸠扩散到开阔的农场，它们的数量也在十年里上涨了10倍，目前已经有近100万对鸟儿在英国繁殖了。

灰斑鸠的到来并不完全出人意料，这种在欧洲曾经只分布在巴尔干地区的鸟类，从20世纪30年代起就开始迅速向北、向西扩张。仅仅四十年的时间里，它们新开辟的疆土就达到了250万平方千米。我们还不清楚是什么诱导了这种突然的变化，或许是一次基因突变让灰斑鸠有了全年都能迅速繁殖的能力。在英国，有些鸟儿甚至在12月和1月也在坐巢孵卵。

灰斑鸠的声音常常出现在电视配音当中，因为它们的呢喃有一种宁静的乡野气息。唯一的问题是，当它们的叫声被用在以18或19世纪为背景的电视剧里时，这声音就像汽车喇叭或电话铃声一样不合时宜。

## 小天鹅

一群小天鹅突然从笼罩在冬日迷雾中的水边飞起，发出富有韵律的鸣叫，它们落在霜冻的牧场上开始吃草，这样的场景能立刻唤醒荒野的灵魂。这种优雅鸟类的英文名（Bewick's Swan）是用来纪念19世纪早期的雕塑家托马斯·比尤伊克的，它们也被叫作"苔原天鹅"。这些天鹅在俄罗斯北极地区遍地蚊虫的苔原湖泊边繁殖，每年秋季，它们举家离开即将被寒冰封冻的西伯利亚家园，向南迁徙。从11月到第二年3月，小天鹅在我们相对温暖的湖泊和沼泽中找到了庇护所，并在开阔水域旁的牧场和耕地上觅食。

小天鹅是英国三种天鹅里体型最小的一种，样子与个头更大的近亲大天鹅非常相似。如果一旁没有大天鹅可供比较，区分这两种天鹅的最好方法是检视喙上的图案。大天鹅和小天鹅的喙都是黄黑两色，但小天鹅喙上的黄色区域明显更小，并且长度不会超出鼻孔。

　　小天鹅喙部的图案是一项重要研究项目中的核心部分。小天鹅的喙部图案差异很大，这也促成了针对同种鸟不同个体的最为深入的科学研究之一。1964年，鸟类学家兼保护生物学家彼得·斯科特（后来的彼得·斯科特爵士）和他女儿达菲拉在位于格洛斯特郡斯利姆布里奇的野禽与湿地基金会总部观察一群迁来的小天鹅。他们注意到每只小天鹅喙部的图案都独一无二，这就为监测每一只个体提供了机会，此前在其他鸟类身上还没有进行过类似的研究。

　　五十年之后，这项持续至今的研究使我们在生态学和行为学方面对这种魅力十足的水鸟有了更多了解。小天鹅在迁徙时以家庭为单位，会带上羽色发灰的幼鸟。通过识别个体，鸟类学家可以知道每一对配偶在一起多长时间，并能计算出它们的繁殖成功率。上一个夏天还在遥远的西伯利亚繁殖的小天鹅，此刻在斯利姆布里奇的泛光灯下吞吃着谷物，距人不过几米远。即便对于有经验的观鸟者而言，这也是一场难忘的相遇。

305

## 大白鹭

　　1月里的一个夜晚，一大群观鸟者聚集在萨默塞特地区的阿瓦隆湿地，观看返回夜栖地前在天空中飞舞的大群紫翅椋鸟。众人仰着面庞，满怀期待地扫视天空，等候椋鸟群的到来。此时，一只白色的大鸟突然从芦苇丛里的隐蔽处跃入空中，悠然地扇着翅膀飞过。

　　一个观鸟者注意到了它，高喊一声："大白！"人群随之一阵慌乱，直到意识到这不是大白鲨，而是大白鹭时，他们才松了口气。

这是一种最近才进入英国繁殖鸟类名录的鸟儿。

　　大白鹭是欧洲最高也最为优雅的鹭类，其直立身高能达到1米。五十年前，距离英国最近的大白鹭分布点在奥地利的新锡德尔湖。直到上个千禧年临近尾声，它们也只是不列颠群岛沿岸的罕见访客，每年可能只有一到两笔有关它们的记录。但在20世纪的最后十年里，大白鹭慢慢开始向北和向西扩散，进入了法国和荷兰。

306　　　　　几年前，它们开始出现在萨默塞特平原的湿地，这是英国西南部的一片新增的湿地生境。大白鹭喜欢上了周遭的一切，就留了下来，现在不论在什么时间前来，我们都能看到多达6只的大白鹭了。到了2012年，它们终于在萨默塞特地区的沙皮克荒野国家级自然保护区繁殖了，深藏在芦苇荡里的两个巢共孵化出了5只雏鸟，其中4只成功地长大离巢。2013年，它们再度繁殖，如今这种优雅的水鸟似乎要成为当地长久的居民了。

　　只要好好观察，就很容易区分大白鹭和它们小得多的亲戚白鹭。大白鹭全身雪白，有长得不成比例的弯曲脖颈。它们的喙又长又尖，在冬季是淡黄色，到了繁殖季节则变得乌黑发亮。大白鹭在飞行时，可能会被误认为白鹭，从远处看尤其如此，但它们的长腿大大超出了尾端，两翼扇动的频率更慢且更显沉重。

　　大白鹭的到来部分归功于英国对湿地和湿地鸟类日益加强的保护，这使得它们在蒙受了19世纪末到20世纪初的羽毛贸易所导致的巨大损失之后还能重新出现。过去富有并且追求时髦的妇女喜欢用它们的羽毛来装饰浮夸的帽子。

　　这片巨大的芦苇地是由过去的工业用地恢复而成的——直到几十年前，它还被用来挖掘泥炭——这也意味着大白鹭出现在英国时，这里已经有了适宜它们繁殖的地方。无论对于哪里的保育工作者而言，这都是一个及时的提醒：如果能够创造出合适的栖息地，鸟儿最终自己就会找上门来。对于大白鹭以及其他许多湿地鸟类来说，它们的未来完全取决于我们愿意在拥挤的乡间让渡多大的地方。

## 灰雁

　　东安格利亚的一条河道里，一群雁在冬季停泊的游船间嬉戏。北方几百英里以外，一座被风吹拂的苏格兰湖泊里，一群同样的鸟儿正紧张地注视着在头顶盘旋的白尾海雕。这就是灰雁生活于其中的两个完全不同的世界。

307

　　总的说来，大部分在苏格兰北部和西部繁殖的灰雁是野鸟的后代，而英国其他地方出现的灰雁即便不是全部，也绝大多数是源于人工再引入。

不少灰雁还从冰岛迁来越冬，因此要将野化个体同真正的野鸟相区分可能并不容易。但若只是辨认灰雁就简单许多。它们在英国所有灰色系雁类中是体型最大也最重的，鲜橙色的喙和粉红色的双腿很容易识别。它们飞行时，你能看见它们的两翼上有大块的浅灰色斑，当然也能听见熟悉的嘎嘎声。

野生灰雁带鼻音的叫声会让人联想起农场里的家鹅，也本该如此，因为它们本是同根生。至少在三千年前，灰雁就在埃及被人类驯化，它们也成了最早伴随人类开疆辟土的鸟类之一，我们身边只有鸡和鸭的驯化时间比它们更悠久。

家鹅被选育来提供一系列不同的产品，其中包括用来点灯的油脂，以及用来制作箭矢或床上用品的羽毛，当然也有供食用的肉和蛋。灰雁很容易驯化，因为它们的雏鸟有一种"印记"行为，也就是会把出生后看到的第一个生物（包括人类）当成自己的母亲。奥地利生物学家康拉德·洛伦茨最早深入研究了这一行为，他成为很多雏雁的"养母"。在畅销书《所罗门王的指环》中，他描述了那些将他当成父母的灰雁宝宝，它们"充满了灰雁式的尊崇"，在家周围紧紧跟随着他。洛伦茨也是最早在野外研究鸟类行为的学者之一，1973年，他和另外两位动物行为学的先驱卡尔·冯·弗里施与尼科·廷伯根一起获得了诺贝尔奖。

308

## 黑颈䴙䴘

隆冬时节的水库里常常挤满各种鸟类，尽管库区周围有明显不受欢迎的水泥建筑，它们还是在开阔的水面欢腾嬉戏。在喧闹的鸥类、野鸭以及加拿大雁之中，有一种时不时潜到水下觅食的小型水鸟常常被人忽视。当它再一次从水中钻出时，它那深色的羽毛及鲜艳的红色眼睛明白无误地告诉我们，这是一只身披冬羽的黑颈䴙䴘。

尽管我们很熟悉小䴙䴘和凤头䴙䴘，但见到一只黑颈䴙䴘还是会让人感到惊喜，原因是它们在这里的冬季分布区十分狭窄。要想找到黑颈䴙䴘，你需要前往它们最喜欢的越冬地点，其中包括汉普郡和多塞特郡之间的海港和浅海。黑颈䴙䴘也会聚集在伦敦西郊的水库，往来于那里的观鸟者不得不忍受头顶飞机引擎的巨大轰鸣声，因为希思罗机场就在附近。

每年的这个时候，黑颈䴙䴘看起来就像是小䴙䴘的放大及加黑版，它们身体的后半段都一样蓬松，但黑颈䴙䴘还长着白色和灰色的羽毛，而不像小䴙䴘那样全为棕色。而且黑颈䴙䴘的眼睛如红宝石般闪烁。它的外表很像近亲角䴙䴘，但脖颈颜色较深，喙较小且明显上翘。

繁殖季的黑颈䴙䴘就完全不一样了。它的头颈部都变成炭黑色，耳后长出金黄的饰羽，因此它在北美被叫作"耳䴙䴘"。这些特点组合在一起，再配上红色的眼睛和栗色的两胁，让它们变得光彩照人。再加上神出鬼没的习性，它们对观鸟者而言就更有吸引力了。

尽管冬季和春季黑颈䴙䴘会出现在不同的水体，但它们对繁殖地很挑剔。几对黑颈䴙䴘往往会在同一座湖泊或池塘中筑巢，有时

309

它们的巢会紧挨着红嘴鸥喧闹的集群繁殖地，这些鸥类好斗且时刻保持警觉的特性有助于鹮鹮躲避捕猎者。在这样相对安全的环境下，黑颈鹮鹮把卵产在由水草做成的浮巢里，用水生无脊椎动物和小鱼来喂养头上有着明显条纹的柔弱雏鸟。

## 彩鹮

有些水鸟，比如白鹭，天生带着优雅气质；而另一些水鸟则有着灰暗、原始的外表，仿佛在提醒我们，它们是恐龙的后代。硕大、下弯的喙显然将彩鹮归入了后一组。

彩鹮看起来很像白腰杓鹬，不过仔细观察还是能发现它们有闪着绿色和青铜色光泽的深色羽毛，与白腰杓鹬斑驳的棕色截然不同。彩鹮富有光泽的羽毛带着亮眼的栗色和虹彩般的绿色、蓝色及紫色，看起来充满了与英国格格不入的异域风情。它们在这里确实不常见，但最近几年数量增长很快。

310　　　　到目前为止，彩鹮是鹮科分布最广泛的成员，也是世界上分布最广的鸟类之一，它们在亚洲、非洲、澳大利亚、美洲，以及欧洲东部和南部的温暖地区繁殖。你如果造访法国南部的卡马格或罗马尼亚的多瑙河三角洲之类的离英国最近的彩鹮繁殖地，就能在宽阔的河道两边看到这些古铜色的鸟儿站在树上用树枝搭建的巢中。

过去几年里，已经有12只以上的彩鹮来到了英国，它们主要出现在英格兰的西南部以及威尔士。它们每次停留数周乃至数月，而且不难接近。事实上，从1975年到1992年，有一只彩鹮在肯特郡及邻近的郡停留了十七年之久，除了偶尔消失几个月以外，它一直逗留在那里，实在让人难以置信。

我们这里有适宜的栖息地，时不时地也有彩鹮出现，所以它们永久定居在英国只是时间的问题。这种鸟终有一天会成为我们一长串水鸟名录中的最新成员，白鹭、牛背鹭和大白鹭已经上榜，它们都是不断北上，最终来到英国繁殖的鸟类。

## 鸳鸯

1月里寒冷的一天，你并不奢望在萨里郡富人区的一座景观湖里遇见英国色彩最丰富的鸟类之一。但弗吉尼亚湖长久以来一直是欣赏鸳鸯的热门地点，它们有着让人目眩神迷的美丽，你只有亲眼见证后才会相信。

雄鸟颈部有姜黄色的须状饰羽，喙是血红色的，它还有乳白色的宽阔眉纹和虹彩般的紫色胸部，这些特征在一对奇特的、像船帆一样翘起的橙黄色飞羽的衬托下熠熠生辉。雌鸟带有多种深浅不同的灰棕色和米色，还有一些精细的白色纹路点缀其间。雌雄鸟都有

311　一种静谧之美，也同样美丽。

尽管有着出众的外表，鸳鸯还是能忍受我们冬季最为严酷的天气，它们以在林地挖掘橡子、栗子及山毛榉的种子为生。受到惊扰时，它们会几乎垂直地飞到空中，在你头顶那些凌乱交错的枝条间腾挪躲闪，并发出一长串古怪而含糊的哨音。它们在中空的树干里筑巢，暮春时节，人们总会大吃一惊地发现小鸭子摇摇摆摆地钻出树洞，跟着父母跳入林中的池塘或溪流。

鸳鸯在远东地区是颇为流行的艺术形象，它们总是成双成对地出现，所以成了爱情忠贞的象征。在中国，绣着鸳鸯的丝质被套和枕套是传统的婚庆礼品。尽管包括俄罗斯东北部和日本北部在内的繁殖地已经受到很好的保护，它们的全球种群数量还是受到伐木、工业化以及湿地排干后被改为农田的威胁。

英国鸳鸯的数量还算可观，尽管隐秘的习性使得它们很难被准确地统计，但据估计英国野外生活着7 000只以上的鸳鸯。它们最早于18世纪中叶从中国被引入，属于萨里郡里士满的一个私人收藏。大约一百年之后，即1866年，一只野化的鸳鸯在泰晤士河的波克郡河段被射杀。从那以后，它们在野外的数量一直在增长，20世纪早期从贝德福德公爵的乌邦寺逃逸出来的鸳鸯群也为这种增长做出了贡献。

尽管鸳鸯的核心分布区位于伦敦周边的诸郡，但其他地区也有不小的种群，其中包括德文郡、格洛斯特郡、伍斯特郡、约克郡、德比郡以及苏格兰的部分地区，在北爱尔兰的邓恩郡还有一个孤立的种群。随着种群数量的增多，即使你所在地的池塘和溪流现在还312　没有鸳鸯，不久的将来它们也会出现在那儿，为之增光添彩。

# 小白额雁

　　小白额雁在英国一直都非常罕见，自1866年一位名叫阿尔弗雷德·查普曼的平底船鸟铳猎手射落第一只以来，迄今只有不到150次的记录。这些鸟来自俄罗斯北部至斯堪的纳维亚之间的某个繁殖地，在秋季向欧洲东南部迁徙的途中迷失了方向，才来到了英国。尽管罕见，我们所熟悉的白额雁的这种近亲却在英国两家最受人尊敬的机构的成立过程中悄悄地发挥了作用。

　　小白额雁貌如其名，看起来就像白额雁更加小巧精致的版本。在冬季，白额雁会成群来到英国的传统觅食地，其中之一就位于格洛斯特郡塞文河口的斯利姆布里奇。

　　1945年，鸟类学家兼保护生物学家彼得·斯科特造访了这个河口边的草地。他从一大群白额雁当中发现了一只长着亮黄色眼圈、体型更小的雁类。这是一只小白额雁。当时，该种在英国的记录屈指可数，而它的出现让斯科特更加确信自己已经开始意识到的事实：斯利姆布里奇十分特殊，无论是常见的还是罕见的雁鸭类都在这里出现。从那时起，他就下定决心要搬到这儿来，并在此建立一个专门研究雁鸭和天鹅的机构，野禽与湿地基金会就这样成立了。

到了20世纪50年代中期，彼得·斯科特开始为BBC制作电视节目，他的系列节目《观察》产生了深远的社会影响，并促成了1957年BBC自然史节目组的成立。而该机构之所以设在布里斯托尔，很大程度上是因为斯科特住在斯利姆布里奇，从布里斯托尔到那里比从伦敦过去要更方便。就这样，罕见且相对鲜为人知的小白额雁在BBC的历史上产生了微小却重要的影响。

## 骨顶鸡

在本地公园的池塘里喂鸭子是我们所有人都珍视的童年记忆。当我们把面包屑投向绿头鸭，看着个头更大的疣鼻天鹅和加拿大雁都来争抢一杯羹的时候，我们很容易忽略池塘中最有魅力的居民之一——骨顶鸡。

骨顶鸡是一种全身呈炭黑色的矮胖鸟类，它属于秧鸡科，是黑水鸡的亲戚。但与黑水鸡不同，骨顶鸟一生中的大部分时间都待在开阔水域，尤其是在冬季，那时它们会在湖泊或水库聚集成群，这些集群通常会包括上百只甚至数千只骨顶鸡。它们长着白色的喙和额甲，很容易辨认。俗语"头秃如骨顶鸡"（as bald as a coot）也由此而来。

骨顶鸡出了名地好斗，常常因为领域而大打出手。打斗时，它们会后仰着身体，从水里伸出那对大得夸张的带蹼的爪子攻击对方。

有时候这种争斗激烈异常，失败的一方甚至会沉入水里淹死。骨顶鸡是世界上少有的几种经常会争斗致死的鸟类之一。

314

它们的叫声种类有限，声音却很特别，会爆破式地发出单音节的高音，像是有人用铁棍敲击石头。骨顶鸡用这种声音警告对手，捍卫自己在水面的小块领域。领域的核心会有一个由水生植物做成的浮巢，这种巢通常是用挺出水面的枝叶搭成四面环水的平台。在大雨中，当池塘水面不断上涨的时候，你就能看到骨顶鸡匆匆忙忙地加高巢位，以保证它们珍贵的卵处于水面之上。

如果要进行鸟类选美比赛，骨顶鸡的幼鸟肯定赢不了。它们从小就秃顶，头部两侧还有红蓝两色，身上有着稀疏的黑色绒毛。大多数情况下，骨顶鸡都是有耐心的父母，它们温柔地将啄碎的水草喂给雏鸟。但也有例外：如果食物紧缺，父母可能不得不选择只喂养部分雏鸟。食物极其缺乏时，骨顶鸡会啄咬乞食的雏鸟，有时频繁的攻击会导致不幸的雏鸟被自己的亲生父母杀死。

## 黑水鸡

多数水鸟需要开阔的水域繁衍生息，但对于黑水鸡这种最为平凡、最易被忽视的水鸟来说却不是这样。只要有足够的食物和筑巢的空间，哪怕最小的池塘、溪流或水沟里都有它忙忙碌碌的身影。

它通常会躲藏起来，只有偶尔发出的短促而具有爆发力的咯咯声或平缓的吱吱声才会泄露其行踪。

**315**　　黑水鸡很容易辨识，它有着红黄两色的喙，前额的额甲为红色，双腿黄中带绿。远远看去，它的羽色十分朴素，凑近观察才能发现那是一种混合着紫色、蓝色与深棕色的微妙色调，同时两胁还有几缕白色的条纹。当黑水鸡略带颠簸地游过开阔水面，它的尾部会下意识地轻轻弹动，时不时露出尾下的两大块白色。

黑水鸡的名字moorhen似乎让人不解，其实这个词与荒原（moorland）无关，而是源自关于湿地或池塘的古老名词。本地公园里，黑水鸡会和骨顶鸡、绿头鸭推搡着挤在一起，在我们脚边争抢面包，但有时它们也会非常谨慎。

与近亲骨顶鸡相比，黑水鸡更瘦削，也更为敏捷。有时人们会吃惊地发现骨顶鸡爬上灌木丛，取食高处的山楂果，或者听到它在夜里飞越屋顶，去寻找新的地方觅食。

与骨顶鸡和鸊鷉相似，黑水鸡也利用水草在湖边或者湖水中央筑巢。它们的巢通常并不隐蔽，总是露天而建。但约克郡的一只正在孵卵的黑水鸡却有创新精神，它会在大雨滂沱时披上一块肮脏的塑料，每当雨停之后又把这件临时的斗篷丢在一旁。

# 灰背隼

几乎在英国的任何地方，一只不期而遇的灰背隼都会立刻让阴沉的冬日充满生机。这种神奇鸟类的名字（merlin）恰如其分，它们总是突然出现，扇动着短小精干的两翼急速掠过大地，猛追一群云雀或草地鹨。它们的行踪飘忽不定，你需要珍惜稍纵即逝的相遇，因为这样的机会在一整天里也许仅有一次。

　　雄性灰背隼（又称"杰克"）也许是我们最小的隼，它的体长只有25厘米，甚至比槲鸫还小。但当它飞掠石南荒地或咸水沼泽，追逐着小鸟时，其超常的耐力和意志完全弥补了体型上的不足。它的上体为蓝灰色，下体为褐橙色，停栖的时候很像是一只雄性雀鹰。 316
然而当它飞起来的时候，两者的区别一目了然：灰背隼的飞行技巧让人眼花缭乱，追踪小鸟的时候，它能笔直地向上飞起，然后又突然垂直俯冲。

　　米黄色和棕色的雌性灰背隼同样敏捷，它的体型明显大于雄鸟，因而有足够的力量捕捉更大的猎物。雌雄都有着标志性的轻快飞行动作，这让人从远处就能认出它们。

　　这些小型的隼在繁殖季会在西北部石南丛生的荒野或高原沼泽深处安家。到了秋天，它们又飞回低海拔地区，我们本土的繁殖鸟会跟那些从斯堪的纳维亚和冰岛飞来的冬候鸟混在一起。整个冬天，它们都在空旷的大地上狩猎，巡视着农田、山丘和海边的湿地。

　　灰背隼的历史悲喜交织。它们曾经被尊为贵妇之隼，受到包括苏格兰女王玛丽一世在内的女性君主们的宠爱，但在更近的年代却因在雷鸟的猎场营巢而被捕杀。20世纪50和60年代化学杀虫剂的大量使用，以及荒地造林导致的栖息地丧失，都使得它们的数量减少。到了20世纪80年代早期，它们的数量已跌至历史低点，只剩500对繁殖鸟了。尽管目前这个数字增长了1倍，但它们仍然处于危险之中。冬季里，灰背隼可能会出现在任何开阔场地的上空，所以请仔317　细观察你见到的每一只小型猛禽吧。

## 琵嘴鸭

琵嘴鸭就像是鸟类世界中的须鲸，它们觅食的时候绕着小圈游动，用巨大而扁平的喙贴着水面左右摇晃。借用纪录片解说者凯特·亨布尔的话，它们看起来就像是在焦急地摸索着掉落的隐形眼镜。因此即便无法看到琵嘴鸭的大嘴，你也能通过这种古怪的游泳方式认出它们。

如果能很好地观察这不同寻常的喙，你会注意到它两侧的边缘都有凸起，这种结构可以留住小型生物，跟蓝鲸这样的大型海洋哺乳动物滤食浮游生物的原理一样。

除了喙的形状以外，雌性琵嘴鸭在外形和羽色上与其他河鸭雌鸟，如绿头鸭、赤膀鸭等相似，都是斑驳的棕色。飞行时，雌雄都会显露出两翼上的灰蓝色区域。雄性琵嘴鸭是我们外表最为独特的雁鸭类之一，它们有着油光锃亮的深绿色脑袋、栗色的两胁及雪白的胸部，活像是舞台上小丑的装扮。飞入空中或从你头顶飞过时，它们像是被又长又宽的喙牵引着，同时还发出奇怪的、机械式的"g-dunk"叫声。

　　琵嘴鸭是英国相当少见的繁殖鸟，大约有不到1 000对散落分布在低海拔地区的湿地和浅湖。但到了冬季，数千只来自欧洲大陆的琵嘴鸭大大充实了我们本土的种群，它们在湖泊和砾石坑中聚成小群，主要见于英国南部。与绿头鸭不同，琵嘴鸭的性格相当羞涩，所以你不太可能在本地的公园池塘里见到它们争抢面包。

318

# 青山雀

　　或许除欧亚鸲和欧乌鸫以外，没有任何一种花园里的鸟类能够像青山雀一样，博得我们如此多的好感。它的脸颊可能就是其受欢迎程度的线索。这种体长只有12厘米，体重只有11克（不到0.5盎司）的小鸟能打赢那些比它更重的家伙，它在喂食器上驱赶更大的鸟儿，当人工巢箱挂出来之后往往也最先安家落户。

　　青山雀是所有英国鸟类中分布最广的鸟儿之一，只要在有树的地方就能看到它们。尽管被人视作花园鸟类，青山雀最喜欢的栖息地还是落叶林地，尤其是橡树林。它们还有个特别之处，就是每窝最多能产16枚卵，这在所有的鸣禽里都算得上是最大的窝卵数了。

巢箱会因此变得非常拥挤。

　　青山雀易于接近的性格与独特的羽色搭配都使得它们大受欢迎。再无其他的英国鸟类拥有蓝色的顶冠和两翼、橄榄绿色的背部及黄色的腹部。在人类的眼里，雌雄青山雀看起来可能都一样，但因为具有特殊的视觉能力，它们可以很清楚地分辨彼此。青山雀能够看到我们看不见的紫外光谱，科学家们已经发现雄鸟的蓝色顶冠羽毛能反射这种紫外线，以此反映其健康状况。更有优势、更富有经验的雄鸟会反射更多的紫外线，据推断雌鸟会利用这一特征来挑选最合适的配偶。

319

　　青山雀还有着喜好恶作剧的名声。1693年，法国教士让·安贝尔迪神父写道："尽管这种淘气的鸟类很小，它却能用爪子和喙造成不小的破坏。"他其实是在抱怨青山雀撕纸的习性，它们习惯于撕开纸一般的树皮来找昆虫吃，所以有撕纸的行为也就不奇怪了。

　　到了20世纪中叶，青山雀将捣蛋技能提升到了新的高度。它们会撕开放在门廊上的牛奶瓶的铝箔瓶盖，这样就能吃到瓶里的奶脂。有的青山雀显然非常渴望瓶里的东西，它们甚至会等着送奶车的到来，还会沿街一直追赶送奶车。但随着这种配送牛奶方式的减少，以及我们出于健康考虑把全脂牛奶换成半脱脂牛奶，青山雀的偷奶行为已经基本消失了。


## 灰鹡鸰


　　很少有其他的英国鸟类像灰鹡鸰一样迷人，它们能发出尖锐而富有穿透力的鸣叫，音色清脆且有金属质感，即便在山间溪流旁或城里的高速路上也清晰可闻。

　　尽管名字里带有个"灰"字，但它们身上却带着大量的黄色，因而时常容易与近亲黄鹡鸰相混淆。不过黄鹡鸰生活在农场里开阔的漫水草地上，并且只会在春夏季出现，而灰鹡鸰全年都和我们待在一起。

　　在繁殖季节，雄性灰鹡鸰可谓相貌堂堂，它们有着白色的髭纹和黑色的喉部，再搭配青灰色的背部和柠檬黄色的腹部。到了冬季，雄鸟褪去喉部的黑色，样子变得和雌鸟、幼鸟相似，上体为灰色，腹部白中带粉，尾下还沾有一些黄色，长长的尾巴不停地上下摆动。　　320

　　灰鹡鸰总在光影效果出众的地点繁殖，比如水流湍急的小溪和河边的荫蔽之处，这也为它们增色不少。灰鹡鸰常站在水中浪花泼溅的岩石上，阳光透过树冠化作光点，洒在它们身上。它们将巢筑在桥下、水闸闸门旁或水堰附近，这些地方迅急的流水能为它们和后代提供源源不断的昆虫。

　　当你观察它们在水边踱步、从土中啄取昆虫、飞入空中抓取蜉蝣时，最吸引你的还是那条长尾。尾部的长度几乎与身体相当，总是一上一下地晃动，使得灰鹡鸰的轮廓在激流背景下显得模糊。有时尾部又会短暂地如扇子般展开，露出白色的外侧尾羽，在透过溪边重重树叶的阳光的照射下分外靓丽。与之相比，本身也很有魅力的白鹡鸰看起来就显得身材矮胖且尾短了。

秋季，随着高地上的溪水渐渐变凉，昆虫渐渐变少，灰鹡鸰常常离开水边的家园，飞进城镇。城区较高的温度提供了足够的热量，吸引来昆虫，于是它们不再留恋激流中的岩石，而是沿着我们屋脊上的瓦片飞行，或沿着污秽的水沟觅食。它们尖锐的鸣叫穿透了嘈杂的交通噪声。虽然这是一个完全不同的世界，但这种优美的鸟类显然也能从中获益。

## 白尾鹞

　　一个寒冷的冬日下午，天光越来越暗，回家的冲动也越发强烈。但你如果真的这么做了，就可能正好错过观鸟年历中最惊心动魄的奇观之一——向夜栖地飘飞的白尾鹞。

321

　　与其他的鹞相似，白尾鹞也有着长翼和长尾。它们是优雅的猛禽，在湿地或荒原上捕猎时总会飞得很低。当白尾鹞搜索猎物，要把田鼠或小鸟驱赶出来时，它们的身躯紧贴着大地的轮廓，沿着河道的方向渐渐消失在山丘之后。一旦惊起了草地鹨之类的小鸟，白尾鹞就变得异常敏捷，对于体型如此之大的鸟儿来说非比寻常。它们扭转俯冲，伸出锋利的爪子，直接在半空中抓住不幸的小鸟。

雄性白尾鹞周身披着珍珠灰色的羽毛，翼尖为黑色，在苍茫的冬日荒原的映衬下，如银鸥般浅淡。在有些光线下，它们看起来泛着蓝色，所以它们的古英语名字就叫"蓝鹰"，而它们在荷兰语中的名字直译过来就是"蓝色的偷鸡贼"。雌鸟和幼鸟为棕黄色，翼上有方格栅状的图案，腰部有一道宽大的白色条带，尾背部有好几道深色横斑，这也是它们经常被称作"环尾鹰"的原因。它们主要出现在宽广、开阔的旷野，比如长有石南的荒野、沼泽和沿海湿地，这些地方植被茂盛，足以隐藏大量的鼠类和小鸟。

冬日里，英国的大部分地区都能见到白尾鹞。傍晚时分，盘旋了一天的鸟儿开始向高草地或灯芯草丛这样的夜栖地聚拢。咸水沼泽也是它们所喜欢的夜栖地。冬日的傍晚，看着白尾鹞在夕阳中飞临泰晤士河的河口三角洲，它们瘦长的剪影映衬着远处一家炼油厂的闪烁灯影，真是让人终生难忘的一幕。

春季白尾鹞会向北迁徙，到高沼地或新种下的林地去繁殖。雄 322
鸟展示其"空中舞蹈"，垂直地向地面俯冲，在最后一刻又反向拉起，一遍一遍地重复。当它们在石南丛生的荒原上表演起这种惊人的特技时，它们就是在宣告潜在的筑巢地点。一旦雄鸟找到配偶，它们就已经选好了营巢的地点。你如果足够幸运，就能看到雄鸟的递食行为：雄鸟在半空中将食物抛给雌鸟，这正是交配的前奏。

然而，白尾鹞醒目的羽色和招摇的求偶方式也带来了弊端。由于以雷鸟的雏鸟为食，它们引起了英国各地一些农场主和猎场管理员的不满。即便白尾鹞受到法律的完全保护，非法偷猎也一直存在：2013年没有任何一对白尾鹞在英格兰成功繁殖，自20世纪60年代以来，这种情况还是首次出现。同期的研究表明，如果没有非法猎杀，我们的高地足够容纳300多对这种雄壮的鸟儿。

## 普通潜鸟

　　水库看起来也许并不是很有吸引力的栖息环境，然而到了冬季，巨大的开阔水面对于水鸟而言却像一块磁石，对于渴望看到鸟儿的观鸟者来说同样如此。在成群的野鸭和鸊鷉当中，你也许还能看到另外一种鸟，它们常常会长时间潜到水下，因此很容易被错过。这就是普通潜鸟。

　　正如它们的英文名（great northern diver）所示，普通潜鸟本不属于英格兰南部这些由水泥浇筑而成的水库。它们是真正的荒野里的鸟类，繁殖地位于加拿大、阿拉斯加、美国北部各州的偏远地区，从格陵兰向东延伸至冰岛，那是它们在欧洲唯一的前哨。

　　繁殖地的那些被密林环绕的湖泊间回荡着普通潜鸟的阵阵哀鸣，这个声音也萦绕在每一部以北方边远森林为背景的电影里。然而美国人却浪费了这种鸟的浪漫形象，坚持称它为"普通潜鸟"（common loon）。

　　普通潜鸟的声音已经足够惊人，它的外貌也同样不凡。它身形壮实，长着匕首一样的喙，流线型的身躯有如潜艇一般。它的羽色黑白相间，带有条纹、斑点和虚线般的图案。

　　在水面上，它们将身躯伏得很低，一遇到危险就悄无声息地潜入水中。在水面以下追逐鱼类时，它们就变成了流线型的制导导弹，

323

最前端是强有力的喙，巨大的脚蹼则在身后提供推力。到了岸上，故事就完全不同了。在这里，它们变得十分笨拙，由于腿长得太靠近身体后部，以至于行走不便，它们需要紧挨着水边筑巢。

每年冬天大约有2 500只普通潜鸟会来到英国海滨，其中大多数是在爱尔兰以及苏格兰北部的近海。许多来此越冬的潜鸟都来自最近的繁殖地冰岛，但也有一些是从格陵兰甚至加拿大长途迁徙而来的。

关于它们会在偏远的苏格兰湖泊繁殖的传言一直存在，阿瑟·兰塞姆还曾以此为前提创作了一本小说《普通潜鸟？》。但如果仔细核对过去的记录，你就能发现并没有确凿无疑的证据。尽管如此，夏季来临时，还是值得在苏格兰的边远之地留意这种充满魅力的鸟类。某对普通潜鸟有一天也许就决定留下来繁殖了。谁知道呢？与此同时，在这个冬天也好好查看离你最近的水库吧。

324

白额雁

绿头鸭

赤颈鸭

大斑啄木鸟

苍头燕雀

鹡鸰

林岩鹨

长耳鸮

太平鸟

## 2 月

加拿大雁

云雀

红嘴山鸦

鹦交嘴雀

角䴙䴘

小斑啄木鸟

红腹锦鸡

大鸨

黑喉潜鸟

反嘴鹬

# 引子

2月虽然是最短的一个月，但有时好像时间也够长了。我们厌倦了冬季，对春天翘首以盼，沮丧地迎接每一次严寒、洪水或降雪——然而并不是只有我们才这样。2月对鸟类来说也很难熬，因为它们的食物供应减少，而冬天还牢牢控制着这片土地，舍不得离开。

太平鸟就是最顽强且最受花园欢迎的访客之一。凭借其引人注目的色彩和富有异国情调的发型，它经常出现在城镇和城市花园中，不断寻找食物。成群结队的太平鸟可以在最没指望的地方找出浆果，然后乌泱泱地挤在树上，杀得留鸟槲鸫措手不及，后者根本不知道该怎么保卫自己的存粮。太平鸟应该得到一枚奖章，与其他鸟类相比，它可能吸引了更多的普通人加入观鸟"大业"。

每年这个时候，我们的花园成了重要的补给站。对于芦苇莺和黄鹀之类的农田鸟类来说，乡村花园里的喂食器是重要的生命线。不论是在城镇还是在乡村，什么事都可能发生。当欧金翅雀和红额金翅雀聚集在种子分播器周围时，留心混在里面的燕雀、朱顶雀和黄雀。要是你再匀出一两颗苹果，搞不好会吸引到白眉歌鸫、田鸫，以及欧歌鸫和欧乌鸫，在天气恶劣时尤其如此。对欧乌鸫来说，得到的食物很少或者压根没吃到东西，就需要靠燃烧体内脂肪来保持体温，在短短几天内，它们便命悬一线。

　　然而，2月变化无常，在天气稍微温和一点的时候，这些欧乌鸫
会在屋顶尝试一两种实验性的春季鸣唱。下半月，苍头燕雀也会有
规律地鸣唱，这时，羞涩的风铃草冲破林下厚厚的落叶层，冒出羽
毛球似的绿叶，白屈菜开出繁星般的黄色小花。　　　　　　　　326

　　当听到雪莱的"欢乐的精灵"——云雀在长满冬季谷物的田野
上歌唱时，你就知道春天即将来临，这通常是在快到月底的时候，
不过具体时间取决于你是在不列颠群岛的北部还是南部。这个月最
明显的春天声音之一根本不是一首歌。在林地和公园，差不多在任
何有大树的地方，都能听到大斑啄木鸟在敲击木头。这种鸟通过用
喙不断敲击树枝甚至是电线杆来宣示自己的领域；因为近几十年来
大斑啄木鸟的数量大为增加，所以我们听到这种声音的次数比以往
要多。要是你运气够好，没准你还能听到小斑啄木鸟的敲击声。这
些小啄木鸟只在英格兰和威尔士繁殖，它们虽然也会敲击果园或者
树篱里的小树，但更倾向于在林地里高高的树冠层活动。

　　春天的热浪已经波及秃鼻乌鸦，它们正在偷木棍，在寒风凛冽
的、光秃秃的树顶重新筑巢。苍鹭用的手段也差不多，只是规模要
更大一些，而渡鸦现在已经在巢中孵卵了。雀鹰开始进行求偶炫耀，
在领域上空急转飞行，它们的领域在林地或多树的公园里。在西部
和南部的某些森林里，你也许能看到正在炫耀的苍鹰，当它在针叶
树上空翱翔时，白色的尾下覆羽蓬松得就像一颗小绒球。

　　尽管有这些春天的假象，但是冬天说回来就回来。"2月春汛"
（February Fill-dyke，直译为"2月的洪水灌满堤坝"）这个名字很形
象，它是对已经下透了雨又还有充沛水量的月份最好的描述。当河
道延伸到田野的时候，被淹没的景观吸引了成群的天鹅、赤颈鸭和

其他野鸭，它们在洪水的边缘紧紧地挤在一起吃草，就像一群群五颜六色的小绵羊。

在我们头顶，凤头麦鸡疲倦地扑腾，尖翅膀的欧金鸻在灰色积云的映衬下闪着白色和琥珀色的光芒。池塘周围杂乱的植被中会有姬鹬，它们像往常一样神秘，几乎不可能被看到，除非它们从你脚下飞起来。在覆盖着厚厚淤泥的河面上，桃白色的普通秋沙鸭用锯齿状的嘴捕鱼，更多是靠触觉而不是视觉。翠鸟在这些单调的褐色环境中寻找地方，并坚守在边缘地带，那里至少还有在清澈的浅水中发现猎物的机会。

虽然冬天仍然控制着我们的大部分岛屿，但每年这个月的最后几天，肯定会有一两只早熟的候鸟来到这里：一只刚从撒哈拉沙漠穿越而来的崖沙燕，或者一只在沿海岬角欢快蹦跳的穗䳭。这些鸟儿是先遣部队，它们标志着季节的变化，以及春天不可阻挡的到来。春天近在眼前了。

## 白额雁

尽管鸟与人类一样，都是安于所习的生物，但没谁能像白额雁

这样墨守成规，每年回到祖祖辈辈使用的越冬地。这些越冬地主要分布在爱尔兰东南部、苏格兰西部以及塞文河口三角洲的沼泽与咸水湿地，少部分散落在其他地方，比如埃塞克斯以及肯特郡北部的海岸沼泽里。那些广袤而荒凉的大地上回响着白额雁富于韵律的鸣叫——听着像一群友善的狗在吠叫——这是冬季最典型的声音之一。

白额雁的英文名字（white-fronted goose）源自它们嘴基明显的白斑，这块白斑一路延伸至头部（front一词源自法语，指前额），但是在远处很难看清楚。这时你就要依靠那种高频的鸣叫把白额雁与越冬地的其他灰色雁区分开来，比如粉脚雁和灰雁。在一个寒冷的下午，当雁类排成长长的"人"字形从头顶飞过时，你也会听到这种鸣叫，那是白额雁在飞回自己的夜栖地。

尽管白额雁对入侵者十分警觉，但是你如果能设法靠近，那么就会发现它们有另一种十分显著的特征，即腹部有宽宽的黑色横纹。比它们罕见得多的近亲小白额雁也具有类似特征。

白额雁是一种相貌清秀的鸟类，但是现在很稀少了，在格陵兰岛，它们的数量正在急剧下降。部分原因是春季降雪增多，影响了它们的繁殖与进食，另一个原因则是更大也更具攻击性的加拿大雁的竞争。加拿大雁的种群正在向北极地区扩散，逐渐压缩更瘦弱的白额雁的生存空间。

秋冬季节在英国所能见到的16 000只白额雁中的大部分都来自俄罗斯，但苏格兰与爱尔兰同时也是白额雁一个独特亚种的全球种群的越冬地。这些白额雁的格陵兰亚种在格陵兰岛西部的苔原上繁殖，它们的腹部有更多的黑色条纹，颜色看起来更深，喙的颜色则偏向橙色而不是粉红色。

但是无论你见到的是哪种白额雁，它们都能唤起人们对荒野的感觉，并给我们冬季的大地带来一丝北极苔原的印记。

## 绿头鸭

在当地公园的池塘边喂上一两个小时的鸭子，可能绝大多数时间吸引到的都是绿头鸭，它们会争先恐后地抢夺大块的面包。尽管这些鸟类看上去如此熟悉，但其实有些绿头鸭是从超出人们想象的远方迁徙而来的。

329　　　绿头鸭是数量最多、分布最广的野鸭，任何有淡水的地方都会有它们的存在。因为它们无所不在，我们就对它们习以为常。其实很少有鸟类能比雄性绿头鸭在外观上更加吸引眼球了。它们有闪着金属光泽的深绿色头部，还有白色领环和卷曲的黑色尾羽——20世纪50年代的一种时尚发型"DA"的名称就由此而来，它的意思是"鸭屁股"。

绿头鸭的英文名字（mallard）与单词male（意为"雄性"）有着共同的词源，最初这个名字专指公鸭，但是现在也指它的配偶。绿头鸭雌鸟羽色更暗淡，全身布满深褐色和浅褐色的斑点。与这种朴素的外观相反，雌鸭的叫声异常响亮，是一种特别的捧腹大笑的声音。我们很熟悉这种呱呱叫，它与雄鸟柔和的喘息声完全不同。

绿头鸭通常在河流、池塘和湖泊旁边长草的沼泽地里繁殖，但是有时也在树洞中筑巢。还有一些鸟选择公开的筑巢点，比如窗外的花台、屋顶花园，以及高楼上的窗棂。这些地点迫使那些刚刚离巢的雏鸭具备从高处一跃而下的胆量，它们还需要经过一段并不安全的旅程才能到达最近的水域。

但是这段路与一些绿头鸭迁徙到此处来越冬的旅程相比，简直就是在公园中散步了。进入深秋以后，从欧洲大陆飞来的绿头鸭候鸟加入本地留鸟，使得英国的绿头鸭数量翻了2倍，达到67万只之多。其中一些绿头鸭从遥远的俄罗斯飞来，它们混入本地的鸭群，甚至在城镇公园里也常常出现。因此，尽管这些在公园里争抢面包的鸭子看上去似曾相识，但是它们也许出生在几百甚至上千千米以外。　330

## 赤颈鸭

2月的一天，雾气弥漫，在一片朦胧的咸水湿地里只能看见最近处的几只水鸟。这时，一阵仿佛群狼嚎叫的声音穿透了昏暗与阴霾，那说明雾中的某处有一群赤颈鸭。

赤颈鸭与它们的近亲绿头鸭、琵嘴鸭、绿翅鸭同属河鸭类，但与近亲不同的是，它们在陆地生活的时间与在水中的时间差不了多少。在陆地上，它们用那蓝灰色的短喙啃食水边的草皮。雄性赤颈鸭是英国最英俊的野鸭之一，它的头部为栗色，前额为奶黄色，而身体呈浅灰色，与其他颜色形成赏心悦目的对比。雌鸭和雏鸭的羽色像秋天的树叶，混合着棕色、橙色以及灰白色。

只有不到500对赤颈鸭在英国繁殖，它们大多位于苏格兰偏远的湖泊，雌鸭带着自己珍爱的孩子在那些清澈如镜的水面上觅食。到了秋季，大约有50万只赤颈鸭从北方和东方迁徙而来，它们极大地壮大了这个小的赤颈鸭繁殖种群。这些候鸟的繁殖地位于冰岛、斯堪的纳维亚以及俄罗斯的北极地区，有一些鸟儿甚至从遥远的西伯利亚东部长途跋涉而来。

最适合观看大群赤颈鸭的地方通常位于河口三角洲地区，在那有充足的野草可供鸟儿食用。退潮时，它们喜欢吃那些裸露的鳗草；涨潮时，它们要么浮在水面上，要么游上岸，食用水边的那些草坪。

331　　你常常能看到这些赤颈鸭紧紧地聚在一起，样子古怪得像是被围栏围住的羊群。它们也确实与羊一样，是高效的食草动物和优秀的造粪机，这在位于兰开夏郡和默西赛德郡的里布尔河口之类的地方尤为明显，在那边过冬的赤颈鸭多达8万只。赤颈鸭鸭美歌甜，它们发出的惊人合唱常常是冬日观鸟活动中的一段难以磨灭的记忆。

# 大斑啄木鸟

在一个明朗而微凉的二月天里，当那些开工早的鸣禽正准备放声鸣唱时，有一种鸟儿却在用一种不太寻常的方式捍卫自己的领域：它用喙快速敲击中空的树干。

大斑啄木鸟就是我们森林里的重金属乐迷。在这冬去春来的时节，它们确实知道该如何吸引我们的注意。它们持续而响亮地敲击树干和树枝，宣示自己的领域。当然，并不是所有的老树虬枝都管用。关键是要让声音传得更远，所以大斑啄木鸟雄鸟总是会回到音效最好的敲击点。有些鸟甚至会选择敲击电线杆上的金属片，这样可以发出惊世骇俗的响声，确保能够吓退它们的竞争者。332

　　现在我们都知道啄木鸟是通过快速敲击鸟喙来发出一连串咚咚声，这种敲击的频率高达每秒钟40次。但是这个结论被广泛接受的时间并不太久，很多鸟类学家曾经认为那种声音是由啄木鸟的喉咙发出的。这个问题是由一位名叫诺曼·普伦的观鸟者在1943年解决的。他把麦克风插入一株死去的大树，同时观察啄木鸟敲击树干的频率，很快就发现他所听到的声音与鸟喙敲击木头的动作完全一致。

　　但这并没有解决另一个重大问题，那就是为什么这种不断敲击的鸟类不会头疼。我们现在知道，包括大斑啄木鸟在内的所有啄木鸟都长着一种海绵组织，它垫在鸟喙和头骨之间，可以吸收大部分的撞击力。

　　在一年中的多数时间里，大斑啄木鸟都不会发出击打声，这时它们就变得非常隐秘了，因为这些鸟只会在树冠层悄悄地飞来飞去。但是鸟儿发出的尖锐的"chik"声常常泄露它们的行踪，当啄木鸟从头顶飞过，或者暂时停在附近的大树顶上时，它们都会发出这样的声音。一旦熟悉了这种特别的叫声，你就会吃惊地发现它们是如此常见，甚至在我们的城镇里，这些鸟也会定期拜访人工的喂食器，这会吓退一干体型更小且不那么坚定的鸟类。大斑啄木鸟的外形很是俊朗，它们长着对比鲜明的黑色和白色羽毛，也因此一度被叫作"黑白斑啄木鸟"。

我们林区的许多鸟类的数量在过去几十年里都在下降，而大斑啄木鸟则有着截然不同的趋势。它们的数量迅速增长，自从20世纪60年代末以来，总数已经增长了4倍以上。

这也许是因为它们充分利用了我们放置的喂食器，但这也可能是椋鸟的数量同期下降的结果。椋鸟会与大斑啄木鸟争夺筑巢用的树洞，而且在发生冲突的时候，椋鸟通常是胜利的那一方。

大体而言，啄木鸟并不愿飞越辽阔的水域，这就能解释为什么在欧洲大陆有10种啄木鸟，而英国只有3种（另外还要加上罕见的蚁䴕）。不久以前，爱尔兰还是欧洲唯一没有啄木鸟的国家，因为爱尔兰海对于英国的鸟儿来说就是天然屏障。但在几年前，爱尔兰东部沿海的林区发现了大斑啄木鸟，现在这种鸟已经在那里稳定繁殖了。这些新到的拓荒者也许是从不列颠渡过爱尔兰海而来，但是啄木鸟有时候也会从斯堪的纳维亚横渡整个北海，迁徙到英伦诸岛。不论它们从何而来，这些爱尔兰的大斑啄木鸟与英国同类的数量不断增长，都是值得庆祝的成功故事。

# 苍头燕雀

在2月里一个气候温暖的日子，你也许能听到一串急促的旋律，它的节奏越来越快，直到结束，这种架势可以与带球跑动的板球运动员相仿。这声音来自我们最普通，分布也最广泛的鸟类之一——苍头燕雀。雄鸟发出的熟悉旋律预示着春天正在来临。

但是你听到的苍头燕雀的鸣唱也许有不同的版本，这取决于你所在的地方。这种鸟与多数其他鸟类不同，它们有明显的地方口音。例如在苏格兰的一些地区，苍头燕雀又被叫作"姜汁啤酒鸟"，因为它们的歌声中最后三个音节的发音就像是在酒吧里点这种传统软饮料一样。

苍头燕雀雌鸟可能会被误认为是家麻雀，但它们在飞行的时候会露出清晰的白色翼斑和泛着绿色的腰部。雄鸟则有着灰蓝色的头部、粉红色的脸颊及胸腹，肩部还戴着亮白色的"肩章"，它的相貌绝不会被弄错。

在英国，苍头燕雀可以与欧亚鸲争夺最常见繁殖鸟排行榜的亚军（冠军是鹪鹩）。它还是我们分布最广泛的鸟种之一，它的栖息地遍布城乡，从城市公园和花园到苏格兰高地上的松林，以及这两个极端之间的广大区域，都有它的身影。

苍头燕雀的英文名（chaffinch）指的是它们有成群聚集在留茬地里的习性。它们通常与其他鸟类混在一起，在麦麸中捡食谷物。在过去没有机械化种植的年代，农田里常常有溢出和散落的谷物，而秸秆也会在地里存留很长时间，那时候冬季的鸟群分布更加广泛。

334

包括18世纪的作家兼博物学家吉尔伯特·怀特在内的一批观鸟者发现，苍头燕雀在冬季有雌鸟和雄鸟分开集群的特性，因此它们也得到了一个"单身燕雀"的外号，不过今天这种习性似乎已经不那么明显了。

如今在一些地方还有苍头燕雀的单身群存在，但让人遗憾的是，这并非出自它们的本意。在比利时北部的佛兰德地区，苍头燕雀因出众的歌唱能力而被人类拿来争斗，这种比赛在当地被叫作"vinkensport"，也就是"燕雀运动"的意思。人们把一排鸟笼挂在开阔地，每一个笼子里有一只苍头燕雀雄鸟。那些鸟因为邻近雄鸟的存在就开始鸣唱，而一个计数器记录了每只鸟鸣唱的歌曲数目。在一个小时的时间内唱出最多完整曲子的雄鸟就是优胜者——比赛规则规定，一首完整的曲子需要包含曲末的那段华彩乐段。

## 鹪鹩

作为我们最小的鸟类之一，鹪鹩的声音确实太响亮了。它会突然在灌木丛里爆发出一串震耳欲聋的单音，而且这声音飞快地连续发出，相互融合后变成了一种颤音，最后以一个华彩乐段结束。当那位歌唱家露出真容时，它在篱笆或者灌木顶端短暂停留，得意扬扬地翘起尾巴，嘴巴大张，浑身颤抖，仿佛用尽力气来发出响亮的领域宣言。

在一年中的大部分时间里，鹪鹩都不像我们描述的那样外向。这种尾巴短小、身体敦实的小鸟通常像老鼠一样在河岸边的植被里 335 或岩石的缝隙间窜来窜去，用那又短又尖的喙探寻着小昆虫和其他无脊椎动物。寒冷的冬季，鹪鹩在夜间依偎在一起抵御严寒，有时它们会挤在旧巢箱中，人们在单个巢箱中最多统计过61只鹪鹩。

鹪鹩的学名 *Troglodytes troglodytes* 来自古希腊语"穴居者"。这种寻找食物与庇护所的超凡能力，意味着它们尽管体型较小且容易受到热量损失的影响，但是几乎可以在任何地方生存，从悬崖峭壁和偏远的岛屿到郊外花园和城市公园，都有它们的身影。它们除了对栖息地有着广泛的适应性以外，还能在每个繁殖季生育两窝后代，每窝有5到6只幼鸟，这样非凡的能力使得鹪鹩在英国最常见鸟类排名中遥遥领先，有接近800万对繁殖鸟。

鹪鹩雄鸟的生活并不轻松。它们那些挑剔的配偶需要雄性建造多达六七个的"雄性鸟巢"。它们利用超凡的建筑技巧把苔藓、青草和羽毛编织成宽松的球形鸟巢，这些鸟巢被安置在它们领域周围的不同地点，其中包括灌木丛和老房子，甚至连挂在棚子里的旧衣服的口袋都会是它们的筑巢点。当雄鸟完成了这样赫拉克勒斯式的工程之后，雌鸟才会选择其中一个鸟巢产下那窝珍贵的鸟蛋，而这也意味着雄鸟的大多数筑巢工作都白做了。

雌鸟开始忙于孵卵，之后又给雏鸟饲喂昆虫和蜘蛛，与此同时，雄鸟则继续鸣唱它们的歌曲。在北美，这种鸟被十分恰当地叫作"冬天的鹪鹩"。雄鸟的鸣唱一直持续到秋季和冬季，因此在英国几乎没有哪个月听不到鹪鹩那充满爆发力的歌声。 336

# 林岩鹨

人们说，你不能通过封面去判断一本书的内容，有些最生动的小说却装订在土灰色的封皮里面。这个道理也适用于鸟类世界，很少有英国的鸟类像林岩鹨这样平凡无奇，但是也很少有其他鸟类在两性关系上会像它们这样混乱而又不可预知。

在一年中的大多数时间里，林岩鹨（俗称"树篱麻雀"）的典型形象是在喂食器下徘徊或在花园篱笆底部寻觅昆虫的棕灰色小鸟。但是到了早春时节，它们突然变得十分外向，高高地站上树篱或花园灌木的顶端，唱起杂乱无章的歌曲。

尽管它们的俗称里有"麻雀"二字，但它们不是真正的麻雀，它们属于岩鹨科。该科有六七种鸟生活在欧亚山地，其中只有林岩鹨延伸了自己的分布范围，从高山下到平地，并适应了树篱和林地中的生活，之后还适应了我们的花园。

在英国，林岩鹨还是杜鹃幼鸟的重要宿主，莎士比亚也知道这一点。《李尔王》中的弄人有一句台词：

> 篱雀养大了杜鹃鸟，
>
> 自己的头也被它吃掉。

这只是林岩鹨的私生活的一个方面，几个世纪以来一直被人类熟知，但是这种鸟的婚配习性却在相对晚近的时间才被人发现。我们通常认为鸟类是一夫一妻制，它们的配偶关系保持终老，或者至少在一个繁殖季里彼此之间保持忠诚。但是林岩鹨要前卫得多，它们的婚配制度既包含"一妻多夫"，也就是一只雌鸟同时与多只雄鸟交配，也包含"一夫多妻"，即一只雄鸟和多只雌鸟交配。

337

有些领域是被两只雄鸟共同占有的——其中一只处于支配地位，另一只则处于从属地位——它们都会鸣唱，也会和同一只雌鸟交配。这就是你常常能看到三只甚至四只林岩鹨在春天的花园里振翅的原因，每一只鸟都在竭力争斗，以赢得那场残酷的竞争，把自己的基因传到下一代身上。

## 长耳鸮

在一个寒冷、清爽的2月夜晚，只有脚下冰霜的噼啪声打破松林里可怕的寂静。突然间，黑暗中传出一阵气喘吁吁的号哭声，那是长耳鸮在求偶。

长耳鸮悲哀的鸣叫听起来有点像是人朝玻璃瓶口吹气，这声音要比灰林鸮那为人所熟知的呼号声柔和得多。和灰林鸮一样，长耳鸮也是夜行性鸟类，并且是英国的繁殖鸟类当中最难以察觉、最容易被忽略的鸟类之一。它们通常在针叶林、灌木丛和防风林里营巢，紧邻着开阔的草地和石南地，以便猎捕鼠类。

338　　　长耳鸮在不列颠群岛并不常见，其中大部分还分布于爱尔兰的北部和东部。这些鸟经过时也几乎不被察觉，因为很少有人会在冬季末尾冒险走入黑暗的针叶林。但是如果你在每年的这个时节选择一个无风的夜晚，在合适的地方仔细聆听，那么你也许就能幸运地听到那种低沉的啸叫了。

长耳鸮常常占用废弃的乌鸦巢或者松鼠洞，它们在其中产3到4枚灰色的圆形卵。这些卵很难被发现，因此，为了更有效地研究这种鸟类，东安格利亚地区的鸟类学家正在诱导长耳鸮在柳条篮中营巢。

当长耳鸮的幼鸟第一次离巢时，它们会持续鸣叫着索要食物，那声音像是嘎吱嘎吱的开门声。在夏季的傍晚，我们可以通过这种声音判断长耳鸮的繁殖是否成功。

尽管在春夏季节长耳鸮并不常见，但是到了秋季，从欧洲大陆飞来的长耳鸮会壮大我们本地的小型繁殖种群。这给我们提供了观察长耳鸮的良机，这些鸟通常会在密林中选择同一个夜栖地群聚在一起，在白天，你有时也能透过重重的枝叶瞥见它们独特的轮廓。如果你确实看到了一只长耳鸮，那么请注意它的"耳朵"——那并不是真正的耳郭，而只是两簇竖起的羽毛——以及它周身上下醒目的棕色、黑色和米色的羽饰，那花波就像波斯地毯一样繁复。

# 太平鸟

在大多数观鸟者的罕见鸟类观察点清单上，超市的停车场应该排不到前列。但在冬季也许有必要破一次例，去那里聆听来自头顶的一种像雪橇铃声般的颤音。这并不是圣诞老人再次到访，而是一种信号，它告诉我们这是一个有太平鸟出现的冬季。

太平鸟体态圆润，大小和椋鸟一般，它们在俄罗斯以及斯堪的纳维亚北部地区那些广袤的针叶林中繁殖，在亚北极区短暂的夏季，它们饱餐飞蝇，积累脂肪。到了冬季，它们就会西进南迁，饱餐浆果；如果欧洲大陆上食物短缺，它们还会蜂拥进入英国。当这些顶着朋克发型的小强盗密集地聚在你们本地的超市停车场周边的灌木丛上时，那种奇特的景观保证能吸引每个人的注意。

太平鸟确实是众人关注的焦点，它的羽毛为奶咖色，有丝绸的光泽感，眼罩为"独行侠"式，羽冠为长长的莫西干式，尾端呈黄色，某些飞羽的羽轴上还带着奇怪的红色斑点，像是信封上的蜡戳。太平鸟的英文名字（waxwing）也就因此而来。在飞行时，太平鸟很像一群椋鸟，但是当它们停栖的时候，你就能看见那些长长的羽冠，

339

哪怕在剪影中也很清晰。

　　太平鸟温和的个性是它们最惹人喜爱的地方，当这些鸟追寻着爱吃的果实进入城镇时，它们就给我们提供了近距离观察的机会。在所谓的"太平鸟年"里，到了秋冬季节，这些带着异国风情的鸟成百上千地结集成群，出现在我们的花园中，甚至来到城市中央，尤其是那些种植了果树行道木的地方。

　　它们非常喜欢花楸果与枸子，但是也能吃其他的果实，从苹果到槲寄生都是它们的食物。它们用先砸后抢的方式洗劫果树，一只鸟每小时可以吞咽多达100颗的浆果，之后它们会停在大树顶上或电视天线上消化那些劫掠来的食物。一大群太平鸟很快就能吃光一个区域内所有的浆果，之后它们就马不停蹄地移动到下一个区域，飞离时还在发出那种雪橇铃声般的鸣叫。

340

# 加拿大雁

　　在北美家乡，迁徙的加拿大雁群给无数的歌曲和诗篇带来了启发，由安娜·帕奎因和杰夫·丹尼尔斯在1996年主演的大获成功的儿童电影《伴你高飞》就是其中之一。

在英国这边，我们对于这种傲慢而固执的大雁却没有那么多浪漫的情感。长期以来，民间一直有要清除这种嘈杂鸟类的呼声，人们不希望它们继续侵占我们的池塘，破坏周边的草地，以及欺凌那些体型更小的野鸭、骨顶鸡和黑水鸡。

我们对于这种鸟的态度之所以与大洋彼岸的表亲们截然不同，原因很简单。如加拿大雁的名字所示，它们的原生地在北美，英国的加拿大雁都是人为引入的外来物种。公平地说，它们来到英国的时间已经很长了，它们在英国的第一笔记录出现于三个多世纪前的1665年，那时英国的日记作家约翰·伊夫林把加拿大雁写进了查理二世国王在伦敦圣詹姆斯公园的私人雁鸭名录。

加拿大雁有着硕大的体型、醒目的斑纹，尤其是黑色的颈部以及面部的白色横斑，这些特征使得它们在18和19世纪成为私人庄园中非常时髦的点缀。其中的一些鸟儿不可避免地逃逸到野外，并很快喜欢上了我们的郊野和公园。

加拿大雁能够在小得令人惊讶的池塘和水道中繁殖，而且它们有着高大的身材和凶猛的个性，使得那些猎食动物或者其他的雁鸭都无法靠近，所以它们迅速地繁衍扩散开来。今天在英国已经有10万只以上的加拿大雁了，它们主要分布在英格兰和威尔士的低海拔地区，但是在苏格兰和北爱尔兰的部分地区也有分布。

很少有其他的鸟类会像加拿大雁一样引起人类截然不同的好恶。许多人对它们充满了恨意，但是对于另一些人来说，当仪表堂堂的加拿大雁排成"人"字形从头顶飞过，发出浑厚而又嘹亮的鸣叫时，它们为我们恬静的乡村生活增添了北美的野性气息。

# 云雀

　　在一个阳光明媚的二月天里，走在乡间的你可能会遇见英国鸟类所能展示出的最生动的一种表演，那就是云雀的鸣唱。你即便听到了它的歌声，也很难看到这只鸟儿，因为它在鸣唱时高高飞在空中。

　　英国没有其他任何一种鸟类可以像云雀那样，在离地面如此远的空中盘旋，并持续唱出这么响亮而复杂的歌曲。它们高速扇动着翅膀，以保持悬停的姿态。当那只雄鸟在情敌面前炫耀，并试图给旁观的雌鸟留下强壮的印象时，它可以连续二十分钟鸣唱一首曲子，甚至唱更长的时间。

　　云雀的歌声是夏季标志性的声音之一，伴着这似乎不会停止的歌声，我们在高空中寻觅那只小鸟，它在蓝天下只是一个微小的黑点。但是，我们在冬季也能听见云雀的声音并看见它们，这时候它们要么群聚在收割后的田野里，要么是在预示着冬去春来的晴朗日子里，雄鸟再次开始鸣唱。

342　　它们的羽毛像那些觅食地里的短秸秆一样斑驳，身形又像瘦长的麻雀，还长着一个短短的羽冠，以及宽大的、边缘为白色的尾巴。在刚刚犁过的田野里，它们在犁沟间食用谷物、种子和小型昆虫，这时它们的颜色看起来比周边环境浅很多，但是到了草地上，这种羽色就成了很好的伪装。云雀喜欢耕地和牧场混合的环境，随着混合农业的减少，云雀的数量也在下降。尽管现在它们仍然广泛分布于乡村地区，但是数量却在过去的四十年里减少了百万之多，这是农业模式改变以及使用杀虫剂的结果。

然而，云雀的第一声鸣叫一直被众多村民和观鸟者当作季节变换的标志，几个世纪以来，这声音已经获得了它应有的赞誉。用文字捕捉声音的精髓并不容易，但是乔治·梅瑞狄斯创作于19世纪的诗歌《云雀高飞》却比大多数作品做得更好，后来它又触发了作曲家拉尔夫·沃恩·威廉斯的灵感，被谱写成了著名的乐曲：

> 云雀高飞，盘旋，
>
> 撒下一声声银链
>
> 不间断的珠串连音，
>
> 啾啼，哨鸣，连唱，颤音。
>
> 所有的声响互相缠绕，声传悠远，
>
> 像在潮水中落下的酒窝
>
> 涟漪激荡着涟漪，
>
> 漩涡带起了漩涡……

云雀那出众的歌声似乎也会带来危险，这鸣唱就像是一种音乐版的孔雀尾屏，它既能打动潜在的爱人，也能招来掠食者的注意。然而科学家发现，当一只灰背隼之类的猛禽靠近时，年长而有经验的云雀会比年轻的雄鸟唱得更响、更用力。这只勇敢的鸟似乎不怕吸引捕猎者的注意，而像是要把它们吓退。云雀的歌声仿佛在说：

"好吧，你如果够厉害就来抓我啊！"

## 红嘴山鸦

当你漫步于英国西部或者爱尔兰的海边小径时，你可能会听到不像寒鸦和海鸥的聒噪声那样熟悉的声音，这是一种悠长的"chow-chow"声，那声音在空中盘旋回荡，正如那些发出声音的鸟儿一样。这声音是一群红嘴山鸦发出的，这是我们最稀少也最有魅力的鸦科鸟类，它们在位于凯尔特外缘的那些裸露的海边悬崖上安家。

尽管现在红嘴山鸦只分布在英国的大西洋沿岸，但它们曾经的分布范围要广阔得多。随着英国的低地逐渐开发成耕地，大量的野草地被缺少生机的草场、小麦田和大麦地所取代，红嘴山鸦特殊的食性迫使它们向西部迁徙。

红嘴山鸦是中等体型的鸦类，比松鸦或寒鸦略大，有一身带着光泽的蓝黑色羽毛和红色的大脚，喙为鲜红色，略向下弯，仿佛一把弯刀。它们把喙伸入低矮的草皮，寻找甲虫、蛾子和飞蝇的幼虫及蛹，并以此为食。在严酷的天气，当大地冻住，很难够到昆虫时，红嘴山鸦会转而寻找海滨那些海草中的沙蚤。

　　它们是社会性的鸟类，无论是在地面蹒跚踱步，还是在空中迎着海风上下翻飞，它们总是会集成小群，同时还一直发出那种稀奇的鸣叫。红嘴山鸦的飞行特技简直蔚为壮观，它们就是利用悬崖周边气流的老司机，你应该谴责这些鸟在故意显摆。

344

　　它们的英文名字chough看上去也许很奇怪，直到你想起英语是一只充满好奇心的野兽，后缀ough有10种以上的不同发音。最初这个名字读作"chow"（就像是单词plough里的发音），这是在模拟红嘴山鸦的叫声；后来它才变成了现在"chuff"的发音（就像单词rough一样）。

　　红嘴山鸦的观鸟热点地区位于爱尔兰西部、苏格兰的艾莱岛，以及威尔士西北部的部分地区，尤其是彭布罗克郡。而它们在英格兰的最后据点位于康沃尔郡，在那里这种鸟仍然出现在郡徽上。在20世纪70年代早期，康沃尔的红嘴山鸦已经完全消失了，之后人们开始着手于再引入计划；但让所有人吃惊的是，在2001年，野生的红嘴山鸦从爱尔兰回到了这里。接下来的一年，它们成功繁殖了，现在已经在利泽德半岛形成了一个小小的，但是稳步增长的种群。

　　红嘴山鸦通常在悬崖上的洞穴和岩缝里筑巢，不过偶尔也会冒险进入内陆，在采石场甚至是废弃的竖井里做窝。但是无论你在哪里看到它们，这些鸟都极具魅力，观察它们在空中翻腾扭转是巨大的乐趣，它们的鸣叫则在岩石之间久久回荡。

## 鹦交嘴雀

　　在拥有世界上最详尽的自然史的群岛上，你也许会认为我们已经知道了英国所有繁殖鸟的一切信息。但事实并非如此，有一些鸟类仍然神秘莫测且令人好奇，鹦交嘴雀当然同时满足这两个条件。

　　与其他的交嘴雀相似，鹦交嘴雀的雄鸟是砖红色的，雌鸟和幼鸟则是橄榄绿色。它们的喙有着独特的结构，上缘与下缘交叠成钳状，这种演化的产物可以帮助它们嗑开松果的鳞片，吃到里面薄薄345　的松子。

　　鹦交嘴雀主要分布于从斯堪的纳维亚到俄罗斯西北部的区域，它们在北方就相当于我们所熟悉的红交嘴雀，后者在英国大多数地区都有分布。鹦交嘴雀的鸟群时不时地离开它们的繁殖地，向南、向西寻觅食物，它们会越过北海来到英国。

　　但是在这里它们却可能被忽视了，因为只有在良好的观察条件下，我们才能把它们与红交嘴雀区分开。在这种情况下，你能看到鹦交嘴雀是名副其实的，它们有着更大、更粗壮的喙，几乎和一只小型鹦鹉一样。而熟知这两种鸟的专家还可以通过叫声来区分它们，鹦交嘴雀的叫声要更低沉一些。

　　但是在苏格兰高地的斯特拉斯佩的森林里，情况变得更加复杂，因为这里有第三种交嘴雀——苏格兰交嘴雀，这种鸟还是英国唯一的鸟类特有种，也就是说，它只在英国分布，而不会出现在世界上其他任何地方。苏格兰交嘴雀的喙在尺寸与形状上都介于鹦交嘴雀和红交嘴雀之间。

　　糊涂了吧？不只是你会这样，连那些有经验的鸟类学家也不得不在交嘴雀面前认输。他们常常判断为苏格兰交嘴雀或鹦交嘴雀的鸟儿，实际上可能是两种鸟杂交的产物。让我们把这摊浑水弄得更浑浊一些，欧洲和北美的科学家现在认为存在着十几种甚至更多的交嘴雀，每一种在外形上都几乎一模一样，人们只能通过鸣叫声的细微不同来辨认它们。在这种情况下，与其说是观鸟，还不如说是听鸟。即便如此，这些声音还需要通过可视化的程序转换成叫作"声谱图"的图形，用于分析。

346

　　有关鹦交嘴雀也有毋庸置疑的结论，那就是纯种的鹦交嘴雀已经在英国营巢繁殖了，这是几次偶然事件的结果，其中尤其重要的是20世纪80年代早期鹦交嘴雀的一次大规模迁入。据估计，现在有多达100对的鹦交嘴雀在苏格兰北部的松林里安家了。

## 角䴙䴘

　　无论是春日里的苏格兰湖泊还是寒冬中的南部海港，都是英国最罕见的鸟类之一——角䴙䴘的家园。这种鸟儿的英文名字（Slavonian grebe）源自俄罗斯北部的一个地区（或者如有些人认为的那样，来自克罗地亚的一个名字相似的地区），它是我们更熟悉的

凤头䴙䴘的一种体型较小的近亲。像䴙䴘科的其他成员一样，它也过着纯水生的生活，即使在繁殖期也从不会冒险上岸。

到了春夏季节，角䴙䴘的颈部和腹部换上鲜艳的栗色，头部和背部披上了灰黑色，带金色冠羽，它也因此得到了另一个名字——horned grebe（字面意思为"角䴙䴘"）。它们营浮巢，雌鸟一次最多产5枚卵，鸟巢上通常会覆盖水草，以躲避捕食者。

当雏鸟孵化出来时，它们头上有黑色和白色的条纹，看起来像是会动的薄荷硬糖。它们要么跟在亲鸟身后拼命划水，要么趴在亲鸟背上搭便车。但这些雏鸟还是常常被水獭或者狗鱼捕捉，因此它们的数量每年都有很大的波动，只有不到50对角䴙䴘繁殖鸟可以在偏远的苏格兰繁殖地坚持下来。

347　　　到了冬季，它们的相貌和生活方式都完全变了。它们离开淡水栖息地，进入大海。这时乘坐游船绕着多塞特的普尔港这样的南部海港环行，就能看到这些角䴙䴘，它们身着黑白分明的冬羽，看上去更像是海雀。这些角䴙䴘也许是在英国本土繁殖的，但更有可能是从爱尔兰或斯堪的纳维亚飞来。

少数角䴙䴘也会来到水库之类的内陆水域，在那里它们一点也不怕生，能让人在很近的距离观察。这样你就能看到它们明显的朱红色的眼睛，那眼睛像红醋栗的果实一样闪闪发亮，这也给角䴙䴘带来了诸如"魔鬼潜鸟""粉眼潜鸟""水女巫"之类的别名。

## 小斑啄木鸟

早春时节，从树顶远远地传来"pee-pee-pee"的声音，这值得我们循声查找，因为这个声音很可能是由小斑啄木鸟发出的。在大约一个世纪以前，英格兰的几乎每一座果园里都回荡着这种清脆的鸣叫。

在那个时代，它们常常被称作"横纹背啄木鸟"（barred woodpecker），这是为了与它们体型略大的近亲大斑啄木鸟［又叫作"黑白斑啄木鸟"（pied woodpecker）］相区分。显然，从这样的名字中就能找到区分这两种鸟的方法：小斑啄木鸟黑色的背部横着一系列白色的窄带；而大斑啄木鸟则有两块醒目的白斑，因而也有着更加黑白分明的外观。小斑啄木鸟的体型要小很多，它们只有家麻雀那么大，而大斑啄木鸟却有椋鸟那么大；因此，当小斑啄木鸟爬上那些对于它们的近亲来说过于狭窄的小树枝时，人们几乎无法察觉。

今天很少有人能有机会比较这两者的大小了。大斑啄木鸟愉快地经历着数量激增，现在在我们的花园喂食器、公园和林地里已经非常常见。与此同时，小斑啄木鸟的数量却在直线下降，现在也许仅剩 1 000 对繁殖鸟了。

它们是很难观察的鸟类，大部分时间都在高高的树冠上食用昆虫以及其他无脊椎动物，只有鸣叫声才能出卖它们的行踪。到了秋冬季节，小斑啄木鸟常常与山雀、戴菊和普通鸻之类的小型鸣禽混群，形成沿着大型的绿篱以及河岸的林线窜动的鸟浪。但是到了 2 月

348

底的时候，小斑啄木鸟的雄鸟开始在老果园或者成熟的树林里宣示
领域，它们大声鸣叫，鸟喙轻柔且快速地敲击树枝，有时候这种声
音被形容成轻柔的呼噜声。

　　与大斑啄木鸟那些响亮的、回音缭绕的声音不同，小斑啄木鸟
敲击树干的声音并不容易被定位。到了4月末，这种敲击声渐渐息
止，啄木鸟开始照顾它们的幼鸟。这些幼鸟深藏在树洞里，洞口被
那些生长的枝叶所覆盖。如果你不熟悉它们的叫声，那么这些幼鸟
可以有效地躲藏到秋季。

　　既然如此，为什么我们的小斑啄木鸟数量还在直线下降呢？一
种可能性是它们的营巢点被更成功的大斑啄木鸟占据了。而另一种
可能性是那些传统果园以及联通其间的绿篱变少，减少了小斑啄木
鸟的筑巢点和觅食地。

　　近来有研究表明，它们的繁殖成功率受到春季寒冷、潮湿的气
候影响，一旦食物缺乏，幼鸟的离巢数量就会下降。小斑啄木鸟的
雌鸟通常在雏鸟出壳后就会离开鸟巢，重新回到森林寻觅下一个配
偶，把孩子留给雄鸟抚养。如果雄鸟想要成功养活后代，它们就需
要大量的昆虫食物，在寒冷的春季，这显然更难获取。

　　为了揭开这种林区鸟类数量下降的秘密，我们还有很多工作要
做。但是在冬去春来的时节，请务必睁大眼睛，伸长耳朵，寻觅这
349　种迷人又富有个性的啄木鸟。


# 红腹锦鸡


　　诺福克的布雷克斯是这个季节中英国最冷的地方之一，在凛冬

的午后，这里的天色已经暗了下来。在那些年轻松林的最浓密处，除了偶尔传来小鹿的叫声，似乎没有其他任何生命存在。你肯定不会期待在这里遇见一种最光彩夺目，也最具外来风情的鸟类。这种鸟事实上被广泛认为是世界上最美丽的鸟类之一。

就在天色黑到几乎什么都看不见时，一道金光点亮了黑暗，一个修长的身影警觉地从浓密的针叶林中钻了出来，小心谨慎地踏上你面前的小径。透过望远镜，你的眼睛瞪得溜圆，眼里满是亮橙色和鲜红色的光彩：那是一只红腹锦鸡的雄鸟。

即便与同一科属的其他鸟类严格比较，红腹锦鸡也有着十足的吸引力。它长着鲜亮的金黄色丝状羽冠，枕部衬着黑色和橙色相间的披肩，下体为绯红色，后背上还带有蓝绿色，尾羽修长且逐渐变尖。有些人甚至把传说中凤凰的起源归咎于这种火焰般的鸟类。

红腹锦鸡在外形上并不像英国的鸟类，它们也的确不是。如同鸳鸯之类的有着异国外貌的鸟类一样，它们是在19世纪下半叶从中国中部那些长着竹林的家里被带到英国的。这也属于当年的一种误入歧途的时尚，也就是把相貌出众的异国物种引入英国乡村。最初人们引入这种鸟并非只是为了装点庭院：其中一部分锦鸡被作为有潜力的猎禽，但它们总是潜伏在植被深处，枪声响起也不愿飞行。

与加拿大雁、灰松鼠之类带来更多问题也造成更大影响的物种引入不同，红腹锦鸡并没有扩散得很远。它们最初被引入从萨塞克斯到苏格兰西南部的一些地区，但是今天那些种群已经消亡了。唯一真正可以自我维系的种群在东安格利亚的松林里，其中最核心的区域位于诺福克与萨福克交界处的布雷克兰沙土地。

除了栖息地范围有限以外，红腹锦鸡的个性也十分害羞，这也许是因为它们的羽毛过于耀眼，会让它们成为捕食者最显眼的目标。雌鸟更难见到，像大多数猎禽一样，它们要比自己花哨的配偶暗淡很多。寻找红腹锦鸡的最佳方法是在冬末和初春，在每天的黄昏时分聆听植被深处那些雄鸟宣示领域时发出的粗哑的叫声。

与红腹锦鸡相似，还有一种鸟类也在19世纪从亚洲被引入英国，它们是同样炫目的白腹锦鸡。这种鸟被放归于贝德福德郡的乌邦寺附近的野外。它们的数量在20世纪70年代达到峰值，有200对左右，之后就急速下降了，目前这种鸟在英国濒临灭绝。如果没有意外发生，这种华美的鸟类将会成为第一个被官方认证为英国鸟类的外来物种，之后又在我们的岛上灭绝。

## 大鸨

当一种鸟类从它原来的栖息地上消失并在英国灭绝，它在神话和民间传说中仍然存在，却在它曾经生活的大地上留下了一个缺口。

如果这种鸟可以被重新带回来，那么就好像这大地又被重新缝合起来了。

自从1832年最后一对大鸨在萨福克繁殖以来，这种巨大的鸟类那有力的鸣叫声在英国已经接近两个世纪没有人听到了。在过去，这种鸟类曾经享有崇高的地位，它们既是盘中珍馐，又是狩猎者的奖杯，很多乡间的城堡里都陈列着大鸨的标本。

重达16千克的大鸨是地球上能够飞行的最重的鸟类之一。它们的身材也很高大，眼睛可以平视一只西方狍。大鸨的羽毛的颜色非常醒目，尤其是雄鸟：它长着深栗色的颈部、带斑点的棕色后背、蓝灰色的头部和枕部，在飞行时，翅膀上闪出黑白分明的花纹。这样的外形让人无法忽视它。

351

但是，对于这样一种伟岸的鸟类来说，它的体型也导致了它的毁灭。除了很容易成为新式猎枪的目标以外，这种巨大的体型还意味着大鸨需要广阔的、不受干扰的土地去生存。在现代的英国低地上，公路纵横，绿篱成网，那些适合大鸨的土地已经荡然无存，也许唯一的例外就是位于威尔特郡的索尔兹伯里平原的那些开阔地了。尽管这里也被公路、工厂和城镇包围，但是这块独特的区域却保留着古老的特点，这多亏了当地被陆军用作演习场地，从而与公众的生活隔离开来。

因此，索尔兹伯里平原是一处把大鸨重新引入英国的理想之地。在过去的十年里，大鸨工作组已经这样行动了。他们的目标是从俄罗斯引入那些家园被机械化农业所毁坏后得到救助的大鸨，在英国饲养和放归它们，最终重建一个可以自我维系的种群。

关于这个把大鸨带回英国的勇敢计划能否成功，还存在争议，但是在2009年人们发现了两个巢，这是约一百八十年来英国第一次在野外哺育出大鸨的幼鸟。如果这个计划成功，那么我们终将见到这些神奇的鸟类在索尔兹伯里平原辽阔的天空中低飞，这将是值得

352　庆祝的一幕。

## 黑喉潜鸟

很少有一种声音能像黑喉潜鸟的悠长鸣叫那样带着苏格兰的荒野特色。每当清晨和黄昏，这种扣人心弦的鸣叫就会在那铁灰色的湖面上回荡，这往往也是你在那严酷的环境中所能听到的唯一的声音。要想获得这种体验，就算从最近的公路过来，也需要一段漫长而艰难的跋涉。

身着繁殖羽时，黑喉潜鸟可算是我们最美丽的鸟类。尽管它们身上只有黑白两色，但是这对比鲜明的色彩形成了炫目的图案。它们的颈侧有条形码一样的花纹，而前颈和喉部则像是有光泽的乌木，衬托出灰丝绒般的头部。

它们长着黑色匕首般的喙和宽阔而带蹼的双脚，这对于在水中追逐并捕捉小鱼的它们来说是完美的结构。它们会把捉到的鱼带回岸边的鸟巢，饲喂幼鸟。由于黑喉潜鸟的双脚在流线型的身躯上长得太靠后，它们走路笨拙，并不能走远，所以就把鸟巢建在水边。但是这样也有一个缺陷。它们生活在苏格兰最湿润、最荒凉的地区，那里的水位变化迅速，要么容易淹没鸟巢和卵，要么会让鸟巢所在

的地点变得又高又干，并且距离水面太远，以至于潜鸟很难走到。

为了帮助这些潜鸟，从20世纪80年代开始，保育工作者就为它们准备用绳子拴住的浮筏，以便它们在上面营巢，这个计划看起来确实行之有效。现在苏格兰的黑喉潜鸟已经超过了200对，和第一次安置浮筏的时候相比已经上涨了40%。

到了秋冬季节，黑喉潜鸟的外观和生活习性都发生了改变。它们褪去了华美的繁殖羽，换上了潜鸟的冬羽"制服"：上体为深色，353下体为浅色，两胁带着明显的白斑，有助于我们从远处辨认它们。与别的潜鸟一样，它们在每年的这个时候偏好海洋生境，你在海滨能见到少数个体，在内陆则几乎不见其踪影。

## 反嘴鹬

很少有鸟类比反嘴鹬更能展示出我们是如何恢复一个已经消失的物种的。这种鸟在英国从灭绝到回归的成功故事是个广为人知的范例，它展现了人工干预如何同时恢复一种鸟类的种群数量以及它的栖息环境。似乎嫌这种黑白相间、带着异域造型的涉禽还不够出名，英国皇家鸟类保护协会又把它选作会徽，从而使这种鸟类永垂不朽。

反嘴鹬是一种挑剔的生物，它们需要浅的咸水环境，其间还要有砾石或泥质的小岛供它们繁殖，另外还要有大量的水生无脊椎动物，它们可以用那纤细得惊人的反折的喙滤出这些食物。直到19世纪早期，它们还能在沿海的潟湖里营巢，那些湖是由没过防浪堤的海水淤积而成的。但是当这些防浪堤被完全修复之后，反嘴鹬就无处可去了。再加上偷蛋者的劫掠，反嘴鹬在英国很快就走向灭绝。

一个世纪以后，在二战期间，东安格利亚海岸地区的农场有一次被海水淹没，这一次是为了防止纳粹的入侵。20世纪40年代早期，反嘴鹬试图返回诺福克和埃塞克斯繁殖，但是并不成功。到了1947年，即战争结束两年后，反嘴鹬终于设法在萨福克郡海滨的明斯米尔和哈弗盖特岛成功营巢。明斯米尔被英国皇家鸟类保护协会购买，变成了这个公益组织的旗舰自然保护区，这里也许拥有英国最丰富的栖息地类型，也是拥有最多繁殖鸟种类的单一地区。

自从反嘴鹬回到英国以来，在六十多年里，它们取得了巨大的成功。它们很快就扩散到东安格利亚的其他地区，并且在那之后向北、向西扩散到英国的许多湿地繁衍生息，其中也包括位于内陆的伍斯特郡的德罗伊特威奇地区。在那里，它们把家安在一个巨大的电视铁塔下面的旧盐井里。它们尽管外表优雅，但是性格却很暴躁，通常只要看到领域内出现入侵者，就会立刻发出刺耳的尖叫。

在秋季，英国本地的1 500对繁殖鸟与从更遥远的东方迁徙而来的同类汇合，总共约有7 500只反嘴鹬在这里过冬。它们主要分布在塔马和埃克塞特之类的南部河口三角洲地区，在那里，整个冬季都可以乘船观看这些优雅而特别的鸟类。

圣岛鹦鹉

欧乌鸫

叽喳柳莺

凤头麦鸡

普通鸸

旋木雀

游隼

秃鼻乌鸦

宽尾树莺

灰山鹑

## ❧ 3月 ❧

凤头䴙䴘

崖沙燕

鹊鸭

雪雁

林百灵

埃及雁

高山雨燕

流苏鹬

金眶鸻

赭红尾鸲

环颈鸻

扫码欣赏
图片和鸟鸣

# 引子

3月对于鸟类和我们来说都是一个不可预测的月份。有些年份，英国在早春的热浪中受到炙烤；而在其他年份，我们却被冻僵。然而，当正在离去的冬候鸟与早春从南方返回的夏候鸟混在一起时，冬去春来的交替就拉开了序幕。

在湖泊和砾石坑上，崖沙燕闪烁的身影出现在一群过冬的鸭子中间；与此同时，叽喳柳莺加入了山雀和戴菊的队伍，它们在森林中漫游，寻找新出现的昆虫。春天最好的预兆也许是一只活泼的雄性穗䳭，它在沿海高地富有弹性的草皮上跳跃，或者在刚耕过的犁沟中炫耀那白色的臀部。这种灵巧的小鸟只拥有有限的色彩，但即使在3月最沉闷的日子里，它也能让人眼花缭乱。它看起来鲜活而机警，丝毫不受最近飞越撒哈拉沙漠的行程的影响。

在海岸和内陆的草地上，请留意一下第一批环颈鸻，在每年的这个时候，它们很可能是正在前往英格兰北部或苏格兰繁殖的英国鸟类。稍后，到了4月，斯堪的那维亚的环颈鸻也会经过，找到它们总会让人很激动。

尽管季节还早，但还是有可能潜藏着来自异域的惊喜。在大多数3月里，第一批长得充满异域风情的戴胜像扇子舞者一样，在沙丘和海岸草地上翩翩飞舞，用它们长长的、弯曲的嘴寻找藏在短草皮里的蛴螬。你也要抬头看看，因为在某些年份里，高山雨燕会在郊区上空划出一道弧线，翅膀长得令人难以置信。这两种鸟都"飞过了头"，在从非洲到南欧的回程路上走得太远了一点。当它们找不到配偶时，它们通常会弥补错误，返回南方。

3月不只是有春天的候鸟和罕见的鸟。许多留鸟正在认真地建立它们的繁殖领域，黎明合唱的强度和音量都在增长。3月里一个温和而潮湿的夜晚，当最后一点余晖开始褪去的时候，一只欧乌鸫用甜美流畅的音符召唤春天的到来。如果天气足够温和，它的配偶可能已经在孵第一窝卵了。

到了现在，槲鸫和欧歌鸫也开始鸣唱，充实了由大山雀、青山雀、林岩鹨、鹪鹩和苍头燕雀组成的郊外黎明合唱团。北长尾山雀是开始得较早的繁殖者，它们正在对烧瓶型的巢进行最后的修饰，这些巢里可能有上千根羽毛、苔藓、动物毛发，乃至锡纸的碎片。

远离郊区，在遥远的英国北部和西部的海蚀崖上，崖海鸦、刀嘴海雀和北极海鹦在海上度过一个冬天后，正在返回它们的繁殖地；有些鸟儿可能自去年7月以来就没有上过陆地。起初，它们只是试探着靠近，在悬崖下的海上漂流。直到春天来临，它们才会认真筑巢。

鸻鹬类也开始回来了。在传统的农田里，凤头麦鸡嚷叫翻滚着进行春季炫耀，不过和几十年前相比，它们没那么常见了。在高地山谷和苏格兰河流沿岸，蛎鹬寻找繁殖地时发出的尖锐的叫声，是春天即将来临的明确信号。白腰杓鹬和红脚鹬开始离开它们过冬的河口，返回高地草场，它们在那里探查没有霜冻的土壤，寻找虫子，并开始用繁丽的鸣唱飞行来标记它们的领域。

当我们关注春天的到来时，我们很容易忘记那些随着冬天悄然离去的东西。所有这些活动都可以掩盖冬候鸟无声的离开。当然，也不是所有的冬季访客都是这样安静地离开。有时，在3月温和的日子里，树林里回荡着远处瀑布奔流的声音。这是一群白眉歌鸫的集体鸣唱，其数量有时可达数百只，它们是在飞往冰岛或斯堪的纳维亚半岛之前进行调音。它们的告别合唱是4月到来和春天来临的标志，鸟儿们已经等不及了。

## 圣岛鹪鹩

一个狂风肆虐的三月天里，在英国最偏远的群岛上，一只小鸟正在发自内心地歌唱。尽管它的体型很小——身长大约12厘米，体重仅有12克——但是它那节奏强劲的歌声盖过了在海岸上打碎的巨浪，你在1千米以外也能真切地听到这个声音。这位中气十足的歌唱家的名字是什么呢？圣岛鹪鹩。

圣基尔达岛是位于不列颠西北部的一组岛屿、火山岩以及被海水冲刷的礁石，它们处在外赫布里底群岛以西60千米的地方。这里直面北大西洋裹挟而来的一切东西，毫无疑问有着英国最极端、最严酷的环境。你也许会认为，这也是最不可能见到鹪鹩的地方。

但是鹪鹩成为不列颠最常见的繁殖鸟也是有其原因的。它能在最常见的鸟类排行榜上登顶，靠的就是能在几乎所有的环境中繁殖的能力。从都市中心到海岸边缘，以及在这两地之间的几乎所有区域，都可以是它们的繁殖地。

圣基尔达岛的鹪鹩与我们在英国遍地都能见到和听到的鸟是同一个物种，但是它们与英国主岛上的表亲已经相互隔离了五千年以上，这些鹪鹩已经独立演化为一个略有不同的亚种。与英国其他地方的鹪鹩相比，圣岛鹪鹩体型略大，颜色略灰且略淡，它们的歌声更加响亮，这让雄鸟发出的声音在持续不断的海风和海浪的声响下也能被清楚地听到。

360

圣岛鹪鹩是英国最珍稀的鸟类之一，只有不到250对繁殖鸟分布在这些布满岩石的岛屿上。与别的鹪鹩相似，它们也以微小的昆虫和蜘蛛为食，觅食场所包括那些岛屿上的巨大砾石之间、纵横交错的干石墙下，以及北极海鹦的筑巢点。超过100万只这种魅力十足的海鸟产生了肥沃的鸟粪，这有助于植物的生长，植物又成了小型无脊椎动物的家园。鹪鹩在岩石之间的缝隙里营巢，有时候它们的鸟巢垂直分布，在那些无法靠近的陡峭崖壁上一个叠一个。

你还能在克雷特石屋上看到鹪鹩，这是岛上最早的原住民在冬季用来存储海鸟尸体的建筑。那些内心强韧的原住民又被称作"圣基尔达岛的鸟人"，他们在这些岛屿上一直生活到1930年，那时疾病和艰苦的生活使他们的人数下降到无法维持一个稳定的社区。今天，这个消失的文明所留下的仅有这些克雷特石屋，以及一排破败不堪的房子。在那些残垣断壁上，鹪鹩偶尔会停下来，饱含激情地高歌一曲。

# 欧乌鸫

　　3月的傍晚，春寒料峭，碧空如洗，随着夜幕开始降临，一种独特的声音在我们的村庄、城镇和郊区的房屋顶上回响。它音色丰美而悠扬，乐句规整，每段都略作停顿。它似乎在提醒我们，无论天气有多么寒冷，冬天还是很快就会结束。这就是我们最熟悉也最喜爱的鸟类之一——欧乌鸫。

　　欧乌鸫是鸫科的成员，那些棕色的雌鸟和幼鸟的胸部及喉部常常带有几个斑点，这显露出它们与欧歌鸫、槲鸫的联系。但是在每年的这个时候，乌黑的雄鸟才是舞台中央的主角。在莎士比亚的时代，欧乌鸫被称作"ouzels"（黑鸫）；在《仲夏夜之梦》中，波顿绘声绘色地说出了雄鸟的样貌："黑鸫的公鸟乌黑锃亮，还长着橘黄色的嘴巴。"他唯一漏掉的特征是雄鸟的黄色眼圈，那颜色就像早春里的番红花一样明亮。

　　在整个冬季，欧乌鸫在浓密的灌木丛中停栖，它们时时发出"mik-mik"的高声鸣叫，宣示着自己的存在。对于我们来说，这是冬季声音全景中的一个部分；对于欧乌鸫自己而言，这却是一种强势的信号。当欧乌鸫停栖下来，它们的鸣叫就是一种仪式化的警告，提醒别的同类保持距离，当然真正的冲突并不常会发生。

我们本土的欧乌鸫之所以在这个季节表现得如此易怒，是因为它们的领域正在受到威胁。大量来自斯堪的纳维亚、西欧低海拔国家以及德国的大陆欧乌鸫在每年冬天都蜂拥进入英国，以此来躲避家乡的严寒气候。这时常常能见到数千只欧乌鸫成群地到达我们的东海岸。但是要见证这种现象，你并不需要亲自到达那里：在你家附近也会出现焦躁不安的欧乌鸫鸟群，它们当中常常包含亚成的雄鸟，它们的喙是黑色而非黄色。在本土欧乌鸫中，这种亚成鸟并不常见，因此它是鸟群来自欧洲大陆的明证。

在春天，诱发欧乌鸫的雄鸟开始鸣唱的因素是日照时间与温度。因此，尽管它们通常会等到3月到来，暮光更亮的时候才开始鸣唱，但是在那些暖和的冬季，它们也可能在1月就已经开始发声。欧乌鸫 362 通常会在一个繁殖季里产下两三窝后代，有些亲鸟也能够让人吃惊地产下五窝后代。因此它们热切地希望开一个好头，在灌木丛深处产下5到6枚底色为绿色、带有棕红色斑点的鸟卵，这种地方常常就在我们的花园里。

它们站在屋顶的高处宣示着自己的领域，尤其是在城镇里，它们总是立在房顶的电视天线上面。但是几乎在每个地方都能见到欧乌鸫，在英国各地的树冠上、灌木丛里、绿篱中、海边的崖壁上，你都能听到欧乌鸫的鸣叫。只有高山之巅是个例外，在那里它们被更罕见的近亲环颈鸫所取代。

正因为它们是如此常见，分布也如此广泛，它们各自占有的领域非常紧凑，往往是一只雄鸟刚刚唱完，另一只就接腔而鸣。1917年，爱德华·托马斯把这种联系写进了诗歌《艾德斯托普》，那时诗人乘坐的火车意外地停在一个小小的乡村火车站：

　　那一刻一只欧乌鸫在附近

　　鸣唱起来，在它周围，那模糊的

　　越来越远的，都是牛津郡

　　和格洛斯特郡的鸟儿。

## 叽喳柳莺

　　叽喳柳莺那具有极高辨识度的声音带着节拍器式的节奏，像是春季迁徙浪潮到来之前的序曲。这些小型的橄榄绿色的柳莺是我们在春季第一批到来的候鸟，通常在3月底就已经重新建立了它们的繁殖领域，这比其他大多数从非洲飞回的莺鸟要早几个星期。

　　在春天，正在鸣唱的叽喳柳莺很容易辨认，因为它们立在刚刚发芽的树上或正在开花的灌木枝头，反复叫着自己的名字，尾巴363　一上一下地抽动，仿佛充满了回家的喜悦。我们把它们的叫声称作"chiff-chaff"，而我们的欧洲兄弟们在听到同一首歌曲时却给出了各不相同的名字：德国人称这种小鸟为"zilp-zalp"，荷兰人称其为"tjiftjaf"，威尔士人用的则是"siff-saff"。

　　叽喳柳莺在开阔的林地做巢，比起近亲欧柳莺，它们偏爱更大的树木。这两种柳莺的外形大致相同，但是叽喳柳莺有深色的双腿和短小的翅膀，它们相对朴素的脸颊上有更舒展的表情。在春夏季节，它们反复吟唱的歌曲与欧柳莺那哀怨的、音调优美的唱腔有着明显的区别。

这些新到的叽喳柳莺的典型形象是跳跃在猫柳灌丛的花间，寻觅传花昆虫的灰绿色小鸟。这些饥饿的鸟儿也许刚刚在地中海区域或者撒哈拉以南度过冬天。但是它们也可能从更近的地方迁徙而来。英国的叽喳柳莺的数量正在上升，其中一个原因就是一些柳莺改变了它们的迁徙习性，现在它们不再长途跋涉前往西班牙或北非，而是留在英国过冬了。

许多叽喳柳莺会在冬季前往气候更温和的英国南部和西南部，它们通常聚集在水面附近，因为在冬季那里有更多的昆虫保持活跃。但不管叽喳柳莺是在英国还是在地中海周边过冬，比起欧柳莺之类的长途迁徙的候鸟，它们有一个明显的优势，那就是它们前往繁殖地时不必经历如此漫长且充满危险的旅程。结果，它们吟唱的那首同名歌曲也就比以往更加广为人知了。

364

## 凤头麦鸡

飞行的时候像失控的风筝一样在空中上下翻转，鸣叫的时候又像一个吸了氦气的人类，这是凤头麦鸡在我们的乡间留下的鲜明的

形象。然而，让人遗憾的是，这种色彩斑斓而又魅力十足的涉禽的数量，已经远不如哪怕一代人之前的状态了，在我们大多数的乡村，这种鸟现在已经销声匿迹了。

我们通过凤头麦鸡在过去获得的多种名字，就能衡量出人类对这种鸟的熟悉程度。它们有时被叫作"绿鸻"（green plover），因为它们的羽毛带着绿色的光泽。它们独特的叫声又催生了"嚗喂"（peewit）这个名字，在整个英国都有人这么叫。它们还有一个更具有地方性的名字"派伊外浦"（pyewipe），林肯郡格里姆斯比附近的一处地方便由此而得名，它好像在提醒我们，就在不久以前凤头麦鸡还是农田里的常客。

凤头麦鸡是我们最时尚的农田鸟类之一。它们的身材和野鸽相仿，双腿修长，下体为白色，上体为带着虹彩的绿紫色，有很长的冠羽。当它们飞入空中时，展开的两翼靠近末端的部分比靠近身体的部分更宽，这使得凤头麦鸡有了所有英国鸟类中最独特的飞行方式。

它们飞行的时候看起来是很疯狂的，好像完全使不上力气，但是那只是一个假象。实际上凤头麦鸡是令人惊讶的飞行家，尤其是在繁殖季，那时雄鸟在它们的领域上空高声鸣叫、横冲直撞。

365　　几个世纪以来，凤头麦鸡那带着斑点的深色鸟蛋在每个春季都被人收集起来，用四轮马车和火车运到城市里。它们是高档餐厅里的珍馐。在伊夫林·沃的小说《故园风雨后》中，塞巴斯蒂安的母亲送给他的"鸻蛋"就是这种鸟蛋，那本书的时代背景是一战和二战之间的年月。

如果顺其自然，从鸟卵孵化出的雏鸟能立刻离巢并自己觅食。雏鸟羽色斑驳，可以很好地融入背景之中，但是它们操心的父母还是需要驱赶那些强盗般的乌鸦。凤头麦鸡的亲鸟一边发出哀怨的叫声，一边迅疾地俯冲，袭击敌人。

然而凤头麦鸡却无法抵御农业地貌的变化，这包括农牧混合的土地不断减少，也包括我们大多数的农田都发展了排水系统。这些都大大减少了凤头麦鸡繁殖种群的数量，因此，如今在春季，你在英国低海拔地区的大片区域内已经看不到它们的身影了。

凤头麦鸡在秋冬季节的分布要广泛得多，它们在田野和湿地里聚集，常常与那些体型更小、翼展更长的近亲欧金鸻待在一起。它们飞入空中，发出幽怨的和声"pee-wit, pee-wit"。

## 普通䴓

一阵响亮而轻佻的口哨声在你们当地的公园里响起，这是春天到来的清晰迹象，但也许并不是以你想象的那种方式。这种穿透力很强的声音只是普通䴓的雄鸟全部曲目中的一小部分，它们花样多变的鸣叫和鸣唱包括短促的尖叫、持续的颤音以及叽叽喳喳的絮语，这多种多样的声音用来取悦它们的配偶是绰绰有余了。

但无论是普通䴓的雄鸟还是雌鸟，都有另一项绝技。它们是所有英国鸟类中唯一可以用上树的方式爬下树的鸟类，你有时能看到它们轻松地沿着树干往下爬或倒挂在树枝下面，仿佛万有引力原理对它们不起作用。

当然，这一切的前提是你看得到它们，因为普通䴓相当隐秘，它们在觅食或者营巢的时候，常常隐藏在树叶茂密的高大树冠里。3月是观察它们的好时机，因为这时普通䴓开始进行求偶和繁殖活动，而且树上还没有长出树叶，使得人们更容易发现这种鸟类。

如果你真的有机会仔细观察一只普通䴓，它就很容易辨别：上体为蓝灰色，尾下覆羽为深栗色，而脸部戴着一道黑色的、盗贼式的面罩。它们用那长长的、高效的喙撬开树皮寻找昆虫，或者砸开坚果和种子。它们的名字nuthatch就来自短语nut-hack（意为"劈开坚果"）。它们的喙在鸟食平台上也能运用自如，它可以挡住同桌的用餐者，比如山雀或者雀鸟——普通䴓的身材也许只是和大山雀相仿，但是当这两种鸟相遇时，谁会胜出却毫无悬念。

普通䴓还有一个众所周知的习性，那就是用喙收集淤泥和动物的粪便，并把它们涂抹在巢穴入口，以此阻止啄木鸟之类的体型更大的捕食者。它们并不亲自挖洞，在成熟的林地，甚至是城镇公园里，它们可以找到足够多的现成的树洞，之后它们会涂抹泥浆，将树洞设计并改造成符合自己品味的巢穴。

然而，尽管英国遍布森林，普通䴓却并不是随处可见。它们在苏格兰就很罕见，在爱尔兰更是完全不见踪影，也许它们不愿意或者不能飞越辽阔的开放水域。在英格兰和威尔士，它们看起来生活得不错，在这些地方只要有成熟的林子，那么就值得去观察和聆听这种鸟类。

366

367

# 旋木雀

在3月的午后穿行于森林之中，是一种十分宁静的体验。此时黎明合唱早已结束，大多数鸟儿已经进食完毕，躲进了树冠或浓密的灌木丛。

这时你看到了一个微小的生命，它上体为棕色，下体为白色，迈着短促而迅捷的步子在树干的表面爬上爬下。第一眼看去，它更像是一只动物，例如老鼠或田鼠，而不是鸟类。但它的确是一只小鸟，而且是我们森林里一种比较羞涩的居民——旋木雀。

旋木雀是名副其实的，它们已经完美地适应了在树干和树枝上的生活。它们的确很少松手，喜欢一寸一寸地向上移动，腹部紧紧贴着树皮，利用坚硬的尾羽支撑住身体。只有爬到不能再往上爬的位置时，它们才会从树干上解锁，轻快地向下飞到另一棵树的底部，再次重复这个过程。

旋木雀是很普通的林鸟，但是由于它们尖细的、如同低语的声音常常被淹没在黎明合唱之中，这种鸟很容易被人忽略。一旦你熟悉了这种鸣唱或战战兢兢的鸣叫，你就会知道，发现旋木雀的秘诀

在于不要去看茂密的树叶，而是沿着裸露的树干寻找。在这里就很
368　容易发现旋木雀了，哪怕只是一个轮廓，因为它那末端尖细的尾巴
和动个不停的鸟喙构成的狭窄而修长的身形是独一无二的。

事实上，当你瞥见旋木雀那个下弯的、如镊子般的喙，你就能
认出它来。这个喙像一件精密仪器，旋木雀像牙医使用探针一样，
用它探寻深藏在树皮的缝隙里的小昆虫和蜘蛛。旋木雀深爱着树皮，
它们在翘起的树皮后面做巢，没有鸟巢的时候，甚至就在树皮里面
夜栖。

它们也是适应性很强的鸟类。在19世纪50年代中期，一种叫作
"巨杉"的巨型针叶树被从北美引入英国，它们是公园或乡间庄园中
极其浮夸的焦点。这种常绿植物的树皮是柔软的海绵状，在20世纪
20年代，一位观察者发现一株巨杉的树皮上被挖出了一些小孔。当
他在黄昏再次返回时，他发现每一个小孔里都躲着一只旋木雀，鸟
儿的背部正好与周围的树皮齐平：这里不仅温暖，隔热条件好，还
提供了很好的伪装。这种夜栖习性很快传开，现在只要在有巨杉的
地方，旋木雀就会首选这种大树。

## 游隼

一处陡峭的悬崖从平地耸起，直插云霄，高达百米以上。在几
乎望不见的悬崖顶上，一只鸟正在俯视着它的领域。它的身下很远
的地方有一群鸽子正在飞翔。转瞬之间，俯视的鸟儿跃入空中，猛
烈地追击鸽子。一旦有一只鸽子离开了鸽群，它的命运就已经注定。
片刻以后，响亮的、爆炸般的破裂声响起，好像一声枪响——鸽子

被捉住了。它的天敌是谁？游隼。

同样的场景可能会在海岸上演，在那里，巨浪拍击着下方的岩石；它也可能在石南山坡半山腰的峭壁上面上演；近年来它也会在城市的中心上演，在这里，"悬崖"变成了钢筋混凝土筑成的高大建筑。现如今的游隼在这三种不同的环境下都能自在地生活。

我们认为游隼是专食性的捕食者，部分原因在于它们长期以来 369
一直很少见，另一部分原因在于它们只捕杀鸟类。但是考虑到它们仅在英国就有超过200种捕猎对象，我们很难把它们称作专食者。事实上，游隼在几乎所有的环境下都能生存，它们是世界上分布最广泛的猛禽，在除了南极洲以外的每一个大洲都有分布。无论在哪里，游隼都会使用相同的残酷而高效的捕猎技巧，也就是高速俯冲或"向下猛扑"追击猎物。

尽管有着捕食者的惊人技能，这种力量出众的隼还是差点从英国消失。只要猛禽威胁到猎禽，或者有人出于偏见认为它们也能像人一样高效地杀死某种动物，它们就常常被例行公事地射杀。在二战期间，又有数百只游隼被射杀，许多鸟巢也被破坏，人们这样做，是为了防止它们干扰那些被击落在英吉利海峡对岸的皇家空军释放的信鸽。

战争一结束，旧的威胁刚刚终止，新的威胁就产生了。在战后的日子里，诸如DDT之类含有机氯的杀虫剂沿着食物链向上集中，要么直接杀死了游隼，要么让它们产下蛋壳很薄的鸟蛋，这些蛋在孵化出雏鸟之前就会破碎。英国的游隼数量直线下降，到了20世纪60年代早期，它们的数量已经下降到1939年数量的一半。

整个20世纪70年代和80年代，游隼的数量一直都在低位徘徊，但是后来它们渐渐回升了，并且是用一种别具一格的方式回升。到了千禧年的时候，它们不仅回到了那些传统的山区和海边悬崖上的筑巢点，而且适了全新的栖息地，这就是都市里的水泥丛林。在这样的地方，它们的出现还是能让老一代的观鸟者感到惊奇。有时这种有着蓝灰色外表、浅色脸颊和深色髭纹的鸟在城市的街道上空盘旋，有时它们尖细的咯咯声在那些拔地而起的街区高墙之间回荡。

我们城市里的基督教堂、天主教大教堂及其他的高大建筑完美地替代了野外的崖壁和采石场，这里还供应充足的鸽子，游隼也就靠着这些存活下来。但是鸽子并不是它们城市菜谱里唯一的食物。通过对它们的猎物的研究，人们发现都市游隼能够杀死超过100种不同的鸟类，其中包括各种鸭、鸥，以及小型鹦鹉。还有一些相对少见的猎物，比如迁徙的长脚秧鸡和白腰叉尾海燕，它们是在夜间飞行中被城市的灯光吸引而来的。

因此，无论你的居住地是伍斯特还是威斯敏斯特，是布里斯托尔还是伯明翰，是埃克塞特还是爱丁堡，当你在城市的时候，请抬头向上看，也许你正好就能看到这个星球上飞行速度最快的生物高速掠过。

## 秃鼻乌鸦

　　巧克力盒盖上的英国乡村风景中有教堂的高塔，有绿色的板球场，还有小酒馆里泛着泡沫的啤酒杯；但是如果缺少了我们最常见的一种乡村鸟类——秃鼻乌鸦的图像和声音，那么画面就不算完整。

　　森林曾经覆盖着我们这个岛屿国家的大部分土地，那时秃鼻乌鸦是很少见的，它们也许只能被局限在海岸附近那些长草的悬崖上，以及高地上不长树的地方。但是自从新石器时代以来，当第一批农民开始砍倒森林、种上庄稼，秃鼻乌鸦就开始繁荣了。它们对生活环境的需求相当简单：只要有开阔的田野，它们就可以在草地以及犁过的耕地中寻找蠕虫和蛆虫；另外还需要一株高大的树木，它们成群地在树上营巢，这种巢又叫作"秃鼻乌鸦的群巢"（rookeries）。

　　就在新年到来前不久，它们叫嚷着聚集成群，维修上一年的巢，给那些已经变得松弛而杂乱的建筑添加树枝，以此来修补寒冬造成的破坏，并使这些鸟巢适用于新一年的繁殖。它们喧闹不止，相互争吵，嘴里发出一连串嘈杂的咯咯、呱呱声和尖叫声。它们利用这种方式来确定每只鸟的巢位，以及它们能容忍彼此的距离。

371

这时的树冠上是一片喧闹，鸟儿在争论着谁应该最先挑选那个最佳的位置来做巢。它们在挑拣小树枝的时候，相互间也在大声地争吵。很多人把这种场景与人类社会相比，事实上我们的祖先就曾认为秃鼻乌鸦也有"法院"或"议会"，在那里乌鸦们开会决定对违规者的处罚。

在大树附近，那些羽毛零落的秃鼻乌鸦聚集在耕地和牧场上，它们通常与小嘴乌鸦和寒鸦混在一起。秃鼻乌鸦把它们又长又尖的喙深深插入泥土，寻找食物。为了防止脸部的羽毛沾上泥土，它们嘴的基部周边的皮肤是裸露的，这种灰白色的色块是区分它们与小嘴乌鸦的好办法。在飞行时，秃鼻乌鸦的羽毛看起来破损得更加厉害，两翼上的羽毛也更加稀疏；它们的中间尾羽长度更长，因而尾部为呈钝角的菱形，这里也明显不同于小嘴乌鸦那条方形的尾巴。

372

## 宽尾树莺

在鸟类世界有一条经典规律，那就是如果你有一身颜色乏味的羽毛，那么你就需要一副出众的嗓子。新疆歌鸲和鹪鹩就是这样的例子，而一种不太知名的鸟同样遵循这条规律，它就是宽尾树莺。很少有鸟的鸣叫会让你在户外驻足聆听，但是如果你在近处，宽尾树莺的歌声肯定能让你跳起脚来。

这串突然炸开的音符几乎能让人心跳停止，但是在我们的郊野，这声音是相对新鲜的事物。直到20世纪60年代，英国还没有宽尾树莺的记录，不过在欧洲大陆上，它们一直都是湿地里的常见鸟类，尤其是在那些植被浓密的灌木丛，以及芦苇滩和沟渠的边缘区域。

宽尾树莺的英文名字（Cetti's warbler）取自18世纪的意大利动物学家兼耶稣会神父弗朗切斯科·切蒂。而这种鸟第一次来到英格兰东南部繁殖是在20世纪70年代早期。与我们大多数的莺科鸟类不同，宽尾树莺并不迁徙，这种特性使得它们一开始能够迅速扩散。但是由于它们完全依赖昆虫食物，寒冷的冬季对它们的影响很大，在20世纪80年代中期，连续两年都出现这样的寒冬，这至少在一定的时间段里干扰了它们扩张的进程。但是到了上个世纪末的时候，它们嘹亮而又充满爆发力的歌声已经让很大范围内的人都灵魂出窍了，这个区域从德文郡一直延伸到肯特郡，覆盖了南威尔士，北至约克郡。

它们全年都不会停止鸣唱，如果你身处合适的地方，那么就很容易听到它们的歌声。但是要看到一只宽尾树莺就完全是另一回事了。这种鸟喜欢潜伏在靠近水域的厚厚的植被中，很多时候，你所能瞥见的只是一只颜色略深的红棕色小鸟，它很像是一只大型的鹪鹩，在灌木中一闪而过，并且再也不会出现。

373

到目前为止，宽尾树莺的歌声毫无疑问是它们出现的最佳线索。这种声音让人过耳难忘，但是如果你需要一段歌词来帮助你记忆，那么有好几种速记短语可用，其中一种来自《柯林斯欧洲鸟类野外手册》："听！我叫什么名字？切蒂，切蒂，切蒂，就是这样。"（"Listen! What's my name? Cetti, Cetti, Cetti, that's it!"）还有另外一种："我？切蒂？如果你不喜欢，就滚蛋吧！"（"Me? Cetti? If you don't like it, naff off!"）下面这句也许是最确切的一种："哦！你看见了吗?！……你看见了吗?！"（"Oi! Have you seen it yet...?! Have you seen it yet?!"）

# 灰山鹑

　　在我们所有的乡野鸟类中，没有任何一种鸟的命运像灰山鹑这样与我们的农业耕种方式息息相关，这种鸟甚至可以被称作"乡村指示计"。在二战后的几十年里，自从工业化种植方法在我们的低地平原上普及以来，灰山鹑的数量就直线下降。它们那磨刀般的标志性叫声也成了一种回忆，因为这种曾经十分普通的猎禽目前在英国的大多数地区都十分罕见了。

　　从远处看，灰山鹑像是一块配有橘色脸庞的棕色泥土。不过走近观察，你就能看到它们的腹部长着深色的马蹄形斑块，在深栗色和铁灰色的底色中还带着精细的条纹。灰山鹑是真正的农田鸟类，它们在富含草籽和昆虫的开阔地上出没，其中昆虫主要被用于喂雏鸟。

　　灰山鹑是非常"宅"的鸟类，一对鸟常常能控制几块田地，它们在一生中很少会离开这个家园。灰山鹑雌鸟的产卵量很大，通常一窝有12到16枚鸟卵，这比英国的其他任何鸟类都要多，它们产卵的地方通常位于树篱下方茂密的植被中。当雏鸟孵化出来，它们立刻就可以自己觅食。在秋季和冬季，灰山鹑会聚集起来，这种鸟群是家庭的延伸，又被叫作"集群"（coveys）。

灰山鹑有着如此高的繁殖效率，你也许会认为它们的种群数量很容易维持。但它们却是英国数量下降最快的鸟类之一，并且已经在很多的乡野灭绝或变得非常罕见了。以下原因造成了这种鸟类数量的下降：农田单位面积扩大，使得它们缺少覆盖鸟巢的植被；大规模使用杀虫剂，因而幼鸟在生长过程中缺少至关重要的食物。在狩猎比赛中释放的红腿石鸡和雉鸡，也有可能导致了更严苛的同生态位竞争。

具有讽刺意味的是，灰山鹑之所以能在英国的一些区域坚持下来，唯一的原因是这些地方允许在大面积的乡村土地上狩猎。人为提供的鸟巢和喂食区，以及合法猎杀捕食者的行为，帮助灰山鹑在一些区域存活下来。但是缺少了这些密集的人为干预，灰山鹑在其他大多数乡野的命运看起来暗淡无光。

## 凤头䴙䴘

在伦敦外围的一个砾石坑里，一对优雅的水鸟正在上演一场非常特别的求偶仪式。首先，其中一只鸟潜到水面以下，再次浮出水

375　　面的时候，嘴里衔着一根水草。之后它的配偶也重复同样的举动。随后而来的是整个鸟类世界中最复杂，仪式感也最强的求偶炫耀。对于凤头䴙䴘来说，春天就要来了。

凤头䴙䴘长着都铎王朝侍臣式样的环颈饰羽，它们如今是英国南部河流、湖泊和湿地里常见的景观。但是在一个世纪以前，这种鸟差一点在英国灭绝，当时上流社会那些追寻时尚的妇女把它推向了毁灭的边缘。

凤头䴙䴘是全世界鸟类中最适应水栖生活的，事实上，它们在一生中从不上岸，完全生活在水上。它们甚至在水面上搭建浮巢，通常在巢里产3到4枚窄而长的鸟卵。卵在刚生出时是白色的，但很快就变成了橄榄绿色，因为凤头䴙䴘的亲鸟在离巢的时候会用水草掩藏这些卵。当鸟卵孵化后，长着条纹的雏鸟常常骑在亲鸟的背上，不停地叫嚷着索要小鱼；有时候它们也会吞下羽毛，这有助于它们的消化。

但是也恰恰是羽毛差点导致了凤头䴙䴘的毁灭，这实在是让人感到讽刺。为了在水中保持温暖，凤头䴙䴘的胸部长着非常软、非常厚的羽毛。这是一种特殊的绒毛，又被称作"䴙䴘皮草"，而这种鸟的独特的耳状辫羽则被称作"披肩"。这些羽毛在过去都曾被时尚贸易所追捧，人们用它们装饰帽子或者制作暖手套。在19世纪末的一个时期，凤头䴙䴘的数量下降到仅有40对的程度。

就在生死存亡的关头，凤头䴙䴘的命运因为一群受人尊敬的妇女而发生了改变，她们强烈反对在时尚行业使用这种鸟类的羽毛，并发起了运动，以阻止这种残忍的、毁灭性的贸易。这场运动导致1889年鸟类保护协会的成立，在1904年，它得到了皇室的批准，成为后来的英国皇家鸟类保护协会。从那以后，凤头鹛鹛慢慢变多，现在英国已经有超过5 000对的繁殖鸟了，它们大多数位于英格兰和威尔士。

在凤头鹛鹛的数量还很稀少的时代，它们就对一门新学科的诞生起到了重要的作用，这门学科就是动物行为学，它是专门研究动物行为的学问。尽管我们现在对于科学观察活体动物已经习以为常，但是在历史上，直到一战前，人类对于这类科学观察还一无所知。到了1912年的春天，一个名叫朱利安·赫胥黎的年轻人决定花两周的假日时间来研究凤头鹛鹛的求偶行为，他的研究地点位于伦敦西北部的特灵水库。由此产生的科学论文永远改变了我们研究自然的方法，这就是从研究博物馆所藏的没有生命的生物标本变成直接在野外观察活体生物。

376

今天，如果我们足够幸运，那么在一个晴朗的早春日子里，我们就能看到一对凤头鹛鹛沉浸在它们求偶仪式的高潮当中：它们在水面胸对着胸直立起来，嘴里都含着水草，每一只都竭力划水，以保持这种仿佛"企鹅之舞"的站立姿态。当我们凝视着鸟儿的舞蹈时，我们能够体会一个世纪以前年轻的朱利安·赫胥黎所感受到的惊奇，同时我们也会由衷地感激那些发起反对运动的坚毅妇女，是她们终止了对这种美丽而神奇的鸟儿的残酷剥削。

## 崖沙燕

西谚有云："一燕不成夏。"但是在一个起风的三月天里，在本地的湖泊或水库上看到崖沙燕稍纵即逝的身影，就是怡人的春天即将到来的信号。谁还管它是什么季节呢？

377     这种小巧的淡棕色燕子是家燕的近亲，比家燕早到几周，它们飞越撒哈拉沙漠和地中海，有时在3月的第一或者第二周就已经出现在这里。早到的部分原因是它们旅行的距离没有家燕那么长：家燕需要从南非一路迁徙过来；而崖沙燕是在萨赫勒地区过冬，那里紧挨着撒哈拉沙漠南缘。尽管如此，这仍然是一段几乎达到4 000千米的旅程，考虑到崖沙燕的体重只有14克（差不多只有半盎司），这种迁徙是相当惊人的成就。

    崖沙燕是三种在英国繁殖的燕子中体型最小的一种，它的上体为棕色，下体为白色，胸部横着一道棕色的条带，而家燕和白腹毛脚燕的背部都是深蓝色的。通常你先是听到它们干瘪的、嗡嗡的叫声，然后才看到这些燕子从头顶飞过，但是到了气候寒冷的时候，它们会在湖泊、水库之类的开阔水面上追逐低空飞行的昆虫，这时就很容易观察它们了。

    月缺月圆，时间流转，天气如愿变好了，崖沙燕开始寻觅做巢的地方。它们的英文名字（sand martin）并非源自它们棕色的羽色，而是得名于它们在沙质土壤里繁殖的特性，这些鸟会在采石场或陡峭的河岸用那小巧的双脚和喙挖掘坑道。一条坑道大约70厘米长，这通常需要它们挖掘一周的时间，具体的时长取决于土壤的密度。

有时候，几百对崖沙燕会在崖壁的同一面做巢，那里遍布它们的洞穴。崖沙燕是了不起的机会主义者，众所周知，它们有时会在临时的建筑沙堆甚至是锯木屑中做巢，这是相当冒险的策略。它们还会使用被称作"崖沙燕的河岸"的人造坑道，这种坑道被安置在一些自然保护区里，以供游客近距离观察这种迷人的小鸟。

## 鹊鸭

在大城市周边用混凝土建造的水库，也许并不像在苏格兰或斯堪的纳维亚的荒野一样能够常常见到鸟类的求偶行为。但是在3月的一个晴朗的清晨，雄鹊鸭却在以一种伦敦西区舞台上的表演方式追求它们的潜在配偶。追求者先是靠近雌鸟，用长长的摩擦音吸引雌鸟的注意。如果雌鸟对它的印象还不算太坏，它接下来就会弯曲脖子，把头尽力向后伸，靠向背部的羽毛，忘情地疯狂追求对方。

对于大多数鹊鸭来说，这是建立关系的开始，而且这种关系会一直持续到它们返回斯堪的纳维亚的湖泊，那里是大多数在英国越冬的鸟类的繁殖地。但是自1970年以来，有一小群鹊鸭在春季会留在苏格兰高地上的斯佩赛德地区，并在那里繁殖。雌性鹊鸭通常在树洞里做巢，但是如果树洞短缺，那么它们也愿意使用人造的巢箱。这个习性最初是在两百年前被瑞典人发现的，那时人们用这种巢箱收

378

集鹊鸭的鸭蛋，把它们当作食物。苏格兰的鸟类学家在当地安置了几十个巢箱，多亏了他们的努力，如今每年大约有200对鹊鸭在这里繁殖。

鹊鸭是一种善于潜水的鸭子，主要以贝壳和虾蟹为食，有时候它们是冬季那些灰暗、开阔的水库里唯一能见到的过冬鸭子。与绿头鸭、绿翅鸭等钻水鸭不同，鹊鸭不需要泥质的湖岸，也不需要大量的植被。

鹊鸭的雄鸟和雌鸟都有明黄色的眼圈，但是雄鸭的羽毛更加时尚，它的背部长着有光泽的、黑白相间的条纹，颈部为白色，头部为墨绿色，两只眼睛下面各有一个白色斑点。雌鸭和雏鸭长着棕栗色的头部，身披浅灰色的羽毛，它们与雄鸟一样，都有着特别的、有点臃肿的头型。

379

## 雪雁

没有什么雁在别的雁群中能像雪雁这么突出，它们的名字恰如其分，那亮白色的羽毛使得它们看起来像煤筐里的高尔夫球一样醒目。尽管这种鸟类十分显眼，也容易辨认，但是要判断一只雪雁是否是横越大西洋而来的野生迷鸟，肯定会让每一个有幸看到它的英国观鸟者头疼不已。

有数百万只雪雁在加拿大的北极地区繁殖，它们在秋季会向南迁徙，到美国南部的低海拔平原上食用谷物和其他作物。它们的迁徙总是令人期待，成千上万只身体雪白、翼尖乌黑的雪雁遮天蔽日地到达，是世界上最了不起的野生动物奇观。

但是在大西洋的对岸，每年只能看见一两只雪雁，它们通常混在冬季迁徙的白额雁雁群中，来到外赫布里底群岛之类的荒野。这里出现的雪雁看起来很可能是飞越大洋而来的迷鸟，但是生活并非总是如此简单。在英国，雪雁也是一种常见的人工饲养的鸟类，而部分人工饲养的雪雁也确实逃逸到野外，并能成功繁殖。有一群人工养殖，后来逃逸的野雁就生活在科尔岛上，那里离我们猜想的野生雪雁出现的地方不远。

因此，当一个外形出挑的雪白身影出现在一群野生的灰色雁群中时，它的来源总是让人质疑。唯一能解开这个谜团的办法是检查这只雪雁是否戴着在北美安置的脚环。有时候这确实会发生，由此我们才能确定某些雪雁的确靠着自己的力量来到了这里。

380

这样的精微判断并不会影响作家保罗·加利科。他的小说《雪雁》在1941年出版，这本书讲述了一位名叫弗里萨的年轻姑娘救助一只受伤的雪雁的故事。她把这只雪雁交给一位残疾艺术家菲利普·赖厄德（这个人物部分源自鸟类学家和保护生物学家彼得·斯科特）。他照料并治好了雪雁。

后来赖厄德驾着他的船去帮助敦刻尔克大撤退，但是没能回来，人们估计他葬身大海了。在来年的冬天，雪雁又回到了埃塞克斯的湿地，弗里萨看到它就想起了失去的爱人。这部关于爱情、失去和友谊的力量的寓言出人意料地成了畅销书，也许是因为这个故事本身就反映了那个时代的动荡。

# 林百灵

托马斯·哈代笔下的"被诅咒的荒原"是我们最特别的一些鸟类的故乡，它们包括欧夜鹰、黑喉石䳭、波纹林莺。但是另一种鸟也住在这里，它一种棕色的小鸟，似乎是为了弥补相对平凡的羽毛而有着动人的歌喉。这就是林百灵。

林百灵是云雀的近亲，但是它们在英国却要罕见得多。林百灵主要在英格兰南部和东安格利亚地区繁殖。比起云雀，它们对居住的环境要挑剔得多，它们的栖息地或多或少地局限在石南丛生的荒野和刚被砍伐过的针叶林里，它们会在这里裸露的沙地上挖一个小坑来产卵。在孵卵时，雌鸟的背部与周围的地面齐平，它那带着棕色条纹的羽毛在周围的环境中就是完美的伪装。

正如林百灵的名字所示，它会站在开阔地或种植不久的人工林的树木枝头高歌。与近亲云雀一样，它最不同寻常的特征就是炫耀式的鸣飞，雄鸟会高高飞到领域的上空，缓慢地绕一个大圈。

381

林百灵进行空中表演时，它那宽宽的翅膀和短小的尾巴使它看起来像是一只小型的日行性蝙蝠。在回旋时，它会唱出一串响铃般的音符，比起云雀的歌声更加简单而纯粹，这声音像流水一般，音阶渐渐降低。在法国，这种歌声给林百灵带来了"璐璐云雀"

（Alouette lulu）这个名字，这也对应了它们的拉丁文属名*Lullula*。

　　法国的作曲家奥利维耶·梅西昂创作的很多乐曲都受到了鸟儿鸣唱的影响。他认为林百灵的歌声是他听过的最美妙的鸟鸣。这声音还启发了杰拉德·曼利·霍普金斯与罗伯特·彭斯的诗歌。但是林百灵并不在苏格兰繁殖，因此彭斯听到的歌声也许来自树鹨。让人疑惑的是，这种鸟过去也曾被叫作"林百灵"，但是它的歌声显然无法与真正的林百灵那纯净的、流水般的声音媲美。

## 埃及雁

　　这是一种出现在古埃及坟墓里的艺术作品中的鸟类，它还与鳄鱼和河马共同分享着野生动物纪录片的镁光灯。这样一种鸟看起来不太可能是《鸟鸣时节》的候选人，但埃及雁却是官方认可的英国鸟类，并且在英国的生存状态十分不错。

　　埃及雁在撒哈拉以南的非洲广泛分布，十分常见，当然在埃及也同样如此。它们是外形古怪的鸟类，颜色粉中带棕，有深色的眼圈，飞行时两翼有大块的白斑。除非你已经熟悉这种鸟类，否则当你在英格兰的郊野看到它时，第一反应很可能是："这到底是什么东西？"

382

　　正是埃及雁的异国外貌最初把它们带到了英国，早在17世纪后期，当这种鸟刚刚被引入英国时，它们就引起了雁鸭收藏家的兴趣。到了20世纪80年代，它们主要还是分布于北诺福克的霍尔克姆庄园，在那里有几百只埃及雁在一座园林湖泊及其周边的地面上觅食、游嬉。从那以后，不知道因为什么原因，它们开始向英格兰东部和南部扩散。由于它们在树洞里筑巢，那些古老森林周边的湖泊成了它们的首选之地。

　　正如你所推测的一样，作为一种来自气候温暖的故乡的鸟类，它们在我们经历寒冬的时候活得很费力。埃及雁在2月或3月就早早开始繁殖，结果它们的很多幼鸟都意外死亡。

　　尽管如此，今天还是有超过1 000对的埃及雁在英国繁殖，你甚至在伦敦的海德公园里也能找到它们。在那里，它们与大树上叽叽喳喳的红领绿鹦鹉一起给首都增添了不少异国情调。现在，它们也在稳步地向北和向西扩张，因此你无论住在哪里，在接下来的几年里都更有可能在你家附近看到这种古怪的鸟类。

## 高山雨燕

　　一个由棕色和白色组成的镰刀形身影在春季的云端划过，那可能是高山雨燕。如果能够确定，那么这一定是你的幸运日，因为高山雨燕是我们熟悉的普通楼燕的巨人近亲，它们在英国很罕见，平均每年只有10次目击记录，其中大多数都是在春季。

　　它们就像是服用了激素的普通楼燕，身体保持着锚的形状，而翼展达到了60厘米，这差不多与灰背隼的翼展相仿。它们的羽色比我们通常看到的灰褐色楼燕淡了很多，上体为咖啡色，下部为乳白色，胸口有一道棕色横带。它们的名字有一点歧义，因为这种雨燕遍布南欧，西起西班牙，东至土耳其。这种飞行技巧高超的鸟儿在各地著名的旅游景点上空翱翔，无论是雅典的帕特农神庙，还是罗马的大斗兽场，都有它们的身影。它们持续发出尖锐的叫声，比普通楼燕的声音频率略低。这种声音是地中海地区的许多城镇和乡村的背景音乐，其实那是它们在捕捉空中的昆虫。

383

　　每年春天，总有几只高山雨燕在从非洲的越冬地飞回欧洲时越过了原计划的目的地，最终在英国南部停下来，尤其是3月或4月的早期高压脊给西欧带来晴朗明媚天气的时候。

　　高山雨燕并不是这样到达英国的唯一鸟类。包括蜂虎、戴胜在内的其他一些来自欧洲的候鸟也会在每年这个时候走过头，到达英国，并且偶尔还会留下来繁殖；不过高山雨燕从没有这样做过。但是因为它们飞行的速度如此迅捷，而且跨越遥远的距离又如此容易，所以这些鸟儿可能会在从伦敦市中心到设得兰地区的任何地方出现。因此，在晴朗的春日里值得抬头张望，也许你就能看到高山雨燕像一道弧光一样闪过天际。

# 流苏鹬

猜出流苏鹬的英文名字为什么是ruff（意为"轮状皱领"）并不能得到任何的奖励，特别是当你看到流苏鹬的雄鸟穿着春季的华服的时候。它们这时尽情展示着可以让都铎王朝的贵族汗颜的华丽颈部饰羽。雄鸟总是和其他雄性在一处叫作"求偶场"的地方相互炫耀，争取与围观的雌鸟交配的权利。就像马鹿的求偶行为一样，这是一种"赢家通吃"的表演，在这个过程中，大多数的雄鸟只能以失望告终。

当它们聚集在一起进行这场非同寻常的展示时，这种羽毛丰盛而浮华的涉禽确实魅力非凡。但是在一年里的其他时节，它们仅仅是另一种体型中等、羽色棕黄的普通涉禽，身形与红脚鹬相仿，当然腹部要更加圆润，喙更短，并且腿部呈现淡橘色而不是红色。雌鸟又被称作"里夫"（reeve），它们的体型比雄鸟小不少；当雌鸟和雄鸟在一起时，它们看上去完全就像不同的种类，对于不熟悉流苏鹬种类变化的新手而言尤其如此。

流苏鹬每年秋季会经过英国，那时它们离开了位于斯堪的纳维亚或西欧低海拔国家的繁殖地，向南迁徙。有一些流苏鹬会在英国

384

度过整个冬天，其他的则会一路飞到非洲，它们在那里与火烈鸟、白鹭和鳄鱼分享湿地家园。

在来年春天，当它们返回时，有些雄鸟已经换上了鲜艳的饰羽。这些引人注目的颈部羽毛可能是黑色、白色、姜黄色，或者所有这些颜色的混合体，它们在求偶时是重要的武器。

求偶场大多位于湿地草甸，流苏鹬之后就会在那里繁殖。大多数雄鸟都在求偶场占一小块叫作"居留地"的土地，它们会在那里展示一连串夸张的表演，以吸引围观的雌鸟。但是它们并不总会成功，在求偶场周边，另一些被称作"卫星型雄鸟"的鸟儿在观察和等待，它们也希望引诱一只雌鸟并与之交配。让事情变得更加复杂的是，科学家们最近又发现，还有一些雄鸟没有长出颈部的饰羽，看起来与雌鸟一样，这些神秘的雄鸟被叫作"伪雌"（faeders，它是从古英语中的"父亲"一词变化而来的）。

当那些炫耀的雄鸟相互争斗时，巨大的求偶场就变得鲜活起来。雄鸟拍动翅膀跃入空中，用长腿攻击对方。但遗憾的是，在英国很少有这样的求偶场，因为这里的流苏鹬繁殖鸟太少了，在近年只有五六次记录。但每年确实有很多流苏鹬经过我们的湿地，飞往北方繁殖，因此，在春暖花开的日子里，你总有机会亲眼见到它们。

# 金眶鸻

一个还在使用的砾石坑也许是最不可能找到我们最稀有的一种繁殖鸟的地方。但是就在这里，在嘈杂的载重卡车和来来往往的挖掘机之间，金眶鸻决定做巢。

正如金眶鸻的英文名字（little ringed plover）所示，它是我们海滩上常见的鸻鹬类剑鸻（ringed plover）的更小、更纤瘦的近亲。金眶鸻与剑鸻的区别主要在于体型更小，腿为绿色而不是橙色，喙的基部缺少橙色；另外，你如果靠得足够近，就能发现金眶鸻有着与众不同的柠檬黄色眼圈。它的叫声也同样特点鲜明，那是一种尖锐的"pee-oo"声，即使在运输卡车的轰鸣中你也能听得很清楚。

与大多数剑鸻不同，金眶鸻会躲开海边的环境，它们更喜欢在内陆繁殖。在欧洲大陆上，它们常常在急流边的鹅卵石滩上筑巢，冬季的洪水会冲刷掉那里所有的植被。这使得它们的4枚一窝的鸟卵完美地融入周围的鹅卵石环境中，对于红隼、乌鸦之类的从空中俯视的捕食者而言尤其如此。

直到二战期间，金眶鸻还是一种罕见的访客，总共只有五六次记录。但是在1938年，有一对金眶鸻在赫特福德郡一座水库裸露的碎石岸边营巢繁殖。六年以后，它们回到那里，并在附近的米德尔塞克斯郡再次繁殖，这让鸟类学家兴奋不已。金眶鸻从此在英国建立了繁殖种群。

这个值得纪念的事件被一位年轻的报纸记者写成了小说，这位记者名叫肯尼思·奥尔索普，他后来成了我们最著名的媒体人和博物作家。《冒险点亮星星》是以一个男孩的视角讲述的冒险逸事，在书里，一位残疾的英国皇家空军飞行员和两个少年一起制止了一名渴望在鸟类学史上占据一席之地的贪婪偷蛋者，保护了金眶鸻的鸟巢，使它们得以在英国建立一个永久的据点。

金眶鸻的繁殖地之所以让人惊讶，原因就在于它们并不在偏远的蛮荒之地，而是位于城郊的边缘，用奥尔索普的话来说，就是"那凌乱的边缘既非城镇又非乡村"。它们选择这样的地方，是因为战后的建筑热潮，对于鸟类而言，这些新挖掘的砾石坑成了完美的营巢点。不到十年的时间，金眶鸻的鸣叫和身影就出现在碎石场、垃圾堆和新建的水库里，这些分布区最北可达柴郡。

今天约有1 200对金眶鸻生活在英国，这些棕色和白色相间，还有着黑色的面罩和颈纹的涉禽出现在了许多砾石坑和自然保护区里。在威尔士，它们已经开始在河岸上的自然栖息地营巢。你如果足够幸运，那么就能在早春的清风中看到和听到金眶鸻雄鸟那蝴蝶般的鸣飞了。

387

## 赭红尾鸲

在都市的荒地上，火焰般的橙色闪动着。这番景象总是会受到欢迎，它标志着我们最稀少的繁殖鸟之一出现了，那就是赭红尾鸲。

因为人类活动的原因，在二战期间有一种鸟在英国安家，在一个全新的栖息地繁殖，这毫不令人感到意外。但是如果有两种鸟都是如此，就确实是非同寻常了。这就是赭红尾鸲让人惊讶的故事。

与金眶鸻类似，赭红尾鸲直到20世纪早期在英国还非常罕见。在欧洲大陆上，这种鸟类却十分寻常，尤其是在山丘和山脉的岩石坡上，或者在城镇和乡村的边缘区域。赭红尾鸲在英国的第一笔繁殖记录出现于20世纪20年代，但它们真正在这里建立稳定的繁殖群，却源自我国历史上最可怕的事件之一——闪电战。

在20世纪40年代早期，德国空军炸毁了英国很多的城市，其中包括伦敦。在战争年代，那些炸弹的爆炸点一直都处于废墟的状态，很快就开满了柳兰之类的野花，而这些野花又吸引了大量的昆虫。到了1942年，仅仅伦敦一地就出现了20只以上引颈高歌的赭红尾鸲雄鸟，并且一些散落分布的赭红尾鸲也开始占据其他的城镇和都市了。

尽管它们从此被贴上了"炸弹废墟鸟"的标签，但是赭红尾鸲也会在其他棕色地带（半污染地带）或人类建筑区繁殖。发电站、破旧的船坞、铁路岔道和天主教大教堂都有它们的巢穴。与之相应的是，它们的歌声也含有相当多的人造感觉和金属般的腔调，这种鸣唱常常被比作轴承滚珠相互摩擦的声音。这样的声音可以穿透嘈杂的都市交通噪声。

如果你能亲眼见到这种鸟类，只要你能够仔细观察，就不会把它与别的鸟类搞混。它的大小和欧亚鸲差不多，不过身材要更加苗条；它的身体是灰黑色的，喉部的颜色更深，飞行时两翼各有一块白斑。但是最与众不同的特征当然是它那橘红色的尾巴（英文名black redstart中的start在盎格鲁–撒克逊语里是"尾巴"的意思），这只尾巴总是上上下下摆动个不停。

现代化的发展进程极大地降低了赭红尾鸲在我们城镇里建立繁殖点的可能性，因此，它们作为英国的繁殖鸟，近年来数量有所下降。如今只有大约30对繁殖鸟在英国营巢，其中多数依然待在东部和南部的城市中心。不过每年秋季还是会有大量的赭红尾鸲从欧洲大陆迁徙而来，享受我们的温和气候。它们中的一些在南部海岸地区的沙滩上过冬，在那里的悬崖下面寻觅昆虫。

但是在希望的原野上还是射出一道曙光。一些都市建筑开始被"绿色屋顶"所覆盖，这些富含鲜花和昆虫的地点可以替代它们所需的生活环境。赭红尾鸲已经开始利用这些新家了，它们现在仍然在喧闹的城市里觅食和繁殖，只是更加高高在上了。

## 环颈鸫

永远不要小看你在春天看到的欧乌鸫。如果你足够幸运，你可能会从中发现环颈鸫。它们发出像石子滚下山坡一样的咔嗒声，大声宣告它们回到英国西部和北部的高地了。这种鸟儿又被称作"山地欧乌鸫"，它们确实是我们熟悉的花园鸟类的近亲。但是与它们更加常见的表兄不同，环颈鸫只是夏候鸟，它们在早春到来，并在英

国最具野性，同时风景也最美妙的区域建立繁殖领域。这些地方往

389　往位于高山溪谷，雄鸟在一旁的峭壁上吟唱，歌声清亮而婉转。

　　环颈鸫雄鸟的外形确实非常英俊，它们通体乌黑，前胸有一块被称作"护颈"的宽阔的白色斑纹，即便从远处观察也很明显。与欧乌鸫的雌鸟类似，雄性环颈鸫的配偶是棕色的，但是也带着淡棕色的护颈。环颈鸫的亚成鸟看上去像是长着鳞纹的欧乌鸫，但当它们飞行的时候，成鸟和亚成鸟的两翼都会露出银白色的斑纹，它们的鸣叫也比欧乌鸫更粗糙有力。

　　不幸的是，环颈鸫在它们的传统繁殖地越来越难见了，这些地区包括北约克高沼地、西南部的达特穆尔高地，以及苏格兰和威尔士的山地。它们数量下降的原因还不确定，但是这种低繁殖率也许与夏季变得更干燥有关，气候的变化使得这些鸟儿难以找到足够的蠕虫喂养幼鸟。

　　环颈鸫在北非的山区过冬，在那些地区持续增加的放牧活动，以及杜松灌木的逐渐消失，进一步增大了这种鸟类的生存压力，因为这种杜松的浆果是它们在冬季的重要食物。

　　但是，无论你住在哪里，当环颈鸫在春季飞往英国和斯堪的纳维亚的繁殖地，途经低海拔地区时，你还是有机会看到它们。这些鸟有一些传统的迁徙驿站，它们会在迁徙途中停下休息，为下一段旅程补充能量。这样的驿站通常位于丘陵或矮山的山巅，环颈鸫会在这里大量进食蚯蚓。因此，在3月末到4月的日子里，请务必用饥渴的目光审视那些欧乌鸫，幸运的你很可能从中看到一只带有宽阔

390　的白色领斑的鸟儿。

丘鹬

黑琴鸡

欧柳莺

扇尾沙锥

白腰杓鹬

大麻鳽

黑斑蝗莺

灰伯劳

灰白喉林莺

绿啄木鸟

 **4 月**

戴胜

纵纹腹小鸮

小鹀鹠

欧鸽

西方松鸡

棕硬尾鸭

普通秋沙鸭

红喉潜鸟

暴风鹱

石鸻

# 引子

一道钴蓝色的闪电划过农家庭院，与之相伴的是一阵热情的呢喃。这只能说明一件事：家燕从南非回来了。

不管春天的天气是多么灰暗和阴冷，只要一见到家燕，一听到它们的声音，冬季的所有阴霾统统烟消云散。4月就是庆祝迁徙的月份。当一群又一群过冬的雁鸭和涉禽往北飞时，非洲的候鸟从南方蜂拥而来。

我们现在已经明白迁徙的目的和艰辛，但是我们那些不常出门的祖先，对于每年春天突然出现的鸟类有他们自己的——有时是相当奇怪的解释。大约两千四百年前，希腊哲学家、博物学先驱亚里士多德声称，燕子在地洞或树洞中冬眠。两千多年后，吉尔伯特·怀特发现很难放弃冬眠理论，他写信给他的博物学同行托马斯·彭南特说："我完全同意你的意见——在冬天虽然大多数燕子可能会迁徙，但也有一些会留下来，和我们一起躲起来。"直到20世纪现代鸟类学出现，我们才开始了解候鸟是如何在全世界找到自己的迁徙路径，并为它们的非凡成就而惊叹。

在英国，4月是重新学习羽毛、鸣叫和歌唱等知识的时节，因为我们要重新熟悉六个多月没见过的那些鸟儿。所有这些小型候鸟都是食虫鸟，它们返回的时候正好赶上欧洲北部的昆虫现身。大黄蜂蜂后从冬眠中醒来，嗡嗡地飞过，寻找着巢穴。毛毛虫群集在展开的树叶上。毛茸茸的蜂虻悬停在欧洲报春上，寻找着花蜜。

这个舞台是为迎接我们数量最多的夏候鸟而搭建的。在本月的头几天里，你可能会听到一棵黄花柳或桦树苗上传来轻柔的音符，一开始喷薄而出，然后逐渐消失。这是一只欧柳莺，虽然它甜美、犹豫的鸣唱经常被鸫和鹪鹩更响亮的鸣唱声淹没，但它是对迁徙节奏运转如常的肯定。这只鸟近期的邻居可能是羚羊和斑马，而现在它在英国的一片灌木林里。

随着4月时间的流逝，闸门打开了。突然间，到处都是灰白喉林莺，它们在缠绕在一起的树篱上发出炸裂般的鸣唱声。白腹毛脚燕在郊区上空高高飞翔，春天的声音在林地和灌木丛中回荡。杜鹃已经从非洲中部热带雨林中的越冬地回来了，尽管它们的数量已经不像以前那么多了，但在英国大部分地区仍然可以听到它们的声音，尤其是在北部地区。我们谁都不需要重温它们的叫声，在黎明合唱团里，它们的鸣唱一天比一天响亮。

这个月真正令人兴奋的是，你可以看到那些可能不会在你家繁殖的鸟类往繁殖地飞。对于那些专注于"自留地"观鸟的人来说——你的"自留地"可能是你的花园、本地的公园，或者是交通便利的乡下的某个地方——4月可以带来各种各样的好处。不管它们是发出响亮的"wheesp"声的飞行的黄鹡鸰、沿着森林边缘移动的红尾鸲，还是落在本地操场上的穗鵖，有时你都不容易搞清楚下一步该往哪看。

4月的沼泽地生机勃勃。芦苇莺停在去年的芦苇枯枝上，而水蒲苇莺则从边缘的灌木丛飞向天空。在大芦苇床附近，你可能会幸运地听到大麻鳽低沉的鸣叫，它像老虎一样用条纹把自己隐藏在沙沙作响的枝干之间。在春季的狂热里，其他伪装得很好的鸟短暂地把

393　　小心谨慎抛诸脑后。夜幕降临时，林区空地变成了丘鹬怪异的飞行炫耀的舞台，它们在空中巡逻时叽叽咕咕地叫着，而沙锥则像山羊一样在碱沼和酸沼上空咩咩地叫着，在渐渐暗下来的天空中迂回盘旋。

　　在英格兰北部、威尔士和苏格兰的一些高地地区，在沼泽与林地边缘相接的地方，如果你起得很早，当黎明降临到这片荒凉的土地上时，你可能会听到冒泡声和喷嚏声。这是不列颠群岛最令人难忘的野生动物奇观之一——黑琴鸡在求偶场进行炫耀。这些长着七彩尾巴、红色鸡冠的蓝黑色雄鸟在草地上昂首阔步、烦躁不安，呼出的气在清晨寒冷的空气中一缕缕上升。它们像游乐场的碰碰车一样四处奔忙，试图给旁观的雌鸟留下深刻印象。作为一种声音体验，这番响动首屈一指，介于鸽棚和蒸汽机拉力赛之间。

　　每个人都有自己最喜欢的春之声，对我们当中的许多人来说，它离家园更近。这可能是庭院里的一只鹪鹩，在收集筑巢材料时，它会发出响亮的歌声；这也可能是一只欧乌鸫，当它的配偶在附近孵化带蓝绿斑点的卵时，它会在屋顶上鸣叫。

　　话说回来，这也可能是一只家燕，它回到去年的电线上鸣唱，希望能吸引到一个配偶。我们现在知道，这可能正是去年夏天出现在此处的那只鸟，而且，虽然4月的鸟鸣听起来很活泼，但实际上这些鸟是在建立领域。不过我们很难不去把这些鸣唱当作成功返乡的庆祝，或者当作春天真正到来的标志。

## 丘鹬

　　随着夜幕慢慢在春季的森林里降下，黑色的阴影像远程控制的宇宙飞船模型一样移过树梢，并发出古怪的、好像来自地球以外的声音。这并不是火星人的入侵，而是正在炫耀的丘鹬。

丘鹬实际上属于涉禽，但是它们主要住在林地或者大森林里，因而很少在水边徘徊。它们是一种结实的鸟类，像又大又敦实的扇尾沙锥，而它们的羽色已经很好地适应了森林环境。总之，它们的特点就是壮实、喙长和伪装色完美。在林区的地面，它们依靠羽色隐藏自己，那羽毛是由锈红色、浅黄褐色、棕色和黑色的斑块拼接在一起的，当它们钻入落叶堆时就完全变成了所栖息的森林的一部分。

394

丘鹬给你的第一印象通常是突然出现的一坨模糊的黄褐色，紧接着是一阵急促的振翅声，那只鸟从你脚边不远的地方飞起来，以被弹弓弹射出来的速度在树干间辗转飞行——这种突然和迅速几乎让你心跳停止。

在森林的地面上，丘鹬很容易受到捕食者的攻击，但它们并不只是依赖伪装来保护自己。丘鹬长着大而深邃的眼睛，两眼之间的距离很远，配合它高高的身材，这对眼睛可以提供360度的视角，以便提前发现行为不轨的掠食者。

在冬季，不列颠群岛上大约有100万只以上的丘鹬，但是这些隐秘的鸟类却并不常被见到。环志标记显示其中的一些鸟儿来自遥远的西伯利亚，它们喜欢英国相对温和的冬季。

在春夏季节，丘鹬的分布更加集中，尤其是在英国南部地区。如果你知道在什么时间去哪里观看，它们是很容易被找到的。从3月到7月，丘鹬摇身一变，从林中隐士变成了张扬的自我吹捧者。在清晨和黄昏，雄鸟总是巡视着自己的林间领地。它们一边巡视，一边进行求偶炫耀，这又被叫作"巡游"（roding）。雄鸟飞到树梢的高度，振翅略停。它们绕着大圈飞行，嘴里发出低沉或高亢的鸣叫。在这种巡游过程中，它们常常会驱逐别的雄鸟，也会拦截正在经过的雌鸟。

丘鹬的雏鸟在5月孵化出壳，它们也靠具有隐蔽性的羽色保护自己。如果雌鸟要离开巢穴，它就会在孩子的身上撒上粪便，用那种难闻的气味和味道驱赶捕食者。丘鹬的雌鸟还能把雏鸟夹在两腿当中或衔在嘴里，带着它们飞往安全的地方，不过这种极其隐秘的鸟类行为很少能被人类看到。

395

## 黑琴鸡

当第一缕阳光洒在冰霜覆盖的北方旷野上时，黑琴鸡的一连串鸣叫开始在长满石南的地面回荡。这声音像是信鸽的鸣叫中夹杂着蒸汽机的嘶吼。这种古怪的声音是由群聚在求偶场上的黑琴鸡雄鸟发出的。

黑琴鸡的雄鸟又被称作"黑公鸡"，它们受到雄性激素的驱使，在决斗场上相互竞争，试图赢得那些羽色更淡的雌鸟的注意。雌鸟又被称作"灰母鸡"，它们那斑驳的羽色像枯萎的石南和地衣。雄鸟展开古希腊里拉琴形状的尾羽，露出白色衬裙一样的尾下覆羽，向着它的竞争对手发出粗粝的、沙哑的鼻音以及成串的嚎叫，这种声音又被叫作"roo-kooing"。

随着求偶炫耀越演越烈，雄鸟疯狂地抖动，要么跃起身向对手扑击，要么在求偶场的中央绕着小圈疾行。我们很容易认为是这些雄鸟在控场，毕竟它们在这场复杂的求偶仪式中表现突出。

但是，如同自然界许许多多的例子一样，那些站在紫色的石南丛中平静观望的雌鸟才是真正做决定的角色。它们最终会决定与某一只雄鸟交配，这也意味着那只雄鸟会赢得把基因传递到下一代的权利。研究表明，雌鸟偏好体型较大的雄鸟，尤其是那些求偶炫耀更持久、领域最大、最接近求偶场中央的雄鸟，即有优势地位的雄鸟。

要想完整地看到求偶场上的表演，你需要在天亮以前就到达准确的位置。黑琴鸡需要一种复合型栖息地，其中包含荒原、沼泽湿地和森林等多种类型。求偶场一般会设在有着较多林间空地的森林边缘。但是由于我们重新整理土地，使得土地类型更加单一，许多这样的区域都消失了，黑琴鸡的数量也相应地减少了。

在18世纪，英国的每一个郡都有黑琴鸡的身影。但是经历了长期的、持续的数量减少之后，它们现在只分布在英国那些更加荒凉的高原上了。近年来，由于保护工作和栖息地恢复项目的开展，它们的数量在英格兰北部的蒂斯河谷等地和威尔士北部的部分区域大大增加。与此同时，黑琴鸡也被引入皮克山区，因此，现在更多的

396

人有机会再次见证黑琴鸡那无与伦比的清晨炫耀了。

## 欧柳莺

一个明媚的4月清晨，在林地或石南灌丛的边缘，一种声音穿透了清晨的空气。这声音甜美悦耳，曲调抑扬顿挫而略带忧伤，音阶缓缓下降。它听起来既熟悉又陌生，因为在这里已经有半年多没有听到这种声音了。发出这声音的就是我们最常见的夏候鸟——欧柳莺。

它们的数量超过200万对，轻松超越了那些更加惹人注意的候鸟，比如普通楼燕、家燕或白腹毛脚燕，因此欧柳莺确实应该得到更多的关注。但是这种低调的小鸟依然独善其身，它的歌声尽管很美，却并不像它的近亲叽喳柳莺那样令人难以忘怀。

第一批欧柳莺在3月末就从非洲飞回来了，但是它们大群到达的时间却是4月的前两周。当这波小鸟在英国境内逐渐向北扩散时，它们常常会停下来高歌一两天，然后继续前行。

在越冬地，欧柳莺也许会尽情地在满是猴子的森林以及被羚羊啃食的荆棘丛中捕食飞蝇，然后飞越撒哈拉沙漠，伴着第一阵春风到达北欧。它们喜欢开阔而稀疏的新生林地和林场，桦树的嫩芽是它们的最爱，也许"桦莺"才是它们更恰当的名字。

欧柳莺属于柳莺属（*Phylloscopus*），属名在拉丁文中的意思是

397

"树叶检查员"。这正是它们在树枝的新芽间寻觅昆虫的样子。当你第一眼看到这种鸟时，它并没有什么特别：橄榄绿色的后背，浅色的胸腹，眼睛上方有明显的浅色眉纹，看起来就是一只普通的"柳莺"的样子。但是随着你的观察变得深入，它那微妙的优雅就流露出来。长长的翅膀让它能够一路飞到西非又折返，当它在怒放的山楂花之间寻觅昆虫的时候，这对翅膀看起来优美而匀称。

它那隽永的歌声也是你会慢慢喜欢上的东西。这歌声帮助18世纪的博物学先驱吉尔伯特·怀特把欧柳莺与它的近亲叽喳柳莺、林柳莺区分开来，那些鸟儿出现在他位于汉普郡塞尔伯恩的家乡附近的森林里。现代观鸟者也许会认为这三种鸟彼此相似的说法十分可笑，但是我们需要记住，当年怀特和他的伙伴观察鸟类时是裸眼观察，他们并没有我们今天使用的高倍望远镜啊。

欧柳莺一直是英国数量最多的夏候鸟，但在过去的几十年中，它们在英格兰南部和东部的某些地区的数量已经下降了三分之二。幸运的是，在苏格兰、爱尔兰、威尔士以及英格兰西部的大多数地方，它们依然数量众多。欧柳莺数量急速下降的原因仍在调查，但是很多人认为这是气候变化和栖息地改变的结果，这种变化同时发生于它们在这里的繁殖地和在非洲的越冬地。

398

## 扇尾沙锥

在一个晴朗的春天的傍晚，荒凉的外赫布里底群岛海风习习，一只扇尾沙锥的雄鸟停栖在木篱笆的桩子上，发出响亮的、锯木头般的声音。在暮光中，它飞上天空，在自己领域的高空中扇动翅膀，然后突然像神风特工队的自杀式飞机一样垂直下坠，之后再次急转上升。在这场疯狂的表演中，它一直发出一种独特的哭诉似的噪声。这种声音又被称作"鼓声"（drumming），听上去好像是有人在对着啤酒瓶口吹气，手指还在唇边来回移动。

人们很容易误以为这种声音来自鸟的嘴巴，但事实上它却来自这只鸟身体的另一端。扇尾沙锥的外侧尾羽有一个特殊的铰链结构，当它们在空中高速飞行时，这部分尾羽会像风中的旗帜一样猎猎作响。这是一切鸟类所能产生的最奇特的声音，扇尾沙锥也由此得到了盖尔语名字，其意思是"森林中的小山羊"，而它的英语俗名叫作"石南丛的羊叫"。

这种声音曾经遍及不列颠群岛的各种沼泽湿地，但过去的几十年里，扇尾沙锥繁殖鸟的数量在很多地方都在下降，尤其是在英格兰南部和东部，它们现在只在局部地区有所分布。即便新的湿地产生，它们也不会回来繁殖，这意味着是别的原因导致了它们的分布区整体北移，也许气候变化就是这个原因。

在秋冬季节，它们的分布更加广泛，这是欣赏它们羽毛上的花纹细节的好机会。扇尾沙锥的羽毛有着完美的伪装功能，它们满身都是深棕色和稻草黄色拼成的斑纹，这有利于它们隐藏在莎草丛中。

它们的体型并不比欧乌鸫大多少，但是长着特殊的长喙，它们用这只喙在松软、黏稠的泥地里寻觅蠕虫以及其他生物。在秋冬之际，你常常能看到它们在浅水池塘边觅食，它们的喙完全没入泥中，只有眼睛露出来，谨慎地提防着捕食者。

受惊的时候，扇尾沙锥会匆忙地按狂乱的"之"字形线路飞离，同时发出一种像是从湿泥中拔出长筒胶靴的刺耳叫声。这样一群扇尾沙锥又被叫作"一缕"（wisp），它们会在高空中盘旋，之后再次落进安全的草丛，继续进食。

## 白腰杓鹬

很少有鸟类的声音会像白腰杓鹬那绵延不绝的鸣叫一样，如此强烈地浓缩荒野的精神。我们体型最大的这种杓鹬类有着双重的生活：在秋冬之际，它们群聚在河口滩涂及咸水湿地上；而到了春夏，它们又返回山区。

白腰杓鹬能捕食别的杓鹬无法够到的猎物，它们把喙深深插入淤泥，探寻海蚯蚓和鸟蛤。它们又长又弯的喙布满神经末梢，这使得它们可以利用鸟喙尖端有弹性的部分探知这些食物的位置。受惊的时候，它们飞入空中，那棕色的羽毛令它们看起来像是鸥类的亚成鸟，除非你能注意到那巨大的鸟喙。

400

　　但是到了4月，大多数白腰杓鹬就离开了它们的越冬地，返回位于荒野或高原牧场上的繁殖地，它们在那冰雪消融的地面上寻觅蚯蚓和蛆虫。也有少数鸟儿会在湿润的低海拔石南地甚至农田里营巢，但是无论它们在哪里繁殖，你都能见证雄鸟的歌舞。

　　当白腰杓鹬的雄鸟表演时，它会向领域的高空飞去，并发出一连串独特的叫声。当它到达最高点时，它就会像滑翔伞那样张开双翼，利用上升气流略做悬浮；之后它的求偶展示达到了高潮，它像跳伞一样慢慢地降到地面。有时候它也会表演空中大回转，也就是一边鸣唱，一边急剧地俯冲再升起，并反复多次。

　　在传说中，17世纪一位叫作圣贝诺的圣徒有一次意外地把布道书丢在了威尔士海岸边的水里，一只白腰杓鹬捡起书并把它安全地带回岸上。为了表示感谢，圣布诺施法保护了这种鸟。这就是一直以来人们很难发现白腰杓鹬的鸟巢的原因。

　　尽管在英国的很多地区，白腰杓鹬的繁殖鸟已经变得越来越稀少了，但是我们这里仍然是这种鸟类重要的越冬地。它们在冬季会从远至俄罗斯的地方迁徙而来，在我们海岸边的淤泥里觅食，同时也把那哀怨的歌声带给我们。

# 大麻鳽

　　在4月的一个浓雾弥漫的清晨，微风从去年长出的芦苇秆尖端拂过，发出沙沙的响声。你也许还能听到自然界最特别的一种声响，这低沉的声音与其说来自一种鸟类，还不如说来自远方浓雾中的轮船汽笛。这种著名的低音是由我们最稀少也最隐秘的一种繁殖鸟发出的，这种鸟就是大麻鳽。

　　大麻鳽的低音比英国的任何鸟鸣都更加低沉，也传得更远，如果空气稳定，这声音能传到5千米开外。在17世纪东安格利亚沼泽开始大规模排水之前，人们对这种低音一直十分熟悉，尽管那时人们并不知道大麻鳽是如何发声的。

　　有些人认为大麻鳽通过从一根空心芦苇秆下面呼气来放大声音。包括乔叟在内的另外一些人相信它们是直接在水下发声。《坎特伯雷故事集》中的巴斯夫人这样描述一个人物："就像一只大麻鳽在泥滩中低鸣，她把嘴巴没入水中。"

　　我们现在知道，大麻鳽的食管周围长着有力的肌肉，它们把空气挤出食道，就能发出响亮的呼气声，这就是大麻鳽的低鸣的来源。诗人约翰·克莱尔在19世纪早期写道："那噪声的开始部分是一种含混的低语，像是以一种快速的方式说出'butter'（黄油）这个单词，而'bump'（撞击）又紧随其后快速地发出来……"这种鸟由此得到了一个俗名——"黄油撞击"。它们还有其他一些地方性的名字，比如"沼泽鼓点""结巴佬"，以及"泥滩里的公牛"。

听到大麻鳽的声音远比见到它容易，因为这种与我们所熟悉的苍鹭同属一个家族的鸟儿更喜欢待在芦苇深处。它那伪装性极强的羽毛上斑驳地混合着深浅不一的棕色，就像芦苇本身的颜色一样。这使得大麻鳽极难被发现，尤其是当它采取防御姿态的时候。此刻它的喙笔直朝天，而全身呆若木鸡。

402

大麻鳽时不时地也会在空中飞行一两分钟，棕色的羽毛和缓慢扇动的翅膀使它们看起来更像是猫头鹰而不是鹭鸟。但是通常在你发现它们的一瞬间，它们就落进安全的芦苇丛中。在过去大约两个世纪的时间里，大麻鳽所栖息的沼泽湿地被人为抽干，这种鸟类的数量也随之急剧下降。到了1900年，它们的繁殖鸟已经在英国绝迹，但是没过多久，少量大麻鳽又回到东安格利亚营巢。

尽管如此，到了20世纪末的时候，它们的数量仍然很少。在1997年，人们只统计到11只发出低鸣的雄鸟。有一段时间，看起来我们很可能要再次失去这种英国繁殖鸟了。那时它们大部分的芦苇栖息地都位于海岸边缘，并受到来自防浪堤缺口的洪水的威胁。

但是那时保育工作者下定决心拯救这种独特的鸟类，为了这个目的，他们建造了新的湿地保护区，并大面积种植芦苇。他们的远见和努力很快得到了回报，现在英国有100多只雄性繁殖鸟了，其中的30多只都位于同一个地区——萨默塞特的阿瓦隆沼泽。在这里，大量的新生湿地还吸引其他稀有的鹭鸟前来营巢繁殖，比如大麻鳽的迷你版亲戚小苇鳽。如今，在春季的一个晴朗的早晨，你会比有生以来的任何时候都有更大的机会听到——甚至看到——一只发出低鸣的"黄油撞击"。

# 黑斑蝗莺

　　并非所有的鸟鸣听起来都像是鸟发出的，有一种隐秘的鸟类发出的声音更像是来自昆虫。它被恰如其分地命名为黑斑蝗莺（grasshopper warbler，意为"蚂蚱莺"），并且它的属名*Locustella*（意为"小蝗虫"）也有相同的意思。

　　就像钓鱼者从手轮上放线一样，当黑斑蝗莺的歌声喷涌而出时，　403它们总是躲在浓密的灌木或荆棘丛深处。在听到第一声鸣唱的时候，你往往根本意识不到；只有你终于注意到这种鸣声时，你才会发现这鸟儿已经唱了好一阵子了。

　　在清晨和黄昏，你最有可能在过度生长的灌木和沼泽莎草丛中听到黑斑蝗莺的声音，但是它却很难被精确定位。这是因为它在鸣唱时脑袋总在左右转动，于是歌声就好像在变换方向，而精确定位也就几乎不可能了。这种特性激发了18世纪的博物学家兼牧师吉尔伯特·怀特的兴趣，他写道："任何鸟类的鸣叫都没有这种小鸟那么有趣。当它明明在100码以外的时候，声音却仿佛靠得很近；而当它就在你耳畔时，声音却又并不比一只远远的鸟儿更响……"

黑斑蝗莺真像是一个口技演员，它的声音听起来更像是一种蟋蟀，而不是鸟类。但是如果你在4月或5月听到这种声音，那就肯定不是蚱蜢或者蟋蟀了，因为这些昆虫此时还未成熟，也不可能在春季歌唱。这声音还给年老的观鸟者增添了一重困惑，因为它是第一种我们无法听清的鸟鸣，由于听力退化，我们无法辨别高频的声音。

如果黑斑蝗莺没有歌唱，那么要找到它们就是一个真正的挑战了，那需要耐心和细致的追踪。它们是分布范围相当有局限性的鸟类，常常出现在新生的针叶林种植场、水边潮湿的灌木丛或芦苇滩里，这些分布区散布于不列颠群岛各处。如果你最终能够看到一只黑斑蝗莺，那么你就会发现它是一种小巧、纤瘦的鸟类，并不比青山雀更大；它那卡其棕色的后背上带着深色的斑点，喉部色浅，还长着一条宽阔的尾巴。当它歌唱时，你立刻就会注意到它全身都在震动，似乎在竭尽全力发出那种不可思议的、滚轮式的歌声。

404

## 灰伯劳

当你漫步在春季的石南荒野或者高地沼泽上，你也许期待着看到一只在金雀花的矮枝上跳上跳下的黑喉石䳭，或是从高草丛中飞出来的草地鹨。但是有一种让石䳭和鹨都感到害怕的鸟类一定会让

这一天变得特别起来，这就是灰伯劳。

与同样很少迁徙到英国，却断断续续在英国繁殖的红背伯劳不同，灰伯劳完全是秋冬季节的访客。在大多数的年份，只有不到100只灰伯劳会离开它们位于斯堪的纳维亚的繁殖地，拜访英国。

尽管非常稀少，但是灰伯劳却高调而显眼，它们有一种固有的习惯，总是停栖在伐木场空地或大片荒野中的突兀的小树或灌木顶上。它们是欧洲最大的伯劳，大小差不多等同于一只欧乌鸫，但总是标志性地笔直站立，身后垂着一条外缘雪白、长度惊人的尾巴。

灰伯劳是一种外表时尚的鸟类，上体为霜灰色，下体为亮白色，脸部戴着黑色的过眼面罩，这给它们的外形增添了冷峻的风采。它们黑色的喙尖端带钩，这个特征意味着它们不仅仅是鸣禽，同时也是高效的捕食者。

在冬季，它们都单独行动，以小型鸟类为食。它们能够将飞行中的猎物直接抓住，如果你足够幸运，你就能亲身见证这种惊人的技巧。它们还会食用小鼠、田鼠和鼩鼱，而且随着春天的到来，它们的食谱中还会加上蜜蜂和大型甲虫。伯劳又被称作"屠夫鸟"，因为它们有把猎物钉在荆棘上的习惯，就像一个屠夫把他的肉悬挂在肉案的钩子上一样。

到了3月末、4月初的时候，灰伯劳开始准备离开。随着繁殖季越来越近，它们可能等不及飞越北海寻找伴侣，而是在出发之前就站立在树顶或者灌木的枝头放声鸣唱。

偶尔会有一只孤独的鸟一直留到5月甚至更晚的时候，但是到目前为止，除了不能确定的流言以外，还没有证据证明它们能在英国营巢繁殖。灰伯劳为什么不这样做，现在还是一个谜。但是考虑到

405

它们的分布范围遍及北温带的北美、欧洲和亚洲，也许某一年就会有一对灰伯劳决定留在这里，从而创造我们新的鸟类学历史。

## 灰白喉林莺

从4月中旬开始，绿篱、公地以及耕地四周没有平整的部分都充斥着灰白喉林莺沙哑而狂热的叫声。它们在前一刻还悄无声息，后一刻就突然遍布各地，为自己安全地从撒哈拉以南的越冬地回来而庆祝。

灰白喉林莺是莺科的成员，但是它们与黑顶林莺和叽喳柳莺一样，由于长期被人熟知，早在科学命名法建立之前就已经拥有了俗名。它们还是欧洲最常见，分布也最广的夏候鸟，每年有100万对以上在英国繁殖。

406　　　然而，这种巨大的数量并不意味着它们容易被发现，它们大多数时间都潜伏在绿篱和密密麻麻纠缠在一起的植被之间，这也为它们带来了"荨麻旋木莺"的旧称。如果它们在大声嘶吼了一阵以后真的出现在你的面前，那么你就能看到它们的喉部确实是纯白色的，头部和脸颊带着柔和的灰色（雌鸟偏棕色），两翼则是栗色的。

值得庆幸的是，那些雄鸟并非只会在荨麻间攀爬。在4月，当它们刚刚到达这里时，它们就会站立在绿篱的栏杆顶端，或者更加引人注目地飞到空中，同时迅疾地唱出沙哑的歌，吸引雌鸟的注意。维多利亚时代的博物学家C. A.约翰牧师曾经写道，这种带有舞蹈性质的鸣飞还为它们挣得了一个乡村俗名——"会唱歌的焰火"。

在我们的乡间，灰白喉林莺是如此常见，因此每年春季它们的回归都被认为是理所当然的。然而在1969年4月，令许多观鸟者诧异的是，英国全部的灰白喉林莺中有四分之三都没能返回这里。调查发现原因出自萨赫勒地区的一场覆盖整个区域的严重干旱，这个地区是自西向东横跨非洲并紧挨着撒哈拉沙漠南缘的一条狭窄地带。灰白喉林莺在某种程度上提前给了我们一个警示，它告诫我们，气候变化会对我们珍贵的候鸟产生严重的影响。

幸运的是，灰白喉林莺的数量恢复了，今天，我们低地原野上的绿篱中依然回荡着它们的歌声。在一个晴朗而明媚的春日，雄鸟高飞到空中，嘹亮地宣示着对身下那一小块绿地的临时所有权，这让每个看到它们的人都身心沉醉。

## 绿啄木鸟

当你穿过森林，逐渐灰暗的天空和越吹越强的狂风预示着变幻无常的4月将给你送来一场暴雨。在雨滴就要落下时，你可能会听到一声响亮的、大笑般的叫声，这就是绿啄木鸟。

这种疯魔般的声响带给绿啄木鸟一个乡间俗名——"雅福"（yaffle），但这个声音也许和你在暴雨前听到的声音并不完全吻合。我们最大的啄木鸟的另一个俗名是"雨鸟"，因为它的鸣叫被认为是暴雨的前奏。

407

你在英国大部分的森林、公园、荒原和大型花园都能听到这种声音，但是在爱尔兰却完全听不到，这是因为在上一个冰河世纪的末尾，当这种鸟向西、向北扩散时，爱尔兰海成了它们不可逾越的屏障。

也许你期待在大树上发现绿啄木鸟，它们尽管确实在树上做巢，但大部分时间却是在地面度过。这些鸟在草地或者牧场上寻觅主食，也就是蚂蚁和它们的蛹。绿啄木鸟用坚硬的尾羽支撑住身体，把又长又黏的舌头轻轻伸入蚁丘的中心，拔出舌头时，其表面就沾满了小小的昆虫。如果在这时惊起一只绿啄木鸟，它会立刻大声叫喊，飞到远处，飞行时还露出柠檬黄色的后腰。它们在这样飞行的时候如果被人见到，有时会被误认为是金黄鹂，甚至是逃逸的鹦鹉。

与大斑啄木鸟或小斑啄木鸟不同，绿啄木鸟很少敲击树干。它们转而用那种响亮的笑声来警告对手并宣示领域。在交配前，雄鸟和雌鸟会立起头顶的红色冠羽，扇动翅膀，抖动尾巴，绕着树干玩起捉迷藏式的游戏。这是滑稽但又魅力十足的一幕。到了夏天的末尾，绿啄木鸟的幼鸟从漆黑的巢穴中钻出来，伏在不远处它们最喜欢的蚁丘上。这些幼鸟灰不溜秋，满身斑驳，看起来活像是它们父母被水冲洗后的版本。

408

## 戴胜

戴胜发出"poo-poo-poo"的三音节啸叫，声传千里。它瞬间就把我们带到了地中海边尘土飞扬的葡萄园或东欧的森林里。这种外形花哨而又充满了异国风情的鸟类看起来完全不属于英国的草坪。然而，事实上它们在英国并不只是一种偶尔出现的访客，有时候它们甚至还会在这里配对和繁殖。

戴胜的大小与槲鸫相仿，它的样子让人过目不忘。它身披橙红色的羽毛，长着一只又长又弯的鸟喙，并利用这只喙在低矮的草地上探寻蛴螬；它的头顶还戴着镶黑色边的气派的冠羽，一旦受激就会像扇子一样张开。在飞行时，戴胜又变成了一只黑白相间的蝴蝶，两翼宽阔且镶着明显的白斑。因此，即使是对于从不观鸟的人来说，它们也不会被忽视，尤其是当这些鸟出现在人工修理的花园草皮上的时候——戴胜时不时地会出现在那里。

戴胜在英国并非真的那么稀少，每年都有100只以上的戴胜在这里现身，它们大多数都在4月或者5月出现在南部的郡。这些来到英国的鸟儿都是在从非洲迁回欧洲的途中飞过了原本的目的地，它们通常都是孤身而来，不过有时也会有成对到达并在这里繁殖的情况。但是到目前为止，戴胜还不能在英国建立它们稳定的繁殖种群。

在欧洲大陆上，这种鸟就相当常见了，它们广泛分布于果园和开阔的乡野。它们在那里的树洞里繁殖。它们的巢穴气味不佳是极为出名的，在它们的鸟巢里，雏鸟四处播撒粪便，而亲鸟却似乎对此无动于衷，完全不去清理。据说你通过气味就能找到戴胜的鸟巢。

在世界上的其他地方，戴胜与当地文化有着悠久的关联。在古埃及，它们被认为是宗教鸟类，并出现在很多古墓的壁画上。戴胜在阿里斯托芬的戏剧《鸟》中还被描写成鸟类之王，而在2008年它们又被选作以色列的国鸟。

# 纵纹腹小鸮

一株古老的橡树高高伸出绿篱，它的树枝间传出一声响亮的嚎叫，这声音出卖了纵纹腹小鸮那微微摆动的轮廓，这是目前我们五种猫头鹰的繁殖鸟中体型最小的那种。

纵纹腹小鸮身披棕灰色的羽毛，上面还镶嵌着白色的斑纹。它真的是一种很小的鸟类，身长和椋鸟相仿，但是要比椋鸟壮实很多。它长着大大的脑袋、短小的尾巴和圆润的翅膀。如果你惊扰了一只纵纹腹小鸮，那么它会立刻贴着地面飞走，之后摇摇摆摆地停在电线杆或门柱的顶端。它在那里上下摆动，那黄黑相间的大眼珠紧瞪着你。

　　尽管纵纹腹小鸮也会在采石场或古老的农场建筑里营巢，但它们还是更喜欢农场和公园里那些成熟的大树，在那里，它们靠捕捉小型哺乳动物、蠕虫和昆虫来养育后代。黄昏降临时，如果你的运气不错，那么你可能会看到一只小鸮跑过田野上的沟壑，一把抓住露头的蚯蚓或匍匐在地的屎壳郎，那姿态完全不像是一只猫头鹰。它们与其他猫头鹰一样，在夜间都很活跃，但是你在白天也常常能见到这些小鸮，它们要么蹲在电线杆顶端和死去的大树上，要么出现在那些老旧的农场建筑周围。

410

　　尽管现在纵纹腹小鸮在英国的低海拔地区分布广泛，并且看上去怡然自得，但其实它们并不是我们群岛上的本土物种，而是从欧洲大陆被引入这里。

　　英国第一次出现关于纵纹腹小鸮的记录，是在18世纪中叶，当时一只小鸮在伦敦塔的烟囱里被人活捉，但是那只鸟很可能是一只逃逸的笼养鸟。一个世纪以后，在1843年，离经叛道的约克郡乡绅、博物学家兼探险家查尔斯·沃特顿从罗马引入了纵纹腹小鸮，并在约克郡韦克菲尔德附近的自家庄园里放飞了这些鸟儿。他明显是希望这些小鸮能够在他的菜园里发挥作用，吃掉那些害虫。

　　这些最早放归的鸟儿并没有存活太久，但是后来另外一些乡绅的尝试更加成功。鸟类学家利尔福男爵被认为是第一个成功地从荷兰引入纵纹腹小鸮的人，在1889年的北安普敦郡，英国的第一对小鸮繁殖了。

到了1900年，它们已经扩散到南方的好几个郡；到了1930年，纵纹腹小鸮已经遍布亨伯河以南的地区。不过，直到1958年，它们才在苏格兰地区繁殖，并且如今在苏格兰仍然不多见。今天，在英格兰和威尔士低地的大多数田野与公园里，你都能听见纵纹腹小鸮那嘹亮而又旋律优美的春日赞歌。

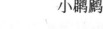

## 小䴙䴘

你肯定想不到，在春天的湿地里能听到像小矮马的嘶鸣一般的声音。但是这并不是什么水中马术表演的前奏，而是小䴙䴘宣示领域的叫声。

作为我们最小的游禽，小䴙䴘是一种粗短、矮小的生物，它的体型比那些小型的绿翅鸭还要小得多。在冬季，它们的羽色是平淡的棕色和浅黄色，但是到了繁殖季节，这些鸟儿看起来就相当炫目了，它们的脸颊和颈部两侧都有深栗色的斑块，喙的基部呈现出亮

411 黄绿色的斑点，好像有人给它们抹上了荧光漆。

它们在全年里都会翘起蓬松的尾羽，浮在水面上时，看起来就像是浴缸里的小黄鸭。但是这样的场景常常转瞬即逝，因为小䴙䴘总是行踪隐秘，尤其是在繁殖季节，那时它们要么潜伏在芦苇和灯芯草丛中，要么潜到水下躲避人类的观察。莎士比亚也注意到这种潜水的习性，他写道：

像潜水的小个子那样透过浪花瞥了一眼，

看见有人张望，就又钻入了水底……

　　和"潜水的小个子"（dive-dapper）类似，它们的另一个俗名是"钻水的雏鸟"（dabchick），这个名字指的是它们消失在水面的动作，同时也形容它们的样貌与其他某些雁鸭的幼鸟相似。

　　由于身材如此矮小，它们除了能在大型湖泊、水流缓慢的河流以及砾石坑中繁殖，那些小型的水塘和人造运河也难不倒它们。与别的䴙䴘相似，它们也用水草和水边的植物建造一个漂浮的平台，并在上面产下一窝白色的鸟卵。之后不久，亲鸟就把水草盖在这些鸟卵上面，把它们染成橄榄绿色，以这种方式躲避捕食者。那些头部像是条纹薄荷糖一样的幼鸟在春天的末尾孵化出壳，它们吵吵嚷嚷地索要小鱼或淡水里的无脊椎食物，要么跟在父母身后排成一行，要么急切地跳上亲鸟的后背搭一段顺风车。

412

## 欧鸽

　　很少有别的英国鸟类会像欧鸽那样，既随处可见，又总被忽略。这些青蓝色的鸟类看上去很像斑尾林鸽，又与野化家鸽类似，因此常常被人认错。但是你一旦熟悉了它们柔和而低沉的咕咕叫声，那么就会发现这种鸟原来无处不在。

Pigeon和dove都是鸽子的意思，它们在大多数时候可以通用，但是pigeon通常是指鸠鸽科中体型更大的种类。对于欧鸽（stock dove）这种鸟来说，也许pigeon是更合适的名字，因为它们只比我们熟悉的斑尾林鸽略小。欧鸽在外形上与斑尾林鸽的不同之处在于，它们的颈部和两翼没有白斑，同时羽色也带有更多的蓝灰色阴影。从近处观察，它们也很有魅力，颈部两侧有带着虹彩的绿色斑块，眼睛又小又黑，而黄色的喙较为短小。

在飞行时，它们三角形的灰色翅膀镶着黑边，这让它们看上去相当结实，或者说"壮实"（stocky）。但其实它们的名字与这个外形毫不相关，而是来自它们营巢的地点，那往往是在大树的空树干里，这也被叫作"stocks"。这种鸟还有一个俗名"洞鸽"（hole dove），它们在繁殖时也会利用废弃的农场建筑、干草垛以及大型的人造巢箱，其中也包括为仓鸮准备的那些巢箱。

与斑尾林鸽不同的是，欧鸽并不习惯城镇里的生活。它们主要居住在树木茂盛的农场，在那里，它们可以在麦田里捡食草籽。到了春季和秋季，它们就聚集成群，一起在新播种的麦田里觅食，数量可以达到10多只甚至上百只。

413　　　但是在明媚的春日你才最有可能见到它们，因为在这时鸟儿会展示它们最优雅的飞行。雄鸽首先飞到和树梢齐平的高度，然后高举双翼，形成一个浅口的"V"字形，再像纸飞机一样在空中沿着一条抛物线的弧度滑翔。有时候雌鸽也加入进来，它的配偶紧紧跟在它身后，姿态步调完全一致，仿佛遵循着一种预先的设计在跳着双人空中芭蕾，这种来自鸟类的大师级表演是很多人闻所未闻的。

# 西方松鸡

斯佩赛德现在还生长着曾经覆盖了苏格兰大多数区域的老松林，这里看上去是个阴森恐怖的地方，尤其是在清晨，当第一缕阳光透过浓密的树冠洒在松林地面的时刻。天色破晓之时，在那些松树的阴影下，你只能看见一簇簇齐膝高的石南和欧洲越橘，上面还爬满了地衣。你呼出的气体在4月静稳的空气中迅速凝成了水汽。

这时，你听到了英国鸟类所能发出的一种最古怪的声音，那是一连串喷嚏声、摩擦声，以及听起来像是香槟开瓶的古怪声音。这是西方松鸡的雄鸟在进行春季的表演。

这种鸟的英文名字capercaillie来自盖尔语中的"林间马匹"，这是形容它们求偶表演的前奏像是小马慢跑的声音。西方松鸡有时又称"松鸡"，它们是世界上体型最大的松鸡，甚至比火鸡还大。在英国唯一能见到西方松鸡的地方就是这些古老的喀里多尼亚松林，它们分布在苏格兰的谷地和幽涧中。

414

但是如果你想亲眼见到这种惊人的表演，你必须起得很早。这些黑色的大公鸡只在清晨的求偶场上表演，它们的样子也像趾高气扬的公火鸡，尾巴像扇子一样张开，脖子笔直地伸向天空。在周围的地面或者松树上，停栖着体型较小，颜色也不那么醒目的母鸟。它们棕褐色的羽色有着很好的伪装作用，这可以让它们避免捕食者的注意。

如果被观众包围，西方松鸡的雄鸟就会炫耀似的上下摇摆，不停喘着粗气，喷着响鼻，心满意足地大声吟唱。它想尽办法吸引尽可能多的雌鸟。也许是雄性激素过度分泌的原因，一只愤怒的雄鸟偶尔会攻击人类，有时候甚至攻击车辆。

但是这种大胆的仪式正在消失，变得一年比一年难以见到了。作为一种英国鸟类，西方松鸡在这里的历史悲喜交集，它们的数量也时多时少。它们曾经遍布苏格兰的高地，后来因为狩猎，数量大大下降，到了18世纪末，这种鸟类已经在这里灭绝。

从19世纪30年代起，它们又重新从斯堪的纳维亚被引入，起初这种引入非常成功，西方松鸡在曾经的大多数栖息地上重建了种群。但是到了20世纪末，它们的数量再次直线下降，这是寒冷的春季与潮湿的夏季接连而来所造成的，这种气候降低了幼鸟的觅食能力，并容易把它们的绒毛打湿润。与此同时，很多成年的松鸡也因为森林里竖起的篱笆而意外死亡，这些篱笆的作用是把持续增长的鹿群挡在森林外面。

而经过几个世纪的摧残，松貂也渐渐在森林里恢复，这又给松鸡增加了一个天敌。它们在苏格兰的未来看上去很不乐观。现在它们的数量已经减少到了1 000对左右，如果不想第二次失去这种雄伟的鸟类以及它们惊人的歌舞，那么我们必须立刻采取行动了。

## 棕硬尾鸭

对于伟大的动物保护学家、鸟类学家和野生动物艺术家彼得·斯科特爵士，我们亏欠得太多了。然而，尽管并非出于本意，他也给我们当代的保护工作制造了一个最大的麻烦，这与一种十分漂亮的小型野鸭有关，它就是棕硬尾鸭。

棕硬尾鸭是一种扬扬得意的小鸭子，它们属于硬尾鸭属（stifftials），这个名字来自它们游泳时的特性，即尾巴总是高高翘起，与身体成直角。公鸭的羽色为红褐色，它长着白色的两颊、黑色的顶冠和天蓝色的喙；而母鸭和雏鸭则是棕色中带有土褐色的阴影。棕硬尾鸭的雄鸟的求偶炫耀令人过目不忘，它们用喙快速地撞击自己的胸部，这样就挤出了胸部羽毛里的空气，产生大量的泡沫并发出空洞的鼓声。

就像灰松鼠、美洲水鼬和加拿大雁一样，棕硬尾鸭也不是英国或欧洲的本土物种，它们最初是被彼得·斯科特从北美引入格洛斯特郡的斯利姆布里奇的。但不幸的是，在20世纪50年代，有几只棕硬尾鸭成功地越狱，并渐渐地在英格兰中部地区的一大片土地上生存下来。它们在湖泊和砾石坑里繁殖，在更大的水库里过冬。

到了20世纪末的时候，棕硬尾鸭已经完全成了英国的繁殖鸟类，并且看起来能够终年在这里出现。它甚至被西中部地区鸟类俱乐部选作会徽。但是问题也随之而来。棕硬尾鸭是一种适应性很强的鸟类，随着时间的推移和数量的增长，它们开始扩散并寻找新的家园。其中一些向南飞过了法国，最终到达西班牙，在那里，它们遇见了　416

一些非常少见的近亲——白头硬尾鸭。因为白头硬尾鸭的全球数量不到10 000只，所以它们被认为是全球濒危物种。

让保育工作者惊恐不已的是，棕硬尾鸭很快就开始与它们的白头亲戚杂交了。如果不采取最严厉的措施，西班牙的白头硬尾鸭种群很快就会消失殆尽，这也会让为了拯救这种濒危物种而开展的多年的保护工作前功尽弃。

在听取了本国与国外科学家的建议之后，英国政府做出了一个很有争议的决定：彻底清除棕硬尾鸭！在十年之内，它们的数量从数千只下降到了几十只。今天，那些幸存的鸟儿还在勉力坚持，但是它们被彻底清除只是时间的问题了。这种迷人的鸟类在不列颠群岛上的这段短暂而又多姿多彩的历史终于走到了尽头。

## 普通秋沙鸭

你的面前有一条因为春雨而上涨的河流，河面上低低地伏着一个亮白色物体。当你走到近前时，你看见那是一只鸭子，它的身体并非全白，而是淡淡的粉色。然后它就潜到了水面以下，消失在视野当中。

很少有英国的鸭子能像身披全副繁殖羽的普通秋沙鸭一样英俊和出众。从远处看，它只是黑白两色，但是它真正的美要在近处才能欣赏，那包括绿得像酒瓶一样的头部、深色的后背，以及淡粉色的两胁和胸部。雌鸟和雏鸟也同样出众，它们的头部是狐狸般的灰褐色，头顶的羽冠蓬松而显眼，这给它们带来了另一个别名"红头鸭"。 417

普通秋沙鸭与它们的近亲红胸秋沙鸭、白秋沙鸭同属于秋沙鸭属（swabills），这类鸭子喙形修长，两缘长有反向的突起，像牙齿一样，这样有助于抓牢那些滑溜溜且扭动个不停的鱼。在水面以下，它们像水獭一样敏捷，穿越激流追逐猎物，或者仔细地探寻河岸下方的小鱼。这种习性让一些垂钓者以及渔业管理员感到不快，但是很少会有人质疑这种鸟类优雅而美丽的外形。

它们在树洞里营巢，如果受到惊扰，普通秋沙鸭会扭转脖子，朝着入侵者发出嘶嘶的警告。当雏鸭孵化出壳，它们会毫不畏惧地纵身跃入鸟巢下方的水里。在英国西部和北部的那些湍急的河面上，一串普通秋沙鸭的雏鸟快速游动，紧紧跟在妈妈的身后，真是让人心醉的一幕。

现在看到普通秋沙鸭的机会比以前多了不少，因为它们的繁殖地范围以及种群数量在过去的几十年里都有所增加，它们从威尔士向东、向南扩展到了英格兰中部。在秋冬季节，它们会在繁殖地以外的更广阔的区域出现，除了河流以外，你还可能在水库、湖泊甚至砾石坑见到它们。在某些地方，这种仪表堂堂的鸟类也会变得十分温顺，偶尔屈尊与绿头鸭相伴。在英格兰湖区的温德米尔，它们甚至被拍到在游客的脚边啄食面包。

## 红喉潜鸟

在一个刮着大风的春日，我们最靠北的设得兰群岛上，暴雨即将落下。阴霾的天空暗得像一块石墨，厚厚的积雨云时刻准备着甩出它的负担。在云和海之间的空气中充斥着一种怪异的嚎叫，这叫声来自我们最美丽的水鸟之一——红喉潜鸟。

418　　在这些位于苏格兰与北极圈之间的岛屿上，狂风凛冽，树木无生。红喉潜鸟在这里又被叫作"雨雁"，因为当它们鸣叫时，大雨也就迫在眉睫了。但更合理的解释是，在世界的这个位置，雨水永远都不会远离，有些愤世嫉俗的人也早已这样说过。

与所有的潜鸟一样，红喉潜鸟相貌英俊，它们有着修长的、流线型的身材，又长又尖的喙是完美的捕鱼工具。在夏季，它们的喉部为锈红色，从远处观察或光线不佳时，那颜色几乎成了黑色；它们的后颈还带有斑马式的条纹。到了冬季，它们基本上就变成了珠灰色和白色。在全年的任何时候，你都能通过那上翘的嘴尖以及略微上倾的头部，把它们与黑喉潜鸟区分开来。

与这个家族的所有成员一样，红喉潜鸟的双腿生得非常靠后，以至于它们并不能在陆地上走得太远。因此，它们通常会选择紧挨着"小湖"营巢，那是散落在偏远的苏格兰岛屿以及高原上的、被荒野包围的小池塘。

红喉潜鸟的繁殖池塘里并不需要有鱼，因为亲鸟通常会跋涉几千米，前往更大的湖泊乃至远海去为孩子捕食。大多数潜鸟需要在一段很长的水道中助跑才能飞入空中，而红喉潜鸟是唯一一种可以直接从陆地起飞的潜鸟。当它们往来于觅食地和繁殖巢之间时，它们会发出一种截然不同的声音，那咯咯的叫声很像一群大雁。

　　在夏季，最适合观察红喉潜鸟并聆听它们萦绕不绝的叫声的地方，就在苏格兰的西部和北部，尤其是外赫布里底、奥克尼和设得兰。但是过了繁殖季，它们的分布就变得广泛很多，冬季在我们大多数的海岸线上，你都能见到它们乘风破浪的身影。

419

## 暴风鹱

　　你站在海边的悬崖顶部眺望时，一只鸟的动作吸引了你的注意。第一眼看上去，它只是另一只海鸥，但是当它在空中转向，朝你飞来时，那种翅膀僵硬的飞行动作让你认识到这是一种完全不同的鸟类。当这只鸟靠近时，你可以看到它通体雪白，两翼发灰，眼周有暗斑，喙又短又粗。这不是海鸥，而是暴风鹱。

　　当暴风鹱在那些让人头晕目眩的海崖边盘旋翻滚时，你不由得肃然起敬。它们是技艺高超的飞行家，可以毫不费力地利用气流悬浮在它们营巢的崖壁外面。就在翼尖几乎要擦上岩石的一瞬间，它们又一次打着旋儿飞入茫茫的空中。最后一只鸟儿终于落在了崖壁上，它发出一阵咯咯的声音来迎接它的配偶，那声音像极了一个疯狂的女巫。

　　尽管暴风鹱的外形与海鸥相似，但是它们却是鹱科的成员。它们属于管鼻类鸟类，这种海鸟的喙上侧长着长长的管状突起，它们能通过这个管鼻排除从海水中摄入的多余盐分。

每对暴风鹱一次养育一只雏鸟，它们每次去外海觅食回来，都会吐出已经部分消化的鱼类碎片饲喂雏鸟。那些雏鸟看上去毛茸茸的，毫无自我防御的能力，但是却并非真的孤弱无助。任何入侵者如果鲁莽地迫近一只暴风鹱的幼鸟，都有可能被那只幼鸟吐上油腻而黏稠的油脂；暴风鹱的名字（fulmar）就是由此而来，在古代挪威语中它是"油海鸥"的意思。

暴风鹱的油脂一旦沾到衣服上，就出了名地难以清洗。但是对于鸟类捕食者而言，这就远不只是生活不便了，它甚至意味着死亡。如果一只游隼或海雕的羽毛沾上了这种黏稠的油脂，它几乎不可能把油脂清理掉；因此，对于这些强壮的捕食者来说，与暴风鹱的一次小小摩擦也可能是致命一击。

420

回到维多利亚时代，暴风鹱在英国非常罕见，它们只局限在北方偏远的圣基尔达岛和设得兰群岛上。但是在接下来的一个世纪里，暴风鹱大大扩展了栖息范围，并在这个方面超过了其他所有的本土鸟类。它们几乎在英国和爱尔兰的整个海岸线上建立了繁殖地。这也许得益于离岸的捕鱼业的扩增，或者是基因突变的结果。但无论原因是什么，这个物种的成功意味着现在我们都能够在春季欣赏到暴风鹱的鸣叫和身影了。在它们的繁殖地，这些鸟儿在悬崖上尽情翻滚、滑翔。

# 石鸻

夜晚时分，在东安格利亚的一片沙质荒地上，一声女鬼的哭叫刺破了宁静而通透的空气。这个让人不寒而栗的声音其实是我们最特别的一种涉禽的求偶情歌，这种涉禽就是石鸻。

除了它们的名字以外，石鸻（stone-curlew）并不会和那些更为人熟知的白腰杓鹬（curlew）相混，因为这两种鸟唯一的相似之处是它们的叫声。石鸻曾经的俗名"瞪眼鸻"其实更加贴切，因为它们总是圆睁着巨大的黄色眼睛。这双眼睛让石鸻可以在夜晚有更好的视线，那才是它们最活跃的时候。

白天，它们伏在稀疏的草地或石南地上休息，那满是棕色和白色条纹的羽毛提供了最好的伪装。你也许会认为涉禽总是十分活跃，在泥滩上来回跑动着啄取食物的碎屑，那么相较之下，石鸻简直慢得像树懒一样。你可以在白天观察布雷克兰的石南地上的石鸻，它们蹲在地上，一连几个小时几乎一动不动，而周围满是四处吃草的野兔。

石鸻是石鸻科在欧洲唯一的代表，这类神秘的夜行性鸟类还生活在非洲、亚洲、大洋洲和南美洲的干旱地区。在冬季，它们主要居住在地中海的周边区域，向南可达撒哈拉沙漠南端的萨赫勒地带。在早春时节，它们通常于3月返回英国。

它们的繁殖地主要位于英格兰的南部和东部，在东安格利亚布雷克斯的那些干燥的、沙质的石南荒地以及索尔兹伯里平原上。由

421

于军队的关系，索尔兹伯里平原的石鸻意外地得到了保护，因为军队的存在意味着这里的大片土地与游客绝缘了。

今天，石鸻仍然会在一些农田里繁殖，但这只是因为当地的农民同情这种神秘的鸟类——要知道，石鸻完全无法在深耕的土地上生存。它们的数量尽管曾经有所下降，但是现在正在慢慢恢复，目前它们的总数已经稳定在350对左右。这样的成果很大程度上要归功于保育工作者和土地拥有者的合作，他们通过给石鸻留下受保护的小片土地，帮助这种鸟类回到了自己的繁殖地，它们可以在那里自由地觅食、营巢，不受任何干扰。

422

# 尾声：大海雀

一次前往不列颠群岛最远端的航行从来都不是为胆小者准备的。在驶向圣基尔达岛的途中，航海者会被北大西洋的风浪猛击，而这条航线上的水手们曾经尤为热切地搜寻着我们最令人印象深刻的海鸟——大海雀。

大海雀鸟如其名，它不仅是英国，也是全世界最大的海雀科成员。它站立起来时身高接近1米，体重达5千克，看起来就像是一只巨型的刀嘴海雀。大海雀上身乌黑，下身雪白，眼前方有一块醒目的白色区域，厚实有力的喙上饰有细窄的白纹。大海雀能发出多样的鸣叫，包括低沉、嘶哑的叫声和啸叫。在陆地上时，它们站姿笔挺，巨大的喙又加强了那威严的姿态；到了水中，它们又游动得像企鹅一样。

形态上的相似并非巧合：大海雀和企鹅一样不会飞行，在海浪中追逐鱼类猎物时也用不上升空的技能。它的学名曾是*Pinguinis impennis*，实际上南半球企鹅的名字正是从这种气宇轩昂的海鸟身上借来的，而不是相反。

又被称作"大海燕"的大海雀曾见于整个北大西洋地区，在西起纽芬兰、东至挪威的地势平缓的海岛上，曾有数以百万计的大海雀形成巨大而嘈杂的集群，在此繁殖。它们在英国境内的分布范围局限于最北和最西端，圣基尔达岛是主要分布区。不过南至德文郡的兰迪也曾有过目击记录，一位大为惊讶的观察者曾这样描述所见："像刀嘴海雀的国王和王后……大胆地直立着……"

不幸的是，19世纪中叶，这种壮美的鸟儿不仅在英国，也在整个世界上灭绝了。英国的最后一次记录出现在1840年，当时一只大海雀在圣基尔达岛附近被捕捉到了。在它被抓后不久，一场可怕的风暴袭来，人们觉得它是个女巫，便活活将其打死。但到那时，大海雀的命运其实早已注定了：不会飞行使得它们极易被捕捉，成千上万的大海雀被人抓来拔取羽毛，之后或被食用，或被用来熬油。

大海雀成了自有记录以来英国唯一灭绝的鸟类，因此获得了如传奇的渡渡鸟般的标志性地位。它出现在文学作品当中，从查尔斯·金斯利的《水孩子》到詹姆斯·乔伊斯的《尤利西斯》，再到伊妮德·布莱顿的《冒险岛》，都有它的身影。我们能够根据19世纪为之着迷的博物学家的记述，描绘出大海雀的外貌和声音。颇为讽刺的是，一旦人们意识到大海雀已经变得稀少，许多最后幸存的鸟儿就被抓来添入英国博物馆和富有的鸟类爱好者的收藏。

在大海雀从我们的星球上消失一个半世纪之后，我们只能假想事情可能会有怎样的不同。要是有一小群鸟能在北大西洋的偏远区域多幸存几十年呢？如果在最后关头，处于萌芽状态的保护运动拯救了大海雀呢？假如禁止捕猎且大海雀繁殖的岛屿受到保护，种群数量逐渐回升，使得这种鸟能够重新生活在北大西洋呢？

事实上，我们只能为壮丽而带有悲剧色彩，并且最终无可替代的大海雀默哀了。它的灭亡为人类上了宝贵的一课：将我们的鸟类视为理所应当，实在太过容易了。本书中写到的很多种鸟类正受到威胁（据皇家鸟类保护协会估计，有五分之一的英国鸟类面临灭绝的危险）。我们应当也必须竭尽所能，以确保本书中的鸟儿不再重蹈大海雀的覆辙。

425

# 致 谢

## 广播系列

如果没有BBC里里外外这么多人的辛勤工作和奉献，《鸟鸣时节》这个系列广播节目就不可能制作出来。布雷特·韦斯特伍德要感谢他在自然史频道和第四频道的同事们的大力支持。特别值得一提的是朱利安·赫克托、莎拉·布伦特、莎拉·皮特、安德鲁·道斯、杰米·梅里特、吉姆·法辛和菲利普·马蒂森。罗布·科利斯通过核查事实和汇总最新信息，提供了宝贵的支持。

如果没有录音师，这本书和这个系列就不可能问世，我们特别要感谢克里斯·沃森、杰夫·桑普尔、加里·摩尔和西蒙·埃利奥特。

也要感谢那些把脚本演绎得栩栩如生的主持人。按出场顺序，他们依次是大卫·爱登堡爵士、米兰达·克列斯托夫尼科夫、史蒂夫·巴克谢尔、米夏埃拉·斯特罗恩、布雷特·韦斯特伍德、克里斯·沃森、马丁·休斯–盖姆斯、克里斯·帕克汉姆、凯特·亨布尔、约翰·艾奇逊和比尔·奥迪。

如果没有第四频道的支持，就没有《鸟鸣时节》。我们要感谢节目主持人格温妮丝·威廉斯和责任编辑莫希特·巴卡亚对这个节目的支持。

特别感谢英国鸟类学基金的保罗·斯坦克利夫，他在短时间内回
427 答了大量的问题，既幽默又高效。

## 本书

说到把这些简短的广播稿变成你手中的书，我们要感谢约翰·默里出版社和索迪亚德出版社的每一个人，感谢他们的能力和辛勤工作，特别是卡洛琳·威斯特摩的慧眼，萨拉·马拉菲尼和艾米·史密森的创造力，以及技术编辑莫拉格·莱尔和索引编辑道格拉斯·马修斯的一丝不苟。在宣传和营销方面，我们还要感谢罗西·盖勒和薇琪·博福的热情及努力。营销总监尼克·戴维斯及由本·古切尔和露西·黑尔领导的出色的销售团队也非常支持这本书——特别要感谢露西，她是一位热情的观鸟者，一直拥护着本书。

监督这样一本书从构思到交付的过程，需要真正的才能，幸运的是我们的编辑乔治娜·莱科克就有这样的才能。她的远见和干劲使这个项目取得成功，她的编辑技能提升了我们的文字品质。

卡里·阿克罗伊德的插图把这本书变成了真正美丽的事物。卡里是英国最优秀的插画家之一，她将每只鸟的精髓用彩色和黑白两种颜色表现出来，其技巧远远超出了我们的期望。卡里特别要感谢史蒂夫·布雷肖，感谢他对这些鸟类提出的非常有帮助的建议。

## 最后

布雷特想感谢朋友和家人在短暂而紧张的一段时间里的耐心与

忍耐。在这段时间里，他除了发推特，连话都变得很少。和往常一样，斯蒂芬要感谢他的妻子苏珊娜及孩子查理、乔治和黛西，感谢他们对鸟类的热情。

428

# 扩展阅读及音频材料

市场上有非常之多的涵盖各个方面的鸟类书籍，以下材料不可避免地是一种个人化的选择。它所关注的著作从历史、文化、社会和科学的视角，为理解我们人类与鸟类的关系提供了洞见。

## 书籍

*Beguiled by Birds*, Ian Wallace (Helm, 2004)

*A Bird in the Bush*, Stephen Moss (Aurum, 2004)

*Birds and People*, Mark Cocker and David Tipling (Jonathan Cape, 2013)

*Birds Britannia: How the British Fell in Love with Birds*, Stephen Moss (HarperCollins, 2011)

*Birds Britannica*, Mark Cocker (Chatto & Windus, 2005)

*Birdscapes: Birds in Our Imagination and Experience*, Jeremy Mynott (Princeton, 2009)

*A Birdwatcher's Year*, Leo Batten, Jim Flegg, Jeremy Sorensen, Mike J. Wareing, Donald Watson and Malcolm Wright (Poyser, 1973)

*The Charm of Birds*, Sir Edward Grey (1927, new edn Weidenfeld and Nicolson, 2001)

*Collins Bird Guide*, Lars Svensson, Killian Mullarney and Dan Zetterström (Collins, 2nd edn, 2009)

*The Crossley ID Guide: Britain and Ireland*, Richard Crossley and Dominic Couzens (Princeton University Press, 2014)

*The Natural History of Selborne*, Gilbert White (1789, new edn Thames & Hudson, 1981)

*The Poetry of Birds*, ed. Simon Armitage and Tim Dee (Viking, 2009)

*The RSPB Handbook of British Birds*, Peter Holden and Tim Cleeves (Helm, 3rd edn, 2010)

*The Shell Bird Book*, James Fisher (Ebury Press and Michael Joseph, 1966)

*Silent Spring*, Rachel Carson (1962, new edn Penguin Modern Classics, 2000)

*Ten Thousand Birds: Ornithology since Darwin*, Tim Birkhead, Jo Wimpenny and Bob Montgomerie (Princeton University Press, 2014)

*This Birding Life*, Stephen Moss (Aurum, 2006)

*Was Beethoven a Birdwatcher?*, David Turner (Summersdale, 2011)

*Why Birds Sing*, David Rothenberg (Allen Lane, 2005)

*Wild Hares and Hummingbirds: the Natural History of an English Village*, Stephen Moss (Square Peg, 2011)

*The Wisdom of Birds*, Tim Birkhead (Bloomsbury, 2008)

## 音频

*Collins Bird Songs and Calls*, Geoff Sample: book and three CDs (Collins, 2010)

*A Guide to: Garden, Woodland, Water, Coastal, Farmland, Mountain and Moorland Birds*, Brett Westwood and Stephen Moss: six CDs (BBC Audio, 2007–2013)

# 索　引

条目后的数字为原书页码，见本书边码。鸟类的主要条目所在页码以粗体标示。

Abbotsbury, Dorset　多塞特郡阿伯茨伯里　268

Adams, Richard: *Watership Down*　理查德·亚当斯:《海底沉舟》238

Adolph, Peter　彼得·阿道夫　179

Aesop　伊索　213

*African Queen, The* (film)　《非洲女王号》（电影）　302

Aitchison, John　约翰·艾奇逊　3

Akroyd, Carry　卡里·阿克罗伊德　5

albatross, black-browed　黑眉信天翁 **125—126**

Allen, Woody　伍迪·艾伦　209

Allsop, Kenneth　肯尼思·奥尔索普　29

　　*Adventure Lit Their Star*　《冒险点亮星星》　387

Aristophanes: *The Birds*　阿里斯托芬:《鸟》（戏剧）　262

Aristotle　亚里士多德　12，20，392

Attenborough, Sir David　大卫·爱登堡爵士　3

auk

great　大海雀　**423—425**

little　侏海雀　231，**255—256**

auks (group)　海雀　42，74

Avalon Marshes, Somerset　萨默塞特阿瓦隆沼泽　33，306，403

avocet　反嘴鹬　**354—355**

Backshall, Steve　史蒂夫·巴克谢尔　3

Barnes, Simon　西蒙·巴恩斯　157

Bass Rock　巴斯岩　82，125

Bates, H. E.　H. E.贝茨　41

Beaver, Sir Hugh　休·比弗爵士　239

Bede, Venerable　尊者比德　138

Bedgebury Pinetum, Kent　肯特郡贝奇伯里松园　249

bee-eater　蜂虎　384

Beethoven, Ludwig van　路德维希·冯·贝多芬　15

Beuno, St　圣贝诺　401

Bewick, Thomas　托马斯·比尤伊克　304

　　*History of British Birds*　《英国鸟类史》　21

Big Garden Birdwatch　庭园鸟类观

察 26

binoculars 双筒望远镜 22—23

Birding for All (formerly Disabled Birders' Association) 全民观鸟组织（原先的残障人士观鸟协会）26

BirdLife International 国际鸟盟 27，186，218

birds 鸟类
collecting 标本采集 22
racing 观鸟比赛 25
rare 罕见鸟类 24—25
recognizing 辨识 16—17
ringing 环志 23
singing and others sounds 鸣唱及其他声音 7—17
species numbers 物种数量 27
threats to survival 生存威胁 27，425

Birds, The (film) 《群鸟》（电影）212

birdwatching (birding) 观鸟
history of 观鸟历史 6，19—28
starting and practice 开始及实践 29—37

bittern 大麻鳽 33，393，**402—403**
little 小苇鳽 403

blackbird 欧乌鸫 6，10，16，36，68，98，134，194，230，258，290，293，319，326，359，**361—363**，389，394

blackcap 黑顶林莺 11，50，**51—52**，68，135，167，258，406

blackcock 黑公鸡 参见grouse, black

bluethroat 蓝喉歌鸲 166，**183—184**

Blunt, Sarah 莎拉·布伦特 2，4

Blyton, Enid: The Island of Adventure 伊妮德·布莱顿：《冒险岛》424

bobolink 刺歌雀 6，**224—226**

Book of St Albans 《圣奥尔本斯之书》128

Boys, William 威廉·博伊斯 105

brambling 燕雀 **206—207**，326

British Birds (magazine) 《英国鸟类》（杂志）23，181

British Birds Rarities Committee ("Ten Rare Men") 英国罕见鸟种记录委员会（"罕见十男子"）226

British Broadcasting Corporation (BBC): Natural History Unit, Bristol 英国广播公司（BBC）：布里斯托尔自然史节目组 1—2，4，314

British Ornithologists' Union 英国鸟类学会 5

British Trust for Ornithology 英国鸟类学基金会 291
Atlas of Breeding Birds 《英国繁殖鸟类地图》304

broken-wing display 折翅展示 141

Brown, Leslie: British Birds of Prey 莱斯利·布朗：《英国猛禽》253

Browning, Robert: "Home Thoughts, From Abroad" (poem) 罗伯特·勃朗宁：《海外乡思》（诗歌）288

bullfinch 红腹灰雀 **147—148**

bunting
cirl 黄道眉鹀 98，**116—118**
corn 黍鹀 36，98，**100—101**，136
Lapland 铁爪鹀 222
little 小鹀 35

ortolan 圃鹀 166，**200—201**

reed 芦鹀 17，**56—57**，326

snow 雪鹀 31，222，259，**273—275**

buntings (group) 鹀 98

Burns, Robert 罗伯特·彭斯 382

bustard, great 大鸨 **351—352**

Buxton, John 约翰·巴克斯顿 146

buzzard

common 欧亚鵟 35，**105—106**，128，142，156，295

rough-legged 毛脚鵟 31

参见 honey-buzzard

"caching" "食物存储" 112

Cainism (or Cain and Abel Syndrome) 该隐现象（或该隐与亚伯综合征）161

Canute, King 卡努特国王 284

capercaillie 西方松鸡 **414—415**

Catesby, Mark 马克·凯茨比 143

Catullus 卡图卢斯 12

Cetti, Francesco 弗朗切斯科·切蒂 373

chaffinch 苍头燕雀 16—17，167，194，206，326，**334—335**，359

Chance, Edgar 埃德加·钱斯 43

Chapman, Alfred 阿尔弗雷德·查普曼 313

Charles II, King 查理二世国王 341

Chaucer, Geoffrey: *The Canterbury Tales* 杰弗里·乔叟：《坎特伯雷故事集》402

chiffchaff 叽喳柳莺 8，11，16，46，98，135，291，358，**363—364**，398，406

chough 红嘴山鸦 16，**344—345**

Clare, John 约翰·克莱尔 14，21，108—110，244，402

"Birds in Alarm" (poem) 《惊鸟》（诗歌）14

"The Skylark" (poem) 《云雀》（诗歌）14—15

Clean Air Act (1956) 《清洁空气法案》（1956）114

*Collins Bird Guide* 《柯林斯欧洲鸟类野外手册》374

coot 骨顶鸡 62，231，266，**314—315**，316

cormorant 普通鸬鹚 36，56，**87—88**，135

corncrake ("land rail") 长脚秧鸡（"陆秧鸡"）**108—110**，266，371

crake, spotted 斑胸田鸡 41，**62—63**，79

crane, common 灰鹤 **240—242**

crossbill 交嘴雀 290，**297—298**，346

parrot 鹦交嘴雀 **345—347**

Scottish 苏格兰交嘴雀 346

crow

carrion 小嘴乌鸦 16，**212—213**，372

hooded 冠小嘴乌鸦 213，262

crows (group) 乌鸦 232

cuckoo 大杜鹃 6，16，36，41，**42—44**，68，95，173—174，393

curlew 白腰杓鹬 35，170，208，231，245，310，359，**400—401**

参见 stone-curlew

Cuthbert, St 圣卡思伯特 200

Daniels, Jeff 杰夫·丹尼尔斯 341

Davies, W. H. W. H. 戴维斯 279

dawn chorus 黎明合唱 3，12，68，393

*Desert Island Discs* (radio programme) 《荒岛音乐》(广播节目) 115

dipper 河鸟 91，259，**278—290**

diver

　black-throated 黑喉潜鸟 **353—354**，419

　great northern 普通潜鸟 291，**323—324**

　red-throated 红喉潜鸟 **418—419**

divers (group) 潜鸟 10

DNA technology DNA技术 27

dotterel 小嘴鸻 **122—123**，124

dove

　collared 灰斑鸠 226，290，**303—304**

　mourning 哀鸽 6，196，**226—227**

　rock 原鸽 **209—210**

　stock 欧鸽 **413—414**

　turtle 欧斑鸠 36，**102—104**

duck

　long-tailed 长尾鸭 **264—265**

　mandarin 鸳鸯 **311—312**，350

　ruddy 棕硬尾鸭 **416—417**

　tufted 凤头潜鸭 5，134，231

　white-headed 白头硬尾鸭 417

　参见eider; gadwall; garganey; goldeneye; goosander; mallard; pintail; shoveler; teal; wigeon

duck (group) 鸭 134

du Maurier, Daphne 达夫妮·杜穆里埃 212

dunlin 黑腹滨鹬 231，**245—246**

dunnock 林岩鹨 98，120，153，290，**337—378**，359

eagle

　golden 金雕 **160—161**

　white-tailed (sea eagle) 白尾海雕 **161—163**，281，307，421

eclipse plumage 蚀羽 134

egret

　cattle 牛背鹭 **220—221**，311

　great white 大白鹭 33，90，**306—307**，311

　little 白鹭 **89—90**，221，307，311

eider, common 欧绒鸭 **199—200**，264

England, Derrick 德里克·英格兰 302

ethology 行为学 308，376

European Union Birds Directive 《欧盟鸟类保护指令》 201

Evelyn, John 约翰·伊夫林 341

Fair Isle 费尔岛 24，152，162

Feynman, Richard 理查德·费曼 29

fieldfare 田鸫 30，194，230，258，**261—262**，326

firecrest 火冠戴菊 31，194，**223—224**，292

Fisher, James 詹姆斯·费希尔 13

　*Watching Birds* 《观鸟》 19

*Fly Away Home* (film) 《伴我高飞》(电影) 341

flycatcher

　pied 斑姬鹟 **47—48**

　spotted 斑鹟 11，**118—119**，135

flycatcher (group) 鹟 166

Foulness, Essex 埃塞克斯郡福尔内

斯 269
Frickley Colliery, Yorkshire 约克郡弗里克雷煤矿 139
Frisch, Karl von 卡尔·冯·弗里施 309
fulmar 暴风鹱 219，**420—421**

gadwall 赤膀鸭 **265—266**，318
Gallico, Paul: *The Snow Goose* 保罗·加利科:《雪雁》 381
gannet 北鲣鸟 **82—83**，125，255
garganey 白眉鸭 **59—60**
Garten, Loch 加腾湖 107
Gay Birders Club 同性恋观鸟者俱乐部 26
Gerald of Wales 威尔士的杰拉德 234
godwit 塍鹬 160，195，231，245
　bar-tailed 斑尾塍鹬 **234—236**
　black-tailed 黑尾塍鹬 234—235，**249—250**
goldcrest 戴菊 98，194，**213—214**，223，291，349，358
goldeneye 鹊鸭 231，291，**378—379**
goldfinch 红额金翅雀 **75—76**，248，258，326
Gooders, John: *Where to Watch Birds* 约翰·古德尔斯:《到哪里看鸟》 26
goosander 普通秋沙鸭 291，328，**417—418**
goose
　barnacle 白颊黑雁 195，231，**233—234**
　brent 黑雁 195，**269—270**
　Canada 加拿大雁 309，314，329，**341—342**，350，416
　Egyptian 埃及雁 **382—383**
　greylag 灰雁 **307—309**，329
　lesser white-fronted 小白额雁 **313—314**，329
　pink-footed 粉脚雁 35，168，**201—202**，291，329
　snow 雪雁 **380—381**
　white-fronted 白额雁 291，**328—329**，380
goshawk 苍鹰 34，**253—254**，327
Great Bustard Group 大鸨工作组 352
Great Crane Project "大鹤计划" 240—241
grebe
　black-necked 黑颈䴙䴘 **309—310**
　great crested 凤头䴙䴘 23，31，309，347，**375—377**
　little 小䴙䴘 309，**411—412**
　Slavonian 角䴙䴘 309，**347—348**
greenfinch 欧金翅雀 **58—59**，326
greenshank 青脚鹬 99，**170—171**
greyhen 灰母鸡 参见 grouse, black grouse
　black 黑琴鸡 394，**396—397**
　red 柳雷鸟 **172—173**，240
guillemot 崖海鸦 **63—64**，69，73—74，99，135，255，359
*Guinness Book of Records* 《吉尼斯世界纪录大全》 240
gull
　black-headed 红嘴鸥 135，**237—238**，310
　common 海鸥 **158—159**

great black-backed　大黑背鸥　78，
**142—143**

herring　银鸥　4，**114—115**，119—
120

lesser black-backed　小黑背鸥
**119—120**

Ross's　楔尾鸥　31

Hardy, Thomas　托马斯·哈代　36，
54，381

"The Darkling Thrush" (poem)　《黑
暗中的鸫》（诗歌）　287

harrier

hen　白尾鹞　173，291，**321—
323**

marsh　白头鹞　5，35，291

Montagu's　乌灰鹞　5

Harrison, Beatrice　比阿特丽斯·哈
里森　49

Hartert, Ernst　恩斯特·哈特尔特
247

hawfinch　锡嘴雀　230，**248—249**

Heathrow airport, London　伦敦希思
罗机场　139

Hector, Julian　朱利安·赫克托　1，
4

Hendrix, Jimi　吉米·亨德里克斯
302

Hermaness, Shetland　设得兰群岛赫
曼尼斯　125

heron, grey　苍鹭　**52—53**，327

Hines, Barry　巴里·海因斯　128

Hitchcock, Alfred　阿尔弗雷德·希
区柯克　212

hobby　燕隼　36，98，167，**178—
179**

Homer　荷马　12

honey-buzzard　鹃头蜂鹰　35，**156—
157**，167

hoopoe　戴胜　21，358，384，**409—
410**

Hopkins, Gerard Manley: "The
Windhover" (poem)　杰拉德·曼
利·霍普金斯：《风鹰》（诗歌）
127，382

Hosking, Eric　埃里克·霍斯金
190

Howerd, Frankie　弗朗基·豪尔德
199

Hudson, W. H.　W. H.赫德森　146，
238

Hughes, Ted　泰德·休斯　37

Hughes-Games, Martin　马丁·休斯-
盖姆斯　3

Humble, Kate　凯特·亨布尔　3，
318

Huxley, Sir Julian　朱利安·赫胥黎
爵士　23，377

ibis, glossy　彩鹮　**310—311**

Imberdis, Father Jean　让·安贝尔迪
神父　320

imprinting　印记行为　308

International Dawn Chorus Day　国
际黎明合唱日　3，12，41

irruptions　爆发式迁移　298

jackdaw　寒鸦　3，16，213，**232—
233**，344，372

Jackson, Michael　迈克尔·杰克逊
15

Jagger, Sir Mick　米克·贾格尔爵士
54

jay　松鸦　**182—183**，344

Johns, Revd C. A.　C. A.约翰牧师 407

Johnson, Samuel　塞缪尔·约翰逊 212

Jonson, Ben: *The Alchemist*　本·琼森：《炼金术士》 235

Joyce, James: *Ulysses*　詹姆斯·乔伊斯：《尤利西斯》 424

Keats, John　约翰·济慈　49，166
"Ode to a Nightingale" (poem)《夜莺颂》（诗歌）　13—14

Kempton Park nature reserve　肯普顿公园自然保护区 33

*Kes* (film)　《凯斯》（电影）　128

kestrel　红隼　105，**127—128**

kingfisher　普通翠鸟　**115—116**，173，328

Kingsley, Charles: *The Water-Babies*查尔斯·金斯利：《水孩子》 424

kite, red　赤 鸢　31，36，259，**281—283**

kittiwake　三趾鸥　16，42，**71—72**

Kleinschmidt, Otto　奥托·克莱因施密特 247

kleptoparasitism　偷窃寄生　149，266

knot　红腹滨鹬　195，231，**283—284**

Koch, Ludwig　路德维格·科克　2

Krestovnikoff, Miranda　米兰达·克列斯托夫尼科夫　3

Lack, David: *The Life of the Robin*戴维·拉克：《欧亚鸲的生活》 280

lapwing　凤头麦鸡　33，36，69，238，246，258，327，359，365—366

lark
shore　角百灵　**221—222**
参见 skylark; woodlark

Latham, Dr John　约翰·莱瑟姆医生 105

leks　求偶场　**385—386**，397，415

Lilford, Thomas Lyttleton Powys, 4th Baron　托马斯·利特尔顿·波伊斯，第四任利尔福男爵 411

linnet ("lintie")　赤胸朱顶雀　242—243，252

Livingstone, Ken　肯·利文斯通 210

Lockley, Ronald　罗纳德·洛克利 79

Lonsdale Road Reservoir, London伦敦朗斯代尔路水库 33

Lorenz, Konrad: *King Solomon's Ring*康拉德·洛伦茨：《所罗门王的指环》 308

Lynford Arboretum, Norfolk　诺福克郡林福德树木园 249

Mabey, Richard　理查德·梅比　159

MacCaig, Norman　诺曼·麦凯格 136

McCartney, Sir Paul: "Blackbird" (song)　保罗·麦卡特尼爵士：《黑鸟》（歌曲）　15

MacPhail, Maire　梅尔·麦克费尔 226

magpie　喜鹊　121，**295—297**

*Magpie* (TV series)　《喜鹊》（电视节目）　296

mallard　绿头鸭　134，231，265—266，318，**329—330**，331，379

martin
  house　白腹毛脚燕　99，**110—111**，138，195，378，393，397
  sand　崖沙燕　33，328，358，**377—378**
martin (group)　毛脚燕/沙燕　98，167
Mary, Queen of Scots　苏格兰女王玛丽一世　317
Meredith, George: "The Lark Ascending"　乔治·梅瑞狄斯：《云雀高飞》　15，343
merganser, red-breasted　红胸秋沙鸭　5，418
merlin　灰背隼　283，**316—317**
Messiaen, Olivier　奥利维耶·梅西昂　15，382
migration　迁徙　24，99，166—168，195—196，216，234，392
mimicry　拟态　9，69，93
Minsmere, Suffolk　萨福克郡明斯米尔　354—355
Mitterrand, François　弗朗索瓦·密特朗　201
Moore, Gary　加里·摩尔　2
moorhen　黑水鸡　6，62，267，**315—316**
Moss, Stephen　斯蒂芬·莫斯　17，29—34
  *A Bird in the Bush*　《丛中鸟：观鸟的社会史》　19
  *Wild Hares and Hummingbirds*　《野兔与蜂鸟》　34
moulting　换羽　134
Mousa (Shetland island)　穆萨岛（设得兰群岛）　65

Mull, Isle of　马尔岛　162
Murray, Donald　唐纳德·默里　83
Nene Washes, Lincolnshire　林肯郡宁河湿地　109，250
Ness (Isle of Lewis)　尼斯人（刘易斯岛）　83
Nethersole-Thompson, Desmond　德斯蒙德·内瑟索尔-汤普森　123，274
Nicholson, Max　马克斯·尼科尔森　53
nightingale　新疆歌鸲　8—9，12，40—41，**48—49**，68
  thrush　欧歌鸲　**181—182**
nightjar　欧夜鹰　69—71，98，381
nuthatch　普通䴓　98，112，349，**366—367**

Oddie, Bill　比尔·奥迪　3，31，65，102，304
Odin (Norse god)　奥丁（北欧神祇）　295
Oneword (radio station)　Oneword（广播电台）　15
oriole, golden　金黄鹂　68—69，**84—86**，408
Orwell, George　乔治·奥威尔　23
osprey　鹗　**106—108**，167，215，281
ouzel, ring　环颈鸫　358，**389—390**
owl
  barn　仓鸮　36，**76—78**，260
  little　纵纹腹小鸮　**410—411**
  long-eared　长耳鸮　98，**338—339**
  short-eared　短耳鸮　**211—212**，

230，291

tawny 灰林鸮 13，42，**202—203**，244，290，338

owls (group) 鸮 10

oystercatcher 蛎鹬 **143—144**，170，208，246，359

Packham, Chris 克里斯·帕克汉姆 3

Paquin, Anna 安娜·帕奎因 341

parakeet, rose-ringed 红领绿鹦鹉 173，291，**301—303**，383

Paris, Matthew (monk) 马修·帕里斯（僧侣） 297

partridge

grey 灰山鹑 36，**374—375**

red-legged 红腿石鸡 30，**198—199**，375

patchworking "深耕自留地" 33—35，393

Pennant, Thomas 托马斯·彭南特 158，392

peregrine 游隼 283，286，**369—371**，421

Peterson, Roger Tory 罗杰·托里·彼得森 28

petrel

Leach's 白腰叉尾海燕 **218—219**，371

storm 暴风海燕 **64—65**，219

phalarope, red-necked 红颈瓣蹼鹬 42，**123—124**

pheasant

common 雉鸡 **204—206**，375

golden 红腹锦鸡 2，**350—351**

Lady Amherst's 白腹锦鸡 351

pigeon 鸽子 369

Pike, Oliver 奥利弗·派克 43

pintail 针尾鸭 5，35，195，231，291

pipit

meadow 草地鹨 44，113，148，167，**173—174**，291，322

rock 石鹨 **148—149**

tawny 平原鹨 **189—190**

tree 林鹨 36，98，**112—113**，382

Pitt, Sarah 莎拉·皮特 4

Pliny the Elder 老普林尼 12，20

plover

golden 欧金鸻 122，230，**238—240**，246，258，327，366

grey 灰斑鸻 195，**207—208**

Kentish 环颈鸻 105

little ringed 金眶鸻 33，**386—387**

ringed 剑鸻 **141**，386

Porro, Ignacio 伊格纳西奥·波罗 23

Protection of Birds Act (1954) 《鸟类保护法案》（1954） 147

ptarmigan 岩雷鸟 259，**271—272**

puffin 北极海鹦 69，**72—74**，75，135，255，359，361

Pullen, Norman 诺曼·普伦 333

Pullman, Philip: *His Dark Materials* 菲利普·普尔曼：《黑质三部曲》 296

quail 西鹌鹑 69，**79—80**

radar 雷达 24

*Radio Times* 《广播时报》 6

rail, water 西方秧鸡 3，**266—267**

Ransome, Arthur: *Great Northern?* 阿瑟·兰塞姆：《普通潜鸟？》 324

raven 渡鸦 16，35，213，290，**294—295**，327

razorbill 刀嘴海雀 73，**74—75**，135，255，359

redpoll

    common (or mealy) 朱顶雀 277，326

    lesser 小朱顶雀 190，**276—277**

redshank 红脚鹬 **60—61**，160，170—171，231，359，385

    spotted 鹤鹬 35，42，136，**159—160**

redstart 欧亚红尾鸲 47，135，**145—146**，393

    black 赭红尾鸲 **388—389**

redwing 白眉歌鸫 30，194，**196—197**，230，262，300，326，360

René, Leon: "Rockin' Robin" (song) 利昂·雷内：《摇滚罗宾》（歌曲）15

reverse migration 反向迁徙 216

robin 欧亚鸲 8，11，16，30，99，134，168，182—183，194，259，**279—280**，290，295，319，334

roding （丘鹬的）巡游 393，395

roo-kooing 黑琴鸡雄鸟的叫声 396

rook 秃鼻乌鸦 16，213，**371—372**

Rossini, Gioacchino Antonio: *The Thieving Magpie* (opera) 焦阿基诺·安东尼奥·罗西尼：《鹊贼》（歌剧）296

Royal Society for the Protection of Birds (RSPB) 皇家鸟类保护协会（RSPB） 22，26，76，107，186，354—355，376，425

rubythroat, Siberian 红喉歌鸲 196

ruff 流苏鹬 **384—386**

Rutland Water 拉特兰水库 108

St Kilda 圣基尔达岛 360，423—424

Sample, Geoff 杰夫·桑普尔 2

sanderling 三趾滨鹬 272—273

sandpiper

    common 矶鹬 **91—92**，136，175

    green 白腰草鹬 69，136，**174—175**

    purple 紫滨鹬 **275—276**

    wood 林鹬 42，69，136，176

Scilly, Isles of 锡利群岛 24

scoter 海番鸭 264

Scott, Dafila 达菲拉·斯科特 305

Scott, Sir Peter 彼得·斯科特爵士 305，313—314，381，416

"Seafarer, The"(Anglo-Saxon poem) 《航海者》（盎格鲁-撒克逊诗歌）13

Selous, Edward 埃德蒙·塞卢斯 22

serin 欧洲丝雀 **190—191**

shag 欧鸬鹚 42，**55—56**，69，135

Shakespeare, William 威廉·莎士比亚 13，412

    *King Lear* 《李尔王》 337

    *Love's Labour's Lost* 《爱的徒劳》 292

    *Macbeth* 《麦克白》 77，111

    *A Midsummer Night's Dream* 《仲

夏夜之梦》 362

*The Winter's Tale* 《冬天的故事》 282

Shapwick Heath National Nature Reserve, Somerset 沙皮克荒野国家级自然保护区 307

"sharming" "尖啸" 267

shearwater
　great 大鹱 **177—178**
　Manx 大西洋鹱 **78—79**，135，142，177
　sooty 灰鹱 **217—218**

shearwater (group) 鹱 10

shelduck 翘鼻麻鸭 **270—271**

Shelley, Percy Bysshe 珀西·比希·雪莱 327
　"To a Skylark" (poem) 《致云雀》（诗歌） 13

shoveler 琵嘴鸭 231，265，291，**318**，331

shrike
　great grey 灰伯劳 31，**405—406**
　red-backed 红背伯劳 **130—131**，405

Simms, Eric 埃里克·西姆斯 210

siskin 黄雀 190，**236—237**，277，326

Six Birds of Fate (folk-tale) "命运六鸟"（民间传说） 58

skua
　Arctic 短尾贼鸥 **149—150**
　great 北贼鸥 **83—84**

skua (group) 贼鸥 135

skylark 云雀 11，14—15，50，167，222，258，316，327，**342—343**，381

Slimbridge 斯利姆布里奇 参见 Wildfowl and Wetlands Trust

snipe
　common 扇尾沙锥 35，209，394，**399—400**
　jack 姬鹬 **208—209**，327

Snow, David 戴维·斯诺 287

Society for the Protection of Birds 鸟类保护协会 参见 Royal Society for the Protection of Birds

Somerset Levels 萨默塞特平原 33，306

Song of Solomon 《旧约·雅歌》 12，102

sonograms 声谱图 347

sparrow
　hedge 树篱麻雀 参见 dunnock
　house 家麻雀 16，**137—139**，251，285
　tree 麻雀 36，138，**251—252**

sparrowhawk 雀鹰 36，43，98，105，112，**120—122**，128，253—254，286，317，327

"speculum" 翼镜 263

Spice Girls: "Wannabe"(song) 辣妹组合:《想要》（歌曲） 17

starling 紫翅椋鸟 9，99，121，230，259，**284—287**，306，333

stone-curlew 石鸻 **421—422**

stonechat 黑喉石䳭 127，**136—137**，230，381

stork, white 白鹳 **154—155**

storm petrels (group) 海燕 135

Strachan, Michaela 米夏埃拉·斯特罗恩 3

swallow 家燕 **168—169**，173，397

swallows (group) 燕 6，33，68，

98，136，167，195，377—378，392，394

swan
Bewick's 小天鹅 195，231，260—261，291，**304—306**
mute 疣鼻天鹅 260—261，**267—268**，314
whooper 大天鹅 195，231，259，**260—261**，305
Swan Laws 《天鹅法案》 268
"swan-upping" 天鹅计数 268
swift 普通楼燕 37，40，**44—45**，99，135，384，397
Alpine 高山雨燕 358，**383—384**
syrinx 鸣管 8

Tawny Pipit (film) 《平原鹨》（电影） 189
Tchaikovsky, P. I.: Swan Lake (ballet) P. I.柴可夫斯基：《天鹅湖》（芭蕾舞剧） 261
teal 绿翅鸭 195，259，**262—263**，331，379，412
Tennyson, Alfred, Lord 阿尔弗雷德·丁尼生勋爵 139
tern
Arctic 北极燕鸥 **81—82**，84，135，630
common 普通燕鸥 **157—158**
little 白额燕鸥 **129**
roseate 粉红燕鸥 **169—170**
Sandwich 白嘴端凤头燕鸥 **104—105**，246
Theroux, Paul 保罗·索鲁 268
Thomas, Edward: "Adlestrop" (poem) 爱德华·托马斯：《艾德斯托普》

（诗歌） 363
thrasher, brown 褐弯嘴嘲鸫 8—9
thrush
mistle ("stormcock") 槲鸫 10，258，287，290，**299—300**，326，359，362
song 欧歌鸫 10—11，16，68，134，194，197，259，**287—288**，290，293，326，359，362
thrushes (group) 鸫 166，194，230，258，393
Tinbergen, Niko 尼科·廷伯根 309
tippets (ear-tufts) 披肩 376
tit
beared 文须雀 3，**203—204**
blue 青山雀 30，47，68，98—99，112，246，295，**319—320**，359
coal 煤山雀 98，**111—112**，258
crested 凤头山雀 **214—215**
great 大山雀 16，47，68，98—99，112，246，259，290，**300—301**，359
long-tailed 北长尾山雀 41，98，**144—145**，258，359
marsh 沼泽山雀 231，**246—247**，248
willow 褐头山雀 231，**247—248**
tit (group) 山雀 10，358
treecreeper 旋木雀 98，112，**368—369**
Turner, David: Was Beethoven a Birdwatcher? 戴维·特纳：《贝多芬是一位观鸟者吗?》 15
tunestone 翻石鹬 **180—181**，275

*Tweet of the Day* (BBC radio series)
《鸟鸣时节》（BBC 系列广播节目）
1，4，10，41

twitching　推鸟　24—25，227

twite　黄嘴朱顶雀　**252—253**

Tyne Bridge, Newcastle-Gateshead
纽卡斯尔和盖茨黑德之间的泰恩
河大桥　72

Virginia Water, Surrey　萨里郡弗吉
尼亚湖　311

waders (group)　鸻鹬　10，122，124，
135，143，359

wagtail
grey　灰鹡鸰　91，291，**320—
321**

pied　白鹡鸰　16，**243—244**，
291，321

yellow　黄鹡鸰　**150—151**，320，
393

warbler
aquatic　水栖苇莺　**184—186**

barred　横斑林莺　**163—164**

Cape May　栗颊林莺　196

Cetti's　宽尾树莺　11，15，**373—
374**

Dartford　波纹林莺　54—55，
105，246，381

garden　庭园林莺　**50—51**，167，
246

golden-winged　金翅虫森莺　24

grasshopper　黑斑蝗莺　70，92，
**403—404**

great reed　大苇莺　**187—188**

icterine　绿篱莺　**152—153**，187

marsh　湿地苇莺　9，11，69，

93—94

melodious　歌篱莺　152，**186—
187**

reed　芦苇莺　34，41，92，**94—
96**，393

Savi's　鸲蝗莺　**92—93**

sedge　水蒲苇莺　**66**，95，185，
393

willow　欧柳莺　33，37，46，
100，135，364，393，**397—
399**

wood　林柳莺　36，**46—47**，68，
398

yellow-browed　黄眉柳莺　196，
**216—217**，320

参见 blackcap; chiffchaff; whitethroat

warblers (group)　莺　13，40，98，
135，153，166—167

Warton, Joseph　约瑟夫·沃顿　49

Waterton, Charles　查尔斯·沃特顿
411

Watson, Chris　克里斯·沃森　2—
3，41

Watson, Donald　唐纳德·沃森　140

Waugh, Evelyn: *Brideshead Revisited*
伊夫林·沃:《故园风雨后》　366

waxwing　太平鸟　300，326，**339—
340**

West Midlands Bird Club　西中部地
区鸟类俱乐部　35，416

Westwood, Brett　布雷特·韦斯特伍
德　3，29—34

wheatear, northern　穗䳭　36，**153—
154**，167，328，358，393

"whiffling"　"摇转"　231

whimbrel　中杓鹬　**57—58**

whinchat　草原石䳭　36，100，**126—**

**127**，135

White, Gilbert 吉尔伯特·怀特 13，20—21，34，46，113，335，392，398，404

*The Natural History of Selborne* 《塞尔伯恩自然史》 21，34

whitethroat

common 灰白喉林莺 41，68，135，167，393，**406—407**

lesser 白喉林莺 17，41，68，**86—87**，167

wigeon 赤颈鸭 35，195，231，259，291，327，**331—332**

Wildfowl and Wetlands Trust, Slimbridge, Gloucestershire 格洛斯特郡斯利姆布里奇的野禽与湿地基金会 241，305，313—314，416

Williams, Ralph Vaughan: "The Lark Ascending" (tone poem) 拉尔夫·沃恩·威廉斯：《云雀高飞》（音诗） 15，341

Woburn Abbey, Bedfordshire 贝德福德郡乌邦寺 312，351

woodcock 丘鹬 214，393，**394—396**

woodlark 林百灵 **381—382**

woodpecker

great spotted 大斑啄木鸟 327，**332—334**，348—349，408

green 绿啄木鸟 121，**407—408**

lesser spotted 小斑啄木鸟 327，**348—349**，408

woodpecker (group) 啄木鸟 10

woodpigeon 斑尾林鸽 **139—140**，230，413

Wordsworth, William 威廉·华兹华斯 43

"To the Cuckoo" (poem) 《致杜鹃》（诗歌） 13

wren 鹪鹩 11，17，98，134，278，290，335，**335—336**，359，393，394

St Kilda 圣岛鹪鹩 **360—361**

Wren, P. C.: Beau Geste (novel) P. C. 雷恩：《法国外籍军团》（小说） 301

wryneck 蚁䴕 **88—89**，333

yellowhammer 黄鹀 17，41，86，98，100，**101—102**，116，136，326

Zeiss, Carl 卡尔·蔡司 23